Rudolf Mäusl
Fernsehtechnik

Rudolf Mäusl

Fernsehtechnik

Übertragungsverfahren für Bild, Ton und Daten

2., überarbeitete und erweiterte Auflage

Hüthig Buch Verlag Heidelberg

Prof. RUDOLF MÄUSL, Jahrgang 1934, war nach seinem Studium der Nachrichtentechnik an der Technischen Hochschule München, das er mit einer Diplomarbeit über „Linearitätsuntersuchungen an einer Trägerfrequenz-FM-Richtfunkstrecke" abschloß, von 1958–1965 Entwicklungsingenieur und Leiter einer Entwicklungsgruppe bei Fa. Rohde & Schwarz, München. Ab 1965 war er Dozent am Oskar-v.-Miller-Polytechnikum in München mit den Lehrgebieten Hochfrequenzmeßtechnik, Nachrichtenübertragungstechnik und Fernsehtechnik. Nach Überleitung des Polytechnikums in die Fachhochschule München ist er dort seit 1971 als Professor im Bereich Nachrichtentechnik tätig. Seine Schwerpunkte sind die analoge und digitale Übertragungstechnik sowie die Fernsehtechnik. Zusätzlich ist er Autor von zahlreichen Veröffentlichungen in diesen Themenbereichen.

CIP-Titelaufnahme der Deutschen Bibliothek

Mäusl, Rudolf:
Fernsehtechnik : Übertragungsverfahren für Bild, Ton und Daten / Rudolf Mäusl. – 2., überarb. und erw. Aufl. – Heidelberg : Hüthig, 1995
  (Telekommunikation ; Bd. 8)
  ISBN 3-7785-2374-0
NE: GT

© 1995 Hüthig GmbH, Heidelberg
Satz: Lichtsatz Michael Glaese GmbH, Hemsbach
Druck und Bindung: Druckhaus Beltz, Hemsbach

Vorwort

Die Fernsehtechnik befindet sich seit mehr als einem Jahrzehnt in einer Phase des Umbruchs, in der verschiedene Ansätze zu verzeichnen sind, das eingeführt PAL-System entweder kompatibel zu verbessern oder alternativ dazu neue, verbesserte Übertragungsverfahren für Bild und Ton einzuführen. So wurden auf der Basis des Frequenzmultiplex-Systems verbesserte PAL-Verfahren wie I-PAL, Q-PAL u. a. bekannt sowie das auf dem Zeitmultiplex-Prinzip basierende MAC-Verfahren, das nach Beschluß der EG-Kommission ein für Europa einheitlicher Standard für Satelliten-Fernsehübertragung werden sollte. Aus der parallelen Entwicklung an einem Hochzeilen-Fernsehen (HDTV) übernahm man dann für das MAC-Verfahren das 16:9-Bildseitenverhältnis als besonderes Attribut. In einem weiteren Schritt folgte eine „Quasi"-HDTV-Übertragung nach dem zu D2-MAC kompatiblen HD-MAC-Verfahren. Beim Fernsehzuschauer kamen diese Neuerungen allerdings aus verschiedenen Gründen nicht an.

Im Lager der PAL-Enthusiasten begriff man dies erneut als Chance zur Einführung eines verbesserten PAL-Verfahrens im Zusammenhang mit dem Übergang auf das Breitbild-Format. Das PALplus-System wurde von einem Gremium, dem verschiedene europäische Rundfunkanstalten, das Institut für Rundfunktechnik und namhafte Endgerätehersteller angehören, zu einem neuen Standard erhoben.

Die weitere Entwicklung eines HDTV-Verfahrens erfuhr eine entscheidende Wende durch den Beschluß, in den USA nur ein digitales HDTV-Verfahren einzuführen. Damit wurden auch die Weichen für einen digitalen TV-Standard in Europa gestellt, der nun hierarchisch Systeme aller Qualitätsstufen von HDTV über ein verbessertes (EDTV) und das entsprechend bisherigem Standard (SDTV) eingeführte 625-Zeilen-System bis zu einem System mit geringerer Auflösung (LDTV) umfaßt. Die wesentlichen Systemspezifikationen des europäischen DVB-Standards wurden bereits vom *Technical Module* des DVB-Projektes ausgearbeitet und an das *European Telecommunications Standards Institute* (ETSI) zur Verabschiedung weitergeleitet.

Die nahe Zukunft der Fernsehtechnik wird nun geprägt sein vom Nebeneinander der analogen Bildsignalübertragung mit der Option des 16:9-Bildseitenverhältnisses und einer kompatiblen digitalen Tonsignalübertragung sowie einer rein digitalen Übertragung eines Multiplex-Datensignales, dem der Decoder die notwendigen Anteile zur Rückgewinnung der Bild- und Toninformation entnimmt.

Dieser rapiden Entwicklung folgend, war es notwendig, in einer Überarbeitung meines Buches auf diese neuen Verfahren ausführlich einzugehen. Dabei zeigte sich sehr bald, daß dadurch der Umfang des Buches sich zu sehr erweitern würde. So kam es zum Entschluß, auf einige Kapitel aus der „Fernsehtechnik – Von der Kamera zum Bildschirm" zu verzichten und dem Werk den neuen Untertitel „Übertragungsverfahren für Bild, Ton und Daten" zu geben. Weggelassen wurden die Kapitel über Bildaufnahme- und Wiedergabe-Systeme, Studiogeräte und Sender sowie der Komplex des Fernsehempfängers. Nicht zuletzt war für diese Entscheidung auch ausschlaggebend, daß in diesen Bereichen die softwareunterstützte digitale Signalverarbeitung in Prozessoren beachtlichen Raum einnimmt und eine eingehende Beschreibung auch den Rahmen dieses Buches sprengen würde.

Ohne Signalprozessoren und hochintegrierte Speicher-Chips wären die neuen Verfahren in der Fernsehtechnik nicht vorstellbar, sei es nun die sende- und empfangsseitige Signalverarbeitung bei dem neuen PALplus-System oder insbesondere bei der mit hoher Datenkompression verbundenen digitalen Fernsehsignalübertragung. Es wurde allerdings versucht, in diesem Buch wieder in verständlicher Weise die Prinzipien und neuen Verfahren an Hand von umfangreich interpretierten Funktionsabläufen zu beschreiben.

Selbstverständlich kann dabei auf die Grundlagen der Bild- und Tonsignalübertragung nicht verzichtet werden, und so beginnt die überarbeitete Auflage dieses Buches auch weiterhin mit der Übertragung der Helligkeitsinformation einer Schwarzweiß-Bildvorlage. In diesem Zusammenhang erscheinen auch im Literaturverzeichnis, das insgesamt auf Veröffentlichungen etwa der letzten zehn Jahre beschränkt wurde, noch einige klassische Bücher der von mir sehr geschätzten Professoren THEILE und SCHÖNFELDER sowie von den Autoren K. W. BERNATH und N. MAYER.

An dieser Stelle habe ich in meinen Büchern immer auf die gute Zusammenarbeit mit dem Cheflektor des Hüthig Buch Verlages, Herrn CURT RINT, hingewiesen. Er hat uns im vergangenen Jahr im hohen Alter verlassen, und so möchte ich sagen: in memoriam CURT RINT.

München, im Frühjahr 1995   RUDOLF MÄUSL

Inhalt

1 Übertragung der Bild- und Toninformation

1.1 Prinzip der Bildübertragung

Fernsehen als ein Übertragungsverfahren der elektrischen Nachrichtentechnik, beruht auf der kontinuierlichen Umwandlung der Helligkeits- und Farbverteilung einer Bildvorlage in ein entsprechendes elektrisches Signal, das leitungsgebunden oder auf dem Funkweg dem Empfangssystem zugeführt und dort wieder in ein äquivalentes optisches Bild umgewandelt wird.

Sowohl von der Historie als auch von der Technik her baut das Fernsehen auf der Übertragung und Wiedergabe von Schwarzweißbildern, also der Helligkeitsverteilung der Bildvorlage, auf. Über ein optisch-elektrisches Wandlersystem wird dazu von den einzelnen Bildelementen, den Bildpunkten, nacheinander in bestimmter Folge ein elektrisches Signal erzeugt. Aus der zweidimensionalen geometrischen Zuordnung der Bildpunkte leitet sich so durch den Vorgang der Bildabtastung ein von der Zeit abhängiges Signal ab, dessen Momentanwert der Helligkeit des gerade abgetasteten Bildpunktes proportional ist. Empfangsseitig wird nach entsprechender Aufbereitung das elektrische Signal einem elektrisch-optischen Wandler, der Fernsehbildröhre, zugeführt und als ein Abbild der Helligkeitsverteilung der Bildvorlage wiedergegeben (Bild 1.1). Eine kontinuierliche Wiedergabe von bewegten Bildvorlagen erreicht man, wie beim Kinofilm, durch Übertragung einer entsprechenden Anzahl von Teilbildern.

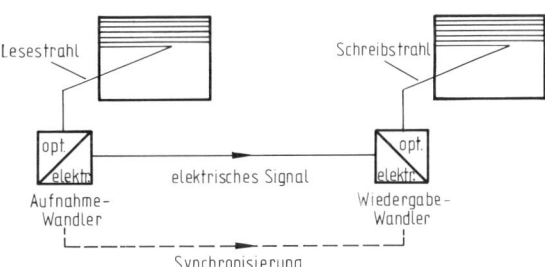

Bild 1.1 Prinzip der Fernsehbildübertragung

1.1.1 Bildabtastung

Die Abtastung der Bildvorlage durch den Lesestrahl erfolgt zeilenweise von links nach rechts und von oben nach unten. Der Abtaststrahl wird dazu horizontal und vertikal abgelenkt. Der Vorgang läßt sich vergleichen mit der Bewegung des Gesichtsfeldes beim Lesen eines Textes von links nach rechts längs der Textzeilen und raschem Zurückspringen auf den Beginn der nächstfolgenden Zeile. Vom Ende der letzten Zeile am unteren Bildrand wird der Abtaststrahl zum Ausgangspunkt am linken oberen Bildrand zurückgeführt und das Zeilenraster wiederholt durchlaufen. Die Ablenkung des Lese- bzw. Schreibstrahles in der horizontalen und vertikalen Richtung und die sich damit ergebende Rasterstruktur zeigt Bild 1.2.

Damit sich der Lesestrahl beim Bildwiedergabesystem und der Schreibstrahl gleichzeitig in richtiger Zuordnung über die Bildfläche bewegen, werden geeignete Synchronisierzeichen übertragen.

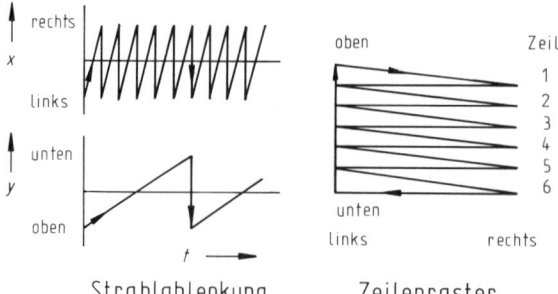

Bild 1.2   Ablenkung des Lese- bzw.
Schreibstrahles und Zeilenraster

Durch den Abtastvorgang werden die einzelnen Bildpunkte von der geometrischen in die zeitliche Verbindung gebracht. In der Darstellung nach Bild 1.3 wird vereinfachend davon ausgegangen, daß der Abtaststrahl in vernachlässigbar kurzer Zeit zum Anfang der nächsten Bildzeile zurückkehrt. Tatsächlich ist dazu, wie noch gezeigt wird, aber eine bestimmte Zeitdauer zu berücksichtigen.

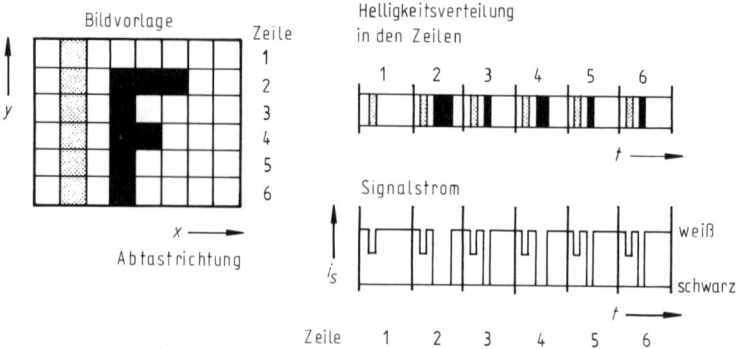

Bild 1.3   Zeitlicher Verlauf des Signalstromes bei zeilenweiser Abtastung einer Bildvorlage

Im allgemeinen erhält man von einer Bildvorlage als Signalstrom eine sehr vielgestaltige Impulsfolge, die einen schwankenden zeitlichen Mittelwert aufweist, entsprechend dem mittleren Helligkeitswert der Bildvorlage. Dieser, sowie auch hochfrequente Signalkomponenten, bedingt durch feine Bilddetails, müssen dem Empfänger unverfälscht zugeführt werden. Daraus ergibt sich als untere Frequenzgrenze für das zu übertragende Bildsignal der Wert Null. Die obere Frequenzgrenze wird durch die Bildpunktauflösung bestimmt und im Abschnitt 1.2.1 berechnet.

1.1.2 Zeilenzahl

Die Qualität der Bildübertragung wird durch die Auflösung des Bildes, d. h. durch die Anzahl der Zeilen und Bildpunkte in der Zeile, bestimmt. Die Auflösung und damit die Bildschärfe ist um so besser, je höher die Zeilenzahl ist. Mit zunehmender Zeilenzahl wachsen aber auch die Anforderungen an das Übertragungssystem, so daß es gilt, einen vernünftigen Kompromiß zu finden.

Eine Mindestzahl von Zeilen ist notwendig, damit die Rasterstruktur des wiedergegebenen Bildes nicht störend in Erscheinung tritt. Diese kann jedoch nur im Zusammenhang mit dem Betrachtungsabstand des Fernsehbildes und dem Auflösungsvermögen des menschlichen Auges gefunden werden. Als optimaler Betrachtungsabstand wurde lange Zeit der etwa fünffache Wert der Bildhöhe angenommen. Bei diesem Betrachtungsabstand soll die Zeilenstruktur nicht mehr sichtbar sein, das heißt es soll die Grenze des Auflösungsvermögens des menschlichen Auges erreicht werden. Der Grenzwinkel a_0, unter dem das Auge zwei Linien noch trennen kann, ist keine eindeutige Konstante. Er kann aber unter normalen Bedingungen mit $a_0 = 1,5'$ angenommen werden. Mit dem aus B i l d 1.4 erkennbaren Ansatz

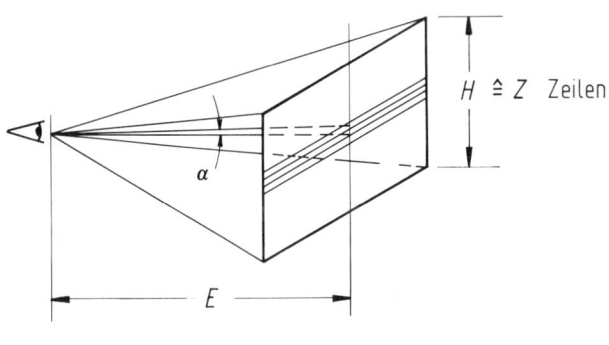

Bild 1.4 Betrachtungsabstand und Zeilenzahl im sichtbaren Bildfeld

$$\tan a = \frac{H/Z}{E} \tag{1.1}$$

und dem Wert $\tan a = \tan a_0 \approx 4 \cdot 10^{-4}$ erhält man eine Näherungsformel zur Berechnung der notwendigen Zeilenzahl Z mit

$$Z = \frac{2500}{E/H} . \tag{1.2}$$

Das bedeutet mit einem vielfach angenommenen Wert von $E/H = 5$ eine Zahl von $Z = 500$ sichtbaren Zeilen. Dieses Ergebnis findet man auch annähernd in den eingeführten Standard-Fernsehsystemen.

Nach der in der Bundesrepublik Deutschland und vielen europäischen und außereuropäischen Ländern geltenden CCIR-Norm[1] Standard B und G sind 625 Zeilen für den gesamten Rasterdurchlauf festgelegt, wovon wegen der Austastung für den vertikalen Strahlrücklauf nur 575 Zeilen im sichtbaren Bildfeld liegen. Bei der US-Norm, CCIR-Norm Standard M, mit 525 Zeilen verbleiben etwa 485 Zeilen für das sichtbare Bild [2].

Früher eingeführte Systeme arbeiteten mit 405 Zeilen (Großbritannien) oder 819 Zeilen (Frankreich). Wegen zu geringer Auflösung beziehungsweise wegen zu großer Frequenzbandbreite ist man jedoch überwiegend auf die 625-Zeilen-Norm übergegangen. Zeilenzahlen zwischen 500 und 600 haben sich auch aus anderen Gründen als optimal erwiesen: Die Leistungsfähigkeit der bis heute eingeführten optisch-elektronischen Systeme in bezug auf die Auflösung und den Störabstand bei den üblichen Beleuchtungsverhältnissen liegt in dieser Größenordnung [3, 4, 5, 6, 7].

---

1 CCIR: Comité Consultatif International des Radiocommunications, seit Dezember 1992 übergeführt in UIT/ITU-R, *Union Internationale des Télécommunications/International Telecommunication Union – Radiocommunication Sector*.

Bei einem Betrachtungsabstand von fünffacher Bildhöhe beträgt der vertikale Bildfeldwinkel etwa 11 °, der horizontale 15 °, wegen des bisher geltenden Bildseitenverhältnisses von 4:3. Das Fernsehbild wird unter diesem geringen Bildfeldwinkel tatsächlich nur als Szenenausschnitt wahrgenommen. Ein zukünftiges hochauflösendes Fernsehsystem, HDTV (High Definition Television), wird mit seinen Parametern mehr dem menschlichen Gesichtsfeld angepaßt sein. Die Anzahl der sichtbaren Zeilen wird dabei auf das Zweifache erhöht (1152 sichtbare Zeilen im Vergleich zu 575 bzw. 576 sichtbaren Zeilen beim europäischen Standard) und das Bildseitenverhältnis (horizontal zu vertikal) auf 5,33:3 (16:9) vergrößert. Dies läßt einen geringeren Betrachtungsabstand (E/H = 2,5) zu und erweitert damit den Bildfeldwinkel bis zu etwa 25 ° in vertikaler bzw. 40 ° in horizontaler Richtung, womit der Eindruck eines szenenhaften Bildes zustande kommt [8]. Näheres zu HDTV siehe im Abschnitt 1.3 und Kap. 6.

1.1.3 Bildwechselfrequenz

Bei der Festlegung der Bildwechselfrequenz sind die physiologischen Eigenschaften des menschlichen Sehorgans zu berücksichtigen. Zunächst muß davon ausgegangen werden, daß zur Wiedergabe eines kontinuierlichen, schnellen Bewegungsvorgangs eine bestimmte Mindest-Teilbildfrequenz erforderlich ist, damit keine störenden Diskontinuitäten im Bild entstehen. Ein Wert von 16 Teilbildern je Sekunde stellt hier die untere Grenze dar. Beim Kinofilm arbeitet man mit 24 Teilbildern je Sekunde. Dieser Wert könnte auch beim Fernsehen übernommen werden, doch es wurde hier mit Rücksicht auf eine mögliche Verkopplung mit der Netzfrequenz eine Bildwechselfrequenz von f_w = 25 Hz bei 50 Hz Netzfrequenz beziehungsweise f_w = 30 Hz bei 60 Hz Netzfrequenz gewählt.

Eine Bildwechselfrequenz von 25 Hz reicht jedoch für eine flimmerfreie Bildwiedergabe nicht aus. Die subjektiv empfundene Flimmerstörung eines in der Helligkeit periodisch schwankenden Bildfeldes hängt von verschiedenen Faktoren ab, vornehmlich aber von der Frequenz der Helligkeitsschwankung und dem Verhältnis der Hellzeit zur Dunkelzeit. Die Flimmergrenzfrequenz liegt nun wesentlich über dem Grenzwert der Teilbildwechselfrequenz für kontinuierliche Bildwiedergabe. Unter den üblichen Betrachtungsbedingungen des Fernsehbildes rechnet man mit einer Bildschirm-Leuchtdichte von etwa 60 bis 80 cd/m², wobei die Flimmergrenzfrequenz dann zwischen 50 und 60 Hz liegt.

Es besteht somit ein erheblicher Unterschied zwischen der für kontinuierliche Bewegungsauflösung notwendigen Bildwechselfrequenz und der Flimmergrenzfrequenz. Dieses Problem lag auch schon beim Einführen des Kinofilms vor und wurde dort ohne eine Erhöhung der Teilbildfrequenz gelöst. Durch eine sogenannte Flimmerblende wird die Projektion jedes Einzelbildes einmal unterbrochen, wobei der Eindruck der doppelten Bildwechselfrequenz entsteht.

Beim Fernsehen verstärkt sich der Eindruck der Helligkeitsschwankung gegenüber dem Kinofilm sogar noch durch das zeilenweise Schreiben des Bildes. Wenn auch durch das Nachleuchten des Leuchtstoffes am Bildschirm eine gewisse Verringerung des Flimmereffektes erreicht werden kann, so darf dies nicht über die Zeitdauer einer Abtastperiode ausgedehnt werden, da sonst Störungen durch Nachziehen bei raschen Bewegungen auftreten. Insgesamt betrachtet muß somit die *Wechselfrequenz* für ein Teilbild auf mindestens 50 Hz erhöht werden.

1.1.4 Zeilensprungverfahren

Die Bildwechselfrequenz auf den doppelten Wert zu erhöhen wäre zwar eine Möglichkeit, um das Flimmern zu vermeiden. Es hätte aber gleichzeitig eine Erweiterung der notwendigen Übertragungsbandbreite um den Faktor zwei zur Folge. Ähnlich wie beim Kinofilm hat man auch beim Fernsehen eine einfache aber geniale Lösung mit dem *Zeilensprungverfahren* gefunden. Versuche ergaben nämlich, daß die Wechselfrequenz auf kleine Bildbereiche bezogen relativ niedrig sein kann, wenn nur das Zeilenraster genügend oft geschrieben wird.

Nach dem Zeilensprungverfahren, auch Zwischenzeilenverfahren genannt, werden die Z Zeilen des gesamten Rasters auf zwei Halbraster aufgeteilt, die ineinander verschachtelt sind und die zeitlich nacheinander übertragen werden. Jedes Halbraster enthält $Z/2$ Zeilen und läuft in der Zeit $t = T_\text{w}/2 = 1/2f_\text{w}$ ab. Das bedeutet, daß dem ersten Halbraster die Zeilen 1, 3, 5, . . . und dem zweiten Halbraster die Zeilen 2, 4, 6, . . . nach der geometrischen Zeilennumerierung zugeschrieben werden (B i l d 1.5).

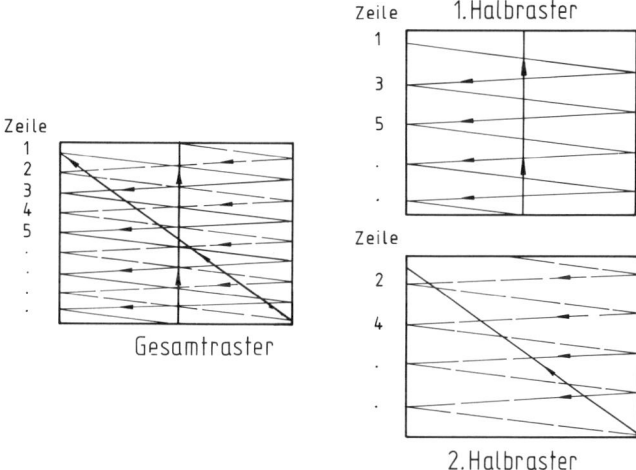

Bild 1.5 Aufteilung des Gesamtrasters beim Zeilensprungverfahren

Der Wechsel vom ersten zum zweiten Halbraster erfolgt bei ungerader Zeilenzahl, zum Beispiel mit $Z = 625$, am Ende des ersten Halbrasters nach Durchlaufen einer halben Zeile. Damit erübrigt sich ein besonderes Hilfssignal zum periodischen Versatz der beiden Halbraster und es ist stets die Voraussetzung geschaffen, daß die Zeilen des zweiten Halbrasters in den Zwischenräumen des ersten Halbrasters liegen und somit ein gleichmäßig verteiltes Gesamtraster entsteht.

An Stelle von 25 Vollbildern je Sekunde mit je 625 Zeilen werden also 50 Halbbilder mit je 312 1/2 Zeilen übertragen. Es ergibt sich somit eine Halbbildwechselfrequenz, auch als Rasterwechselfrequenz oder Vertikalfrequenz f_v bezeichnet, von $f_\text{v} = 50$ Hz. Die Periodendauer des Halbbildwechsels beziehungsweise der Vertikalablenkung beträgt $T_\text{v} = 1/f_\text{v} = 20$ ms.

Für die Standards B und G der CCIR-Norm leitet sich mit 625 Zeilen je Vollbild oder 312 1/2 Zeilen je Halbbild hieraus eine Zeilenwechselfrequenz (Zeilenfrequenz) oder Horizontalfrequenz f_h ab mit dem Wert

$$f_h = 625 \cdot 25 \text{ Hz} = 312 \, 1/2 \cdot 50 \text{ Hz} = 15\,625 \text{ Hz}.$$

Die Periodendauer des Zeilenwechsels beziehungsweise der Horizontalablenkung beträgt $T_h = 1/f_h = 64 \, \mu$s. Es ist in der Fernsehtechnik üblich, die Periodendauer einer Zeile durch den Buchstaben H anzugeben. Im Fall der CCIR-Norm B, G entspricht somit $H \triangleq T_h = 64 \, \mu$s.

Horizontal- und Vertikalablenkfrequenz müssen synchron und phasenstarr miteinander verkoppelt sein. Man erreicht dies beim Zeilensprungverfahren durch Ableitung der beiden Frequenzen aus der doppelten Horizontalfrequenz $2 \cdot f_h$ (Bild 1.6).

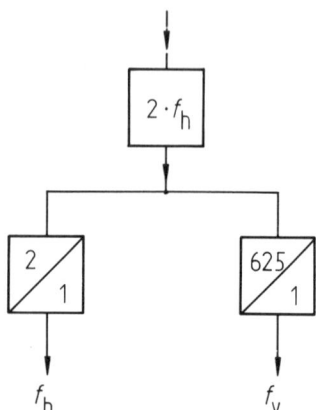

Bild 1.6   Verkopplung der Horizontal- und Vertikalablenkfrequenz beim Zeilensprungverfahren mit 625 Zeilen

Die Anwendung des Zeilensprungverfahrens erhöht zwar die Rasterwechselfrequenz auf 50 Hz und damit in den Bereich der Flimmergrenzfrequenz. Es verbleibt aber, insbesondere in Bildpartien mit großer Helligkeit, ein 50-Hz-Flächenflimmern. An horizontalen Kanten mit hohem Kontrast versagt das Zeilensprungverfahren ganz. Hier entsteht ein 25-Hz-Kantenflimmern. Eine Beseitigung dieser Flimmereffekte kann nur über eine Erhöhung der Bildwiedergabefrequenz auf einen Wert von 75 Hz oder 100 Hz erfolgen. Dies ist heute möglich mittels digitaler Bildspeichersysteme.

1.2 BAS-Signal

Unter dem BAS-Signal versteht man das (für Schwarzweiß-Bildübertragung) komplette Fernsehsignal, das sich aus dem eigentlichen Bildsignal (B), dem Austastsignal (A) und dem Synchronsignal (S) zusammensetzt. Das Bildsignal enthält die zeilenweise gewonnene Information über die Helligkeitsverteilung der zu übertragenden Bildvorlage.

1.2.1 Bandbreite des Bildsignales

Das vom Bildsignal oder Videosignal belegte Frequenzband wird durch die Bildpunktauflösung in horizontaler Richtung und durch die Zeilenzahl bestimmt. Die Auflösung in vertikaler Richtung ist wegen der Zeilenstruktur diskontinuierlich und quantisiert, in horizontaler Richtung ergibt sich durch die kontinuierliche Bewegung des Abtaststrahles eine Verschleifung von Hell-Dunkel-Kanten. Zur Berechnung der höchsten im Bildsignal vorkommenden Frequenzkomponente, der maximalen Bildfrequenz, wird der Einfachheit halber zunächst von gleicher Auflösung des Bildes in horizontaler und vertikaler Richtung ausgegangen, das heißt die Bildpunktbreite *b* wird gleich dem Zeilenabstand oder der Zeilenbreite *a* angenommen (Bild 1.7). Wechseln sich ein heller und ein dunkler Bildpunkt aufeinanderfolgend und von Zeile zu Zeile versetzt ab, dann erhält man ein Schachbrettmuster, das die höchstmögliche Auflösung der Bildvorlage wiedergibt. Man spricht deshalb im Zusammenhang mit der maximalen Bildfrequenz auch von der „Schachbrettfrequenz".

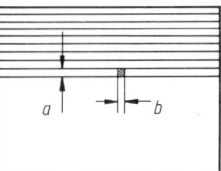

Bild 1.7   Auflösung der Bildvorlage in Zeilen und Bildpunkte

Der Abtaststrahl muß nach Durchlaufen jeder Zeile und jedes Teilbildes wieder zurückgeführt werden. Dazu sind Rücklaufzeiten erforderlich. Während des Strahlrücklaufes werden sowohl der Lesestrahl in dem Aufnahmewandler als auch der Schreibstrahl in der Bildröhre dunkel gesteuert. Die notwendigen Rücklaufzeiten $t_{r,h}$ und $t_{r,v}$ innerhalb der Periodendauer T_h der Horizontalablenkung beziehungsweise T_v der Vertikalablenkung sind in Bild 1.8 im zeitlichen Verlauf der Ablenkströme angegeben. Die Rücklaufzeiten müssen innerhalb der Intervalle $t_{a,h}$ beziehungsweise $t_{a,v}$ der Strahlaustastung liegen. Für diese sind nach der CCIR-Norm bestimmte Zeiten festgelegt.

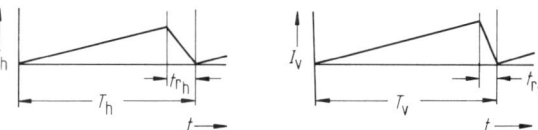

Bild 1.8   Verlauf des horizontalen und vertikalen Ablenkstromes

In den CCIR-Standards B, G beträgt die Zeitdauer der Horizontalaustastung

$$t_{a,h} = 12 \pm 0,3 \ \mu s,$$

entsprechend 18,75% von der Periodendauer T_h

und die Zeitdauer der Vertikalaustastung

$$t_{a,v} = 25 \cdot H + t_{a,h} = 1,612 \ ms,$$

entsprechend etwa 8% von der Periodendauer T_v.

Von der gesamten Zeilenperiodendauer T_h steht somit zur Übertragung des Bildinhaltes einer Zeile nur die Zeit $T_h \cdot (1-0,1875) = 52 \ \mu s$ und von der gesamten, der Periodendauer $T_w = 2 \cdot T_v$ zugeordneten Zeilenzahl Z nur der Anteil $Z \cdot (1-0,08) = 575$ Zeilen

für die Bildübertragung zur Verfügung. Dies läßt sich durch eine reduzierte Rasterfläche
für das sichtbare Bild ausdrücken (Bild 1.9).

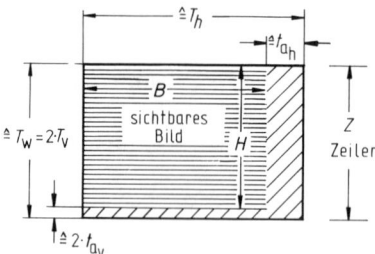

Bild 1.9   Reduzierte Rasterfläche des sichtbaren Bildes

Für das sichtbare Bild ist ein rechteckiges Format mit dem Seitenverhältnis $B/H = 4/3$
festgelegt. Bei gleicher Auflösung in horizontaler und vertikaler Richtung berechnet sich
hieraus eine Anzahl von

$$4/3 \cdot 625 \cdot (1-0{,}08) = 767 \text{ Bildpunkte je Zeile}$$

und von

$$4/3 \cdot 625 \cdot (1-0{,}08) \cdot 625 \cdot (1-0{,}08) = 440\,833 \text{ Bildpunkte}$$

je Bild.

Diese Anzahl von Bildpunkten wird übertragen in einer Zeit von

$$64 \text{ μs} \cdot (1-0{,}1875) \cdot 625 \cdot (1-0{,}08) = 29{,}9 \text{ ms.}$$

Für die Zeit T_{BP} zum Durchlaufen eines Bildpunktes ergibt sich dann

$$T_{BP} = \frac{29{,}9 \text{ ms}}{440\,833} = 0{,}067 \text{ μs.}$$

Die höchste Bildfrequenz tritt auf, wenn helle und dunkle Bildpunkte aufeinanderfolgen
(Bild 1.10). Das Bildsignal weist dann eine Periodendauer auf von

$$T_B = 2 \cdot T_{BP} = 0{,}135 \text{ μs.}$$

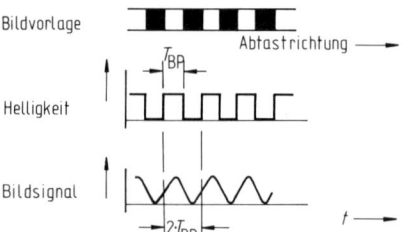

Bild 1.10   Verschleifung des Bildsignales als Folge des
endlichen Abtaststrahldurchmessers

Wegen des endlichen Durchmessers des Abtaststrahles und der damit verbundenen Verschleifung des Hell-Dunkel-Überganges genügt es, die Grundschwingung des rechteckförmigen idealisierten Signalverlaufes zu übertragen. Dies führt zu einer höchsten vorkommenden Bildfrequenz von

$$f_{B,max} = \frac{1}{T_B} = 7,4 \text{ MHz.}$$

Die Grenze der Auflösung in vertikaler Richtung ist durch die Zeilenstruktur gegeben. Bei voller vertikaler Auflösung und fehlender Vorfilterung würde durch den zeilenweisen Abtastvorgang ein Übersprechen im Spektrum auftreten, das zu Schwebungseffekten im wiedergegebenen Bild führen könnte. Es wird deshalb durch eine „optische Unschärfe" die Auflösung in vertikaler Richtung etwas reduziert. Um die Auflösung in horizontaler und vertikaler Richtung wieder anzugleichen, wird eine Reduktion der Horizontalauflösung und damit der notwendigen Übertragungsbandbreite um etwa den Faktor 2/3 vorgenommen. Dieser Faktor wird als KELL-*Faktor* bezeichnet, unter Bezugnahme auf R. D. KELL, der sich eingehend mit dem Problem der Fernsehbildzerlegung beschäftigt hat [3, 4, 6]. Man kommt so letztendlich auf eine Bandbreite des Videosignales von

$$B_{Video} = 5 \text{ MHz.}$$

Dieser Wert ist in der CCIR-Norm B, G festgelegt.

Allgemein berechnet sich beim Zeilensprungverfahren die maximale Bildfrequenz $f_{B,max}$ bei einem Verhältnis B/H von Bildbreite zu Höhe des sichtbaren Bildes zu

$$f_{B,max} = \frac{1}{4} \cdot \frac{B}{H} \cdot Z^2 \cdot f_v \cdot \frac{(1 - t_{a,v}/T_v)}{(1 - t_{a,h}/T_h)} \, . \tag{1.3}$$

Man erkennt, daß die Rasterwechselfrequenz f_v linear und die Zeilenzahl Z quadratisch in die maximale Bildfrequenz eingeht. Dies gewinnt insbesondere bei dem hochauflösenden Fernsehsystem HDTV an Bedeutung, siehe dazu Abschnitt 1.3.2.

1.2.2 Austastsignal

Während des horizontalen und vertikalen Strahlrücklaufes wird das Bildsignal in seinem zeitlichen Verlauf unterbrochen, es wird „ausgetastet". Der Signalpegel wird auf einem definierten Austastwert festgehalten, um ein Überschreiben des aus dem Hinlauf aufgenommenen Bildinhalts zu vermeiden. Der Austastwert liegt geringfügig unter dem Schwarzwert des Bildsignales. Die Differenz zwischen Schwarzwert und Austastwert wird als Schwarzabhebung bezeichnet. Zugunsten einer besseren Ausnutzung des Aussteuerbereiches wird jedoch meistens auf die Schwarzabhebung verzichtet. Dies sieht auch der letzte Stand der CCIR-Norm B, G vor.

Die Austastung des Bildsignales wird durch das Austastsignal vorgenommen, das sich aus den zeilenfrequenten Horizontal-Austastimpulsen mit der Dauer, $t_{a,h} = 12 \text{ μs}$ und den im Rhythmus des Halbbildwechels erscheinenden Vertikal-Austastimpulsen mit der Dauer $t_{a,v} = 1,612 \text{ ms}$ zusammensetzt. Das so modifizierte Bildsignal wird dadurch zum BA-Signal (B i l d 1.11).

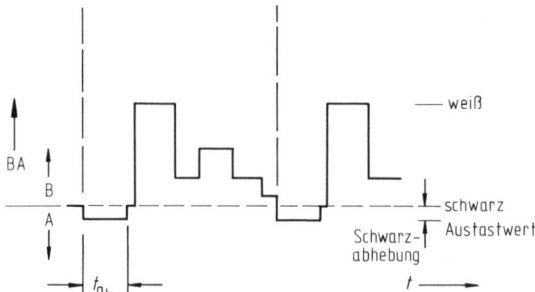

Bild 1.11   Horizontal-Austastung und
BA-Signal

1.2.3 Synchronsignal

Das empfangsseitig auf der Fernsehbildröhre geschriebene Zeilenraster muß synchron mit dem sendeseitigen Zeilenraster ablaufen. Dazu werden neben dem Bildsignal noch Synchronimpulse erzeugt und übertragen. Sie steuern gleichermaßen die Ablenkeinrichtungen beim Aufnahme- und Wiedergabewandler. Eingebracht werden die Synchronimpulse während des horizontalen und vertikalen Strahlrücklaufes, wo das Bildsignal ausgetastet wird. Pegelmäßig liegt das Synchronsignal unter dem Austastwert, es entspricht damit einem Signalniveau „schwärzer als schwarz" (Bild 1.12).

Bild 1.12   Aussteuerbereich des BAS-Signales

Die Impulse zur Synchronisierung der Horizontal- und Vertikalablenkung müssen eindeutig unterscheidbare Merkmale aufweisen. Innerhalb des wertmäßig zugeordneten Spannungsbereiches ist dies möglich durch die unterschiedliche Folgefrequenz und durch verschiedene Impulsdauer.

Nach der CCIR-Norm B, G beginnt der Horizontal-Synchronimpuls 1,5 µs nach dem Horizontal-Austastimpuls (Bild 1.13). Diese sogenannte vordere Schwarzschulter (c) bietet die Sicherheit, daß der Zeilenrücklauf bestimmt in die Horizontal-Austastlücke fällt. Die Vorderflanke des 4,7 µs (d) breiten Horizontal-Synchronimpulses ist bestimmend für das Einsetzen der Synchronisierung. Die hintere Schwarzschulter (b−d) dient als Bezugspegel. Sie wird aber auch für die Übertragung des zusätzlichen Farbsynchronsignales (Burst) beim NTSC- und PAL-Farbfernsehsystem genutzt. Der Horizontal-Synchronimpuls wird im Bildwiedergabegerät über ein Differenzierglied (Hochpaß) aus dem Synchronsignalgemisch ausgesiebt. Damit bleibt das Kriterium der Synchronisation durch die Vorderflanke erhalten.

Innerhalb der Vertikal-Austastlücke wird der Vertikal-Synchronimpuls übertragen. Er ist mit einer Dauer von 160 µs (2,5 *H*) wesentlich länger als der Horizontal-Synchronimpuls. Damit während dieser Zeit kein Ausfall der Horizontal-Synchronisierung erfolgt, wird der Vertikal-Synchronimpuls kurz unterbrochen. Die Unterbrechung geschieht

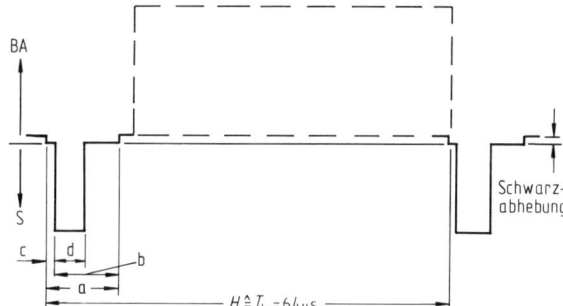

Bild 1.13 Horizontal-Synchronsignal innerhalb einer Zeile
$a \triangleq 12 \pm 0{,}3\ \mu s = t_{a,h}$; $b \triangleq$ etwa $10{,}5\ \mu s$;
$c \triangleq 1{,}5 \pm 0{,}3\ \mu s$; $d \triangleq 4{,}7 \pm 0{,}2\ \mu s$

wegen des Halbzeilenversatzes der beiden Teilraster im Abstand von $H/2$. In dem Bild 1.14, mit der Darstellung der kompletten Vertikal-Synchronimpulsfolge im ersten und zweiten Halbbild, sind die für die Horizontal-Synchronisierung maßgebenden Impulsflanken markiert. Das Zeilensprungverfahren bedingt auch, daß der Vertikal-Synchronimpuls um $H/2$ in bezug auf den letzten Horizontal-Synchronimpuls von einem Halbbild zum anderen verschoben ist.

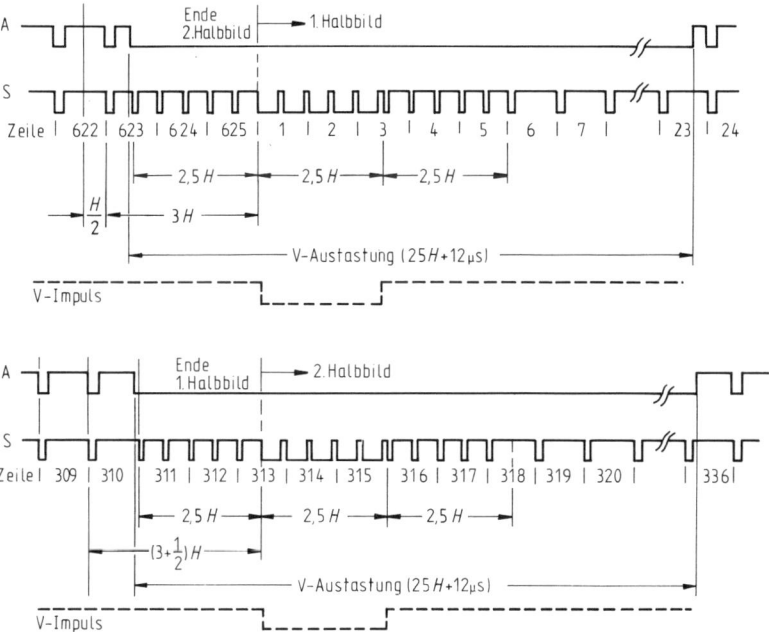

Bild 1.14 Vertikal-Synchronsignal mit Vor- und Nachimpulsen im 1. Halbbild (oben) und 2. Halbbild (unten)

Das Kriterium für die Synchronisierung der Vertikalablenkung gewinnt man durch Integration des vollständigen Synchronsignales, bei der wegen der Tiefpaßwirkung des Integriergliedes und der längeren Impulsdauer des Vertikal-Sychronimpulses nur dieser den entscheidenden Beitrag liefert.

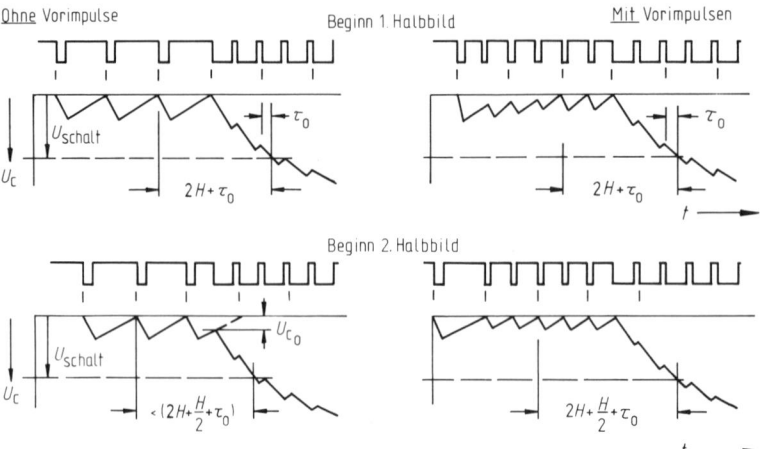

Bild 1.15   Zur Bedeutung der Vorimpulse: Integration des Vertikal-Synchronsignales ohne Vorimpulse (links) Integration des Vertikal-Synchronsignales mit Vorimpulsen (rechts)

Die dem Vertikal-Synchronimpuls vorangehenden Horizontal-Synchronimpulse ergäben jedoch wegen des $H/2$-Versatzes in den beiden Halbbildern unterschiedliche Anfangsbedingungen für den Integrationsvorgang (Bild 1.15, links). Dies könnte zu einem falschen Einsetzen der Vertikal-Sychronisierung und damit zu einer Paarigkeit der Rasterzeilen führen. Es werden deshalb dem eigentlichen Vertikal-Synchronimpuls fünf schmale (2,35 µs) Ausgleichsimpulse, die Vorimpulse oder Vortrabanten, jeweils im Abstand von $H/2$ vorausgeschickt, damit in jedem Halbbild gleiche Anfangsbedingungen für die Integration herrschen (Bild 1.15, rechts). In ähnlicher Weise sorgen fünf Nachimpulse für eine gleichmäßige Rückflanke der integrierten Vertikal-Teilimpulse.

Zur Zählweise der Zeilen in Bild 1.14 ist noch folgendes zu sagen: In der Fernsehtechnik ist es üblich, entgegen der Aufteilung in ungeradzahlige und geradzahlige Zeilen gemäß Bild 1.5, die aufeinanderfolgend ablaufenden Zeilen durchgehend zu numerieren. Das erste Halbbild beginnt bei der Vorderflanke des Vertikal-Synchronimpulses mit Zeile 1 und es weist 312 1/2 Zeilen auf. Davon fallen die ersten 22 1/2 Zeilen in die Vertikal-Austastlücke. Das zweite Halbbild beginnt nach 312 1/2 Zeilen in der Mitte der 313. Zeile bei der Vorderflanke des Vertikal-Synchronimpulses und endet mit der 625. Zeile. Danach wiederholt sich die Zählweise im Rhythmus von zwei Halbbildern.

Bild 1.16 zeigt im doppelt-logarithmischen Maßstab das Frequenzspektrum des vollständigen Synchronsignales im Frequenzbereich bis 50 kHz. Gestrichelt ist in dieser Darstellung die Trennung der Spektralkomponenten in ihre wesentlichen Anteile unterhalb und oberhalb von 5 kHz zur Gewinnung des Vertikal- und Horizontal-Synchronanteils. Die Trennung erfolgt durch einfache RC-Tief- bzw. Hochpässe.

Das Synchronsignal wird an der Videosignalquelle pegelgerecht dem BA-Signal zugesetzt. Man erhält so das BAS-Signal. Der Normspannungswert für das BAS-Signal beträgt in der Studio- und Fernsehmeßtechnik 1 V (Spitze-Spitze-Wert), wobei auf den BA-Anteil 70% (0,7 V) und auf den S-Anteil 30% (0,3 V) entfallen. Als Bezugspegel kann der Austastwert gelten (nach CCIR-Norm) mit dem Weißwert bei 100% und dem Synchronwert bei −43% oder der Synchronpegel, wobei dann der Austastwert bei 30%

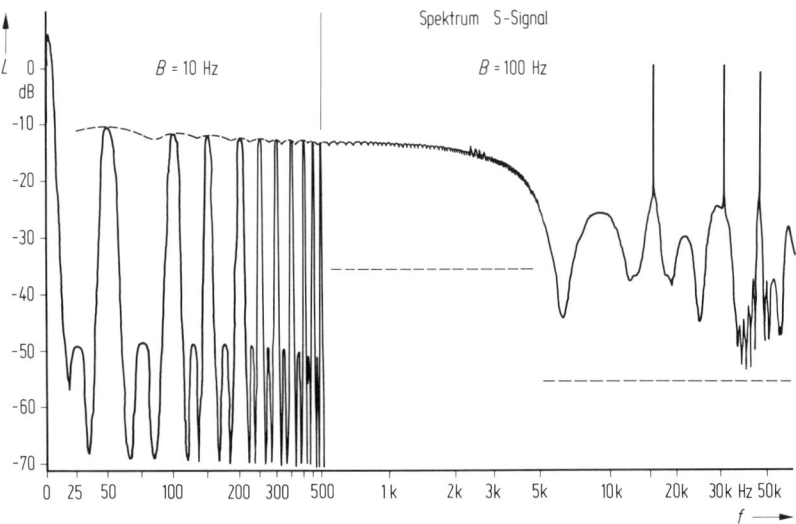

Bild 1.16   Gemessenes Frequenzspektrum des vollständigen Synchronsignales

vom Weißwert liegt (siehe dazu Bild 1.12). Der Bezugswiderstand in der Videotechnik ist 75 Ohm.

1.3 Eigenschaften eines HDTV-Signales

Die Bildwiedergabequalität des bisher behandelten und eingeführten Fernsehsystems ist, besonders im Vergleich zum Kinofilm, noch nicht optimal. Als Schwachpunkte wären anzuführen

- die mäßige Detailauflösung
- ein störendes Zeilenflimmern
- das 50-Hz-Großflächenflimmern bei großer Bildhelligkeit
- das 25-Hz-Flackern an horizontalen Kanten

und einige Schwächen im Zusammenhang mit der Farbbildwiedergabe, auf die hier noch nicht eingegangen werden kann.

Darüber hinaus bietet das Kinobild mit seiner großen Fläche ein besseres Realitätsempfinden, insbesondere bei einem breiten Bildformat. Das menschliche Gesichtsfeld weist einen Betrachtungswinkel von etwa 150° in der vertikalen und etwa 200° in der horizontalen Richtung auf. Im Abschnitt 1.1.2 wurde schon erwähnt, daß bei dem bisher angenommenen Betrachtungsabstand von der fünffachen Bildhöhe der Bildfeldwinkel nur 11° beziehungsweise 15° beträgt. Ein der Realität näher liegender Eindruck des Fernsehbildes unter einem vertikalen Betrachtungswinkel von mindestens 25°, bei einem Betrachtungsabstand von etwa 2,5-facher Bildhöhe, erfordert nach Gl. (1.2) mindestens 1000 sichtbare Zeilen.

1.3.1 Zeilenzahl

In Anlehnung an die bisherige europäische CCIR-Norm mit insgesamt 625 Zeilen ging man bei der Festlegung der Parameter für ein hochauflösendes Fernsehverfahren (High Definition Television, HDTV) zunächst von einer Verdopplung der Zeilenzahl aus. Wegen des im Übertragungskanal weiterhin beizubehaltenden Zeilensprungverfahrens und der dabei zweckmäßigerweise ungeraden Zeilenzahl wurde nach einem deutschen Vorschlag ursprünglich ein Wert von 1249 Zeilen als Arbeitsstandard festgelegt. Mit Rücksicht auf ein wirklichkeitsnäheres Bild wurde das Bildformat auf 5:3 geändert.

In den Ländern, wo nach dem CCIR-Standard M eine Zeilenzahl von 525 eingeführt ist, insbesondere in Japan und USA, wurde jedoch eine andere Zeilenzahl für ein Hochzeilen-Fernsehen gewählt. Wohl aus einem Mittelwert zwischen 1050 und 1250 Zeilen ergab sich der Wert von 1125 Zeilen. Gleichzeitig wurde nach diesem Standard die Halbbildwechselfrequenz von 60 Hz beibehalten, was einer weitgehenden Unterdrückung von Flimmerstörungen entgegenkommt. Auf Drängen amerikanischer Rundfunkanstalten wurde das Bild-Seitenverhältnis noch auf 5,33:3 verändert. So ergaben sich für den von der japanischen Rundfunkanstalt NHK (Nippon Hoso Kyokai) aufgestellten Vorschlag für eine HDTV-Norm folgende Parameter:

> 1125 Zeilen
> Zeilensprungverfahren
> Bild-Seitenverhältnis 5,33:3 (16:9)
> Rasterwechselfrequenz 60 Hz,
> was eine Zeilenfrequenz von 33750 Hz ergibt.

Der Wunsch nach einem weltweiten HDTV-Fernseh-Standard ist zwar sehr ausgeprägt, um möglichst aufwendige Normwandlungen und damit verbundenen Qualitätsverlust zu vermeiden. Die vielen Bemühungen scheiterten aber letztlich doch an nationalen Interessen.

Es zeichnete sich zunächst ein deutlicher Vorsprung des NHK-Standards ab. Die Entwicklung in USA verlief jedoch dann wieder zugunsten von 1050 Zeilen wegen der besseren Kompatibilität zu dem 525-Zeilen-System [6, 9, 10, 11].

Das größte Hindernis auf dem Weg zu einer weltweiten Einigung auf einen gemeinsamen Standard liegt in den unterschiedlichen Rasterwechselfrequenzen von 50 Hz und 60 Hz. Im Jahr 1987 haben sechs europäische Länder beim CCIR einen eigenständigen Vorschlag für eine HDTV-Produktionsnorm eingebracht. Im Projekt EUREKA EU95 wurden folgende Parameter definiert [11, 12]:

> 1250 Zeilen, davon 1152 aktive Zeilen
> Bildwechselfrequenz 50 Hz
> progressive Abtastung
> Bildseitenverhältnis 16:9.

Die Anwendung der progressiven Abtastung, d. h. kein Zeilensprung, bringt wesentliche Vorteile bei der Normwandlung. Geometrisch benachbarte Zeilen sind stets auch zeitlich aufeinanderfolgend. Damit reduziert sich bei einer nachfolgenden Bildsignalverarbeitung der Speicheraufwand für Interpolationsprozesse.

Mit Übergang auf progressive Abtastung bei gleicher Bildwechselfrequenz erhöht sich allerdings die Bandbreite des Videosignales auf das Zweifache.

Wie später im Abschnitt 6.1 noch detailliert dargestellt, gibt es auch bei der progressiven Abtastung noch eine bandbreitensparende Variante, die Quincunx-Abtastung, auf die vielfach zurückgegangen wird.

Während in Japan auch heute noch am NHK-Standard mit 1125 Zeilen festgehalten wird, bahnte sich in den USA eine völlig andere Entwicklung an. Ausgelöst durch die 1992 getroffene Entscheidung für ein digitales HDTV-System wurde von dem „Grande Alliance"-Gremium, bestehend aus Forschungsinstituten und Industrieunternehmen, nicht ein HDTV-Standard, sondern eine „HDTV-Standard-Familie" mit sechs möglichen Varianten festgelegt.

Basierend auf quadratischen Bildpunkten, wegen der engen Verbindung zur Computertechnik, wurden zwei Auflösungsformate mit

1280 (H) × 720 (V) Bildpunkten bzw.
1920 (H) × 1080 (V) Bildpunkten

entsprechend den Zeilenzahlen von 788 bzw. 1182 (Gesamtzeilenzahl) und einem Bildseitenverhältnis von 16:9 definiert, mit möglichen Rasterwechselfrequenzen von

23,976 Hz/24 Hz, 29,97 Hz/30 Hz bzw. 59,94 Hz/60 Hz
bei durchwegs progressiver Abtastung.

Die Entscheidung für eine Sendenorm soll von den Programmanbietern getroffen werden, ein zukünftiger HDTV-Empfänger stellt sich automatisch auf die bestmögliche Bildwiedergabequalität ein [13].

1.3.2 Bandbreite des Bildsignales

Die maximale Bildpunktfrequenz berechnet sich beim Zeilensprungverfahren nach Gl. (1.3) bzw. mit $Z_{akt} = 1152$ aktiven Zeilen bei insgesamt $Z = 1250$ Zeilen und mit $T_{h, akt} = 13,33$ µs innerhalb der Zeilenperiodendauer von $T_h = 16$ µs sowie dem Bildseitenverhältnis von $B/H = 16/9$ und der Bildwechselfrequenz $f_v = 50$ Hz aus

$$f_{B, max} = \frac{1}{4} \cdot \frac{B}{H} \cdot Z^2 \cdot f_v \cdot \frac{Z_{akt}/Z}{T_{h, akt}/T_h} \tag{1.4}$$

zu

$$f_{B, max} = \frac{1}{4} \cdot \frac{16}{9} \cdot 1250^2 \cdot 50 \text{ Hz} \cdot \frac{1152/1250}{13,33 \text{ µs}/16 \text{ µs}} = 38,4 \text{ MHz} .$$

Bei progressiver Abtastung ergibt sich der zweifache Wert mit $f_{B, max} = 76,8$ MHz.

Unter Berücksichtigung eines KELL-Faktors von 0,65 erfordert dies eine Video-Übertragungsbandbreite mit 50 MHz.

1.3.3 Synchronsignal

Eine wesentliche Änderung erfolgt beim Synchronsignal. Wegen der digitalen Verarbeitung der breitbandigen HDTV-Signale ist eine hohe zeitliche Genauigkeit der Abtastwerte in bezug auf das Zeilenraster erforderlich. Die Festlegung des Zeilenbeginns mit der Vorderflanke des Horizontal-Synchronimpulses ist in diesem Fall wegen des Einflusses von Amplitudenänderungen und linearen sowie nichtlinearen Verzerrungen nicht mehr ausreichend. Es wurde deshalb ein neuer, sogenannter Drei-Pegel-Synchronimpuls definiert (Bild 1.17). Der Bezugspunkt für den Zeilenbeginn liegt nun beim Nulldurchgang des zweiseitig gerichteten Impulses. Damit wird man weitestgehend unabhängig von nichtlinearen Verzerrungen des Synchronimpulses. Das Spektrum dieses Impulses mit definierter Anstiegs- und Abfallzeit ist im wesentlichen auf tiefe Frequenzen im breitbandigen HDTV-Signal begrenzt. Näherungsweise kann der Horizontal-Synchronimpuls nun als eine Schwingung mit etwa 1 MHz betrachtet werden.

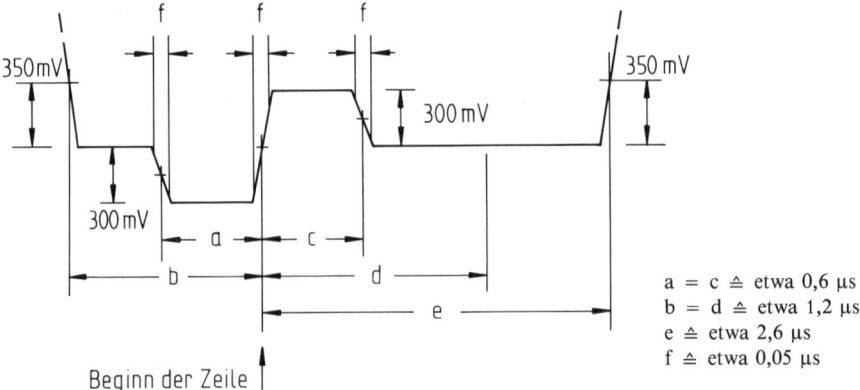

Bild 1.17   Drei-Pegel-Synchronimpuls bei HDTV

Auch der Vertikal-Synchronimpuls wird gegenüber dem bisherigen System verändert. Er besteht aus zehn Teilimpulsen mit je 11,85 µs Dauer in fünf Zeilen innerhalb der Vertikal-Austastlücke, in die jeweils nach der halben Zeilendauer ein Horizontal-Synchronimpuls eingebracht ist [14].

Insgesamt muß ein HDTV-System jedoch unter dem Aspekt der Farbbildübertragung betrachtet werden. Es wird deshalb später nochmals in Kap. 6 darauf eingegangen.

1.4   Trägerfrequente Übertragung von analogem Standard-Bild- und Tonsignal

Die Übertragung des Bildsignales bzw. genauer des BAS-Signales sowie eines zum Bild gehörigen Begleittones erfolgt, abgesehen von der Verteilung im Studio und von einer digitalen Signalübertragung, durch Modulation einer hochfrequenten Trägerschwingung. Prinzipiell gilt dies sowohl für drahtgebundene als auch für drahtlose Übertragung. Von den Funk-Verwaltungsorganen wurden bestimmte Frequenzbereiche festgelegt, die ausschließlich oder vorwiegend zur Übertragung von Fernsehsignalen im Bereich des Rundfunk-Fernsehens dienen. Diese liegen im VHF-Bereich (40 bis 230 MHz) und im UHF-Bereich (470 bis 790 bzw. 860 MHz) und für die Satelliten-Übertragung im Frequenzbereich um 12 GHz. Darüber hinaus wurden für die Kabelverteilung noch Sonderkanäle im erweiterten VHF-Bereich bereitgestellt. Wegen der bis 5 MHz reichenden Modulationssignale ist eine hohe Trägerfrequenz erforderlich.

1.4.1 Bildsignalübertragung durch Restseitenband-Amplitudenmodulation

Beim Fernseh-Rundfunk in den bisher genutzten Frequenzbereichen (VHF und UHF) sowie in Übertragungssystemen, wo übliche Fernsehempfänger als Bildwiedergabegeräte verwendet werden, erfolgt die Bildsignalübertragung durch Amplitudenmodulation (AM) der hochfrequenten Trägerschwingung. Der Vorteil der Amplitudenmodulation liegt in der relativ geringen Bandbreite des Modulationsproduktes. Es entstehen bei dieser Modulationsart Seitenschwingungen im Abstand der Frequenz des modulierenden Signales oberhalb und unterhalb der Frequenz der Trägerschwingung. Mit der Bandbreite des BAS-Signales von $B_{\text{Video}} = B = 5$ MHz wird damit ein hochfrequentes Übertragungsband mit der Bandbreite $B_{\text{AM}} = 2 \cdot 5$ MHz $= 10$ MHz beansprucht (B i l d 1.18 a).

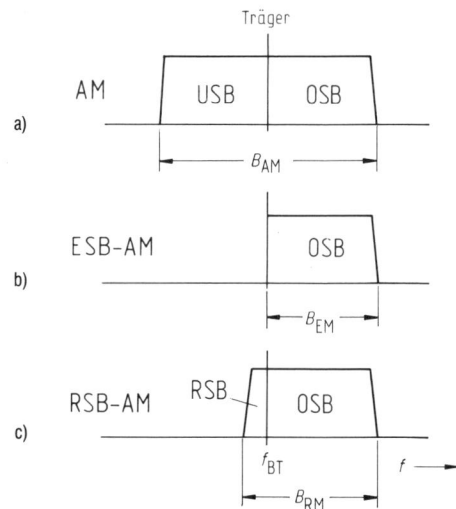

Bild 1.18 Hochfrequentes Übertragungsband bei
(a) Amplitudenmodulation
(b) Einseitenband-Amplitudenmodulation
(c) Restseitenband-Amplitudenmodulation

Prinzipiell könnte bei der Übertragung ein Seitenband unterdrückt werden, da ja der Signalinhalt in beiden Seitenbändern gleichermaßen enthalten ist. Man käme so mit der Einseitenband-Amplitudenmodulation (ESB-AM, EM) wieder auf eine Übertragungsbandbreite von $B_{\text{EM}} = 5$ MHz (B i l d 1.18 b). Wegen des bis zu sehr niedrigen Frequenzen reichenden Modulationssignales und der deshalb notwendigen steilflankigen Filter zur Unterdrückung eines Seitenbandes, ergeben sich jedoch enorme Schwierigkeiten durch die Gruppenlaufzeitverzerrungen dieser Filter an der Grenze des Durchlaßbereiches.

Das Problem wird dadurch umgangen, daß an Stelle der Einseitenband-Amplitudenmodulation die Restseitenband-Amplitudenmodulation (RSB-AM, RM) angewendet wird. Dabei überträgt man ein Seitenband vollständig und das andere Seitenband nur teilweise mit relativ langsam abfallender Amplitude nach höheren Modulationsfrequenzen hin (Bild 1.18 c). Die Einsparung an Frequenzbandbreite beträgt gegenüber der Zweiseitenband-Amplitudenmodulation (AM) immer noch etwa 4 MHz. Für Modulationssignale mit einer Frequenz bis 0,75 MHz liegt Zweiseitenband-Übertragung vor, bei höherfrequenten Signalkomponenten findet ein Übergang auf Einseitenband-Übertragung statt.

Empfängerseitig muß aber dafür gesorgt werden, daß die Signalkomponenten, die auch im Restseitenband enthalten sind, nach der Demodulation nicht mit doppelter Amplitude erscheinen gegenüber den Signalkomponenten, die nur in einem Seitenband übertragen werden. Es wird deshalb die Empfänger-Durchlaßkurve so ausgebildet, daß sich um die Frequenz des Bildträgers eine linear ansteigende bzw. abfallende Flanke ergibt, die sogenannte NYQUIST-Flanke (Bild 1.19).

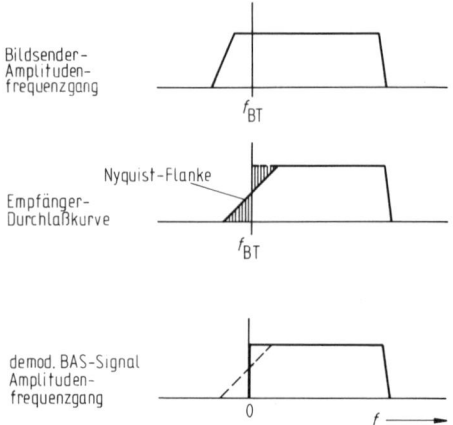

Bild 1.19 Korrektur des Amplitudenfrequenzgangs bei Restseitenbandübertragung durch ein Empfängerfilter mit NYQUIST-Flanke

Den einzelnen Fernsehkanälen sind im VHF-Bereich (Bereich I und III) 7 MHz breite (CCIR-Norm, Standard B) und im UHF-Bereich (Bereich IV und V) 8 MHz breite (CCIR-Norm, Standard G) Frequenzbänder zugeteilt. Der hochfrequente Bildsender-Amplitudenfrequenzgang innerhalb des 7 bzw. 8 MHz breiten Fernsehkanals ist in Bild 1.20 dargestellt. Die Dämpfung des unterdrückten Seitenbandes muß für Frequenzen unterhalb 1,25 MHz vom Bildträger mindestens 20 dB betragen [2].

Die Empfänger-Durchlaßkurve, bezogen auf den Hochfrequenzbereich (HF), mit der NYQUIST-Flanke zeigt Bild 1.21. Der Übergang vom Durchlaß- zum Sperrbereich erfolgt in einem Frequenzbereich von ±0,75 MHz um die Frequenz des Bildträgers. Bei der Bildträgerfrequenz selbst beträgt der Dämpfungsanstieg gegenüber dem voll über-

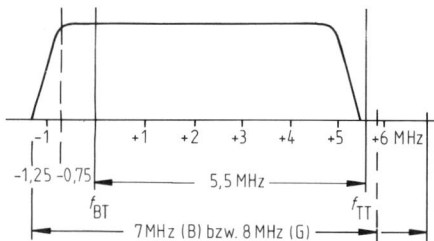

Bild 1.20 Bildsender-Amplitudenfrequenzgang nach der CCIR-Norm B, G

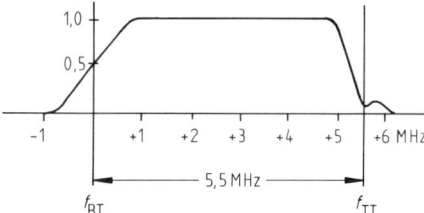

Bild 1.21 Empfänger-Durchlaßkurve mit NYQUIST-Flanke

tragenen Seitenband 6 dB, das heißt, die Amplitude des Bildträgers wird auf 50% ihres eigentlichen Wertes abgesenkt.

Die wesentliche Verstärkung und Selektion wird beim Fernsehempfänger im Zwischenfrequenzbereich (ZF) vorgenommen. Für den Bildträger ist eine Zwischenfrequenz von 38,9 MHz festgelegt. Durch die Frequenzumsetzung mit einer Oszillatorfrequenz oberhalb der Empfangsfrequenz findet eine Umkehrung der Frequenzlage des übertragenen Seitenbandes statt (B i l d 1.22). Ebenso erscheint die im Hochfrequenzbereich nach der CCIR-Norm, Standard B und G, um 5,5 MHz oberhalb der Bildträgerfrequenz liegende Tonträgerfrequenz im ZF-Bereich um 5,5 MHz unterhalb des Bildträgers bei 33,4 MHz. Die Empfänger-Durchlaßkurve für den ZF-Bereich gibt B i l d 1.23 wieder.

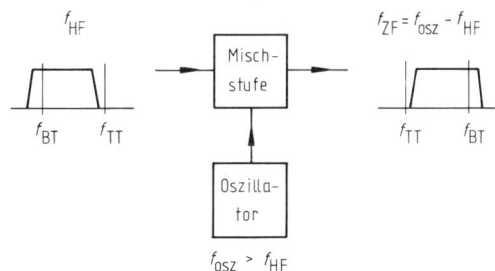

Bild 1.22 Umsetzung des HF-Signals in den Zwischenfrequenzbereich

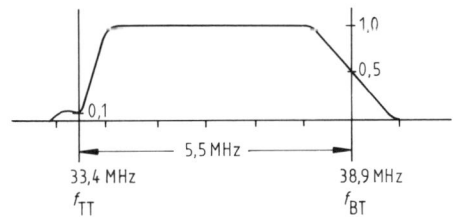

Bild 1.23 Empfänger-Durchlaßkurve im Zwischenfrequenzbereich

Die Modulation des hochfrequenten Bildträgers durch das BAS-Signal erfolgt als negative Amplitudenmodulation, das heißt, hellen Bildstellen entspricht eine niedrige Trägeramplitude und der Synchronimpuls ruft maximale Trägeramplitude hervor (Bild 1.24). Bezogen auf den Synchronspitzenwert mit 100% liegt der Austastwert oder Schwarzwert bei 75% und der Weißwert bei 10 bis 12,5% [2]. Ein Restträger als Weißwert von 10% ist notwendig wegen der Anwendung des Intercarrier-Tonträger-Verfahrens im Empfänger (siehe Abschnitt 1.4.2). Der Vorteil der Negativmodulation liegt unter anderem in einer günstigen Ausnutzung der Senderleistungsendstufe, weil die Maximalleistung nur kurzzeitig während der Synchronimpulse aufgebracht werden muß, sowie in der periodisch während der Synchronimpulse auftretenden Maximalamplitude des Trägers als Bezugswert für eine automatische Verstärkungsregelung im Empfänger. Zudem machen sich Störimpulse, die dem HF-Signal überlagert werden, am Bildschirm nur als dunkle Punkte bemerkbar.

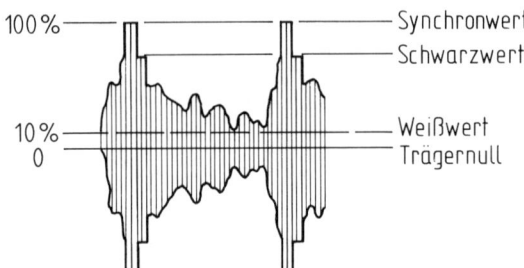

Bild 1.24 Negative Amplitudenmodulation des hochfrequenten Bildträgers durch das BAS-Signal

Die Anwendung der Restseitenband-Amplitudenmodulation bringt allerdings bei einfacher Hüllkurvendemodulation im Empfänger nicht übersehbare Verzerrungen mit sich. Im Videofrequenzbereich von Null bis 0,75 MHz werden beide Seitenbänder symmetrisch zum Träger voll übertragen. Oberhalb von 1 MHz kann man davon ausgehen, daß nur ein Seitenband übertragen wird. Bei großem Modulationsgrad (helle Bildstellen) führt dies zu einer Verzerrung der Hüllkurve. Im Videofrequenzbereich oberhalb von 2,5 MHz gelangt nur der Grundschwingungsanteil des verzerrten demodulierten Signals zur Bildröhre, der allerdings durch die nichtlineare Verzerrung in seiner Amplitude reduziert sein kann. Zudem verschiebt sich der mittlere Helligkeitswert.

Dem begegnet man durch Anwendung der Synchrondemodulation. Der dazu notwendige Referenzträger wird aus dem übertragenen RSB-AM-Modulationsprodukt durch eine Bandbegrenzung auf etwa ±0,5 MHz um den Bildträger und anschließende Amplitudenbegrenzung gewonnen (Bild 1.25). Diese Maßnahme erlaubt gleichzeitig, das

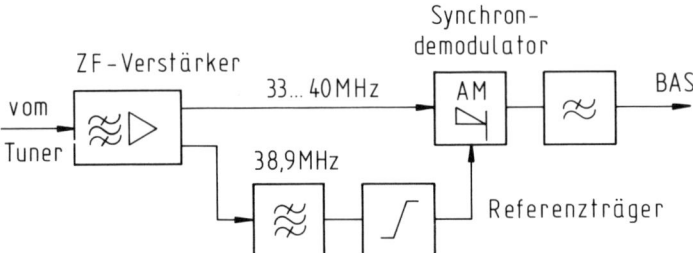

Bild 1.25 Rückgewinnung des übertragenen BAS-Signales durch Synchrondemodulation

Tonsignal weitgehend verzerrungsfrei und unabhängig vom Bildinhalt (insbesondere beim Farbfernsehsignal) zu gewinnen.

1.4.2 Tonsignalübertragung durch Frequenzmodulation

Der Begleitton wird beim Fernseh-Rundfunk in den bisher genutzten Frequenzbereichen fast ausschließlich durch Frequenzmodulation einer hochfrequenten Tonträgerschwingung übertragen. Nach der CCIR-Norm Standard B und G liegt die Frequenz des Tonträgers um 5,5 MHz oberhalb des zugehörigen Bildträgers in dem 7 bzw. 8 MHz breiten Fernsehkanal. Der Frequenzhub beträgt maximal 50 kHz. Das Tonsignal, das im Frequenzbereich von 40 Hz bis 15 kHz übertragen wird, erfährt eine Preemphase mit der Zeitkonstante von 50 µs, wodurch empfangsseitig der niederfrequente Signal/Rauschabstand verbessert wird. Das Verhältnis von Tonträgerleistung zu Bildträgerleistung wurde von ursprünglich 1 : 5 wegen Störungen bei der Farbfernsehübertragung auf 1 : 10 reduziert. Untersuchungen ergaben darüber hinaus, daß selbst bei einem Verhältnis von 1 : 20 bei einem für einwandfreies Bild ausreichenden Signalpegel auch eine ungestörte Tonwiedergabe möglich ist. Die abgestrahlte Leistung des Tonsenders beträgt deshalb heute üblicherweise nur noch 1/20 der abgestrahlten Leistung des Bildsenders.

Nach dem anfänglich bei Fernsehempfängern üblichen Intercarrier-Ton-Verfahren wird im ZF-Teil des Empfängers durch Überlagerung von Bild- und Tonträger an einer nichtlinearen Kennlinie (Videodemodulator) ein durch das Tonsignal frequenzmodulierter Differenzträger (Intercarrier) mit der Frequenz von 5,5 MHz gewonnen. In einem eigenen 5,5-MHz-Ton-ZF-Kanal wird dieser Träger verstärkt, amplitudenbegrenzt und demoduliert (Bild 1.26). Die Frequenz des Intercarrier-Tonträgers ist konstant und wird nicht durch eine Fehlabstimmung oder durch Frequenzschwankungen des Empfängeroszillators beeinflußt. Der Fernsehempfänger ist lediglich auf optimale Bildqualität abzustimmen bzw. wird mit heutigen Synthesizer-Tunern auf den Bildträger eingestellt. Eine Anwendung dieses Verfahrens setzt allerdings voraus, daß die Amplitude des Bildträgers bei der Überlagerung stets größer ist als die des Tonträgers, um eine Amplitudenmodulation des Differenzträgers durch den Bildinhalt und die Synchronimpulse zu vermeiden. Man erreicht dies durch ein entsprechendes Bild-zu-Tonträger-Verhältnis und die Weißwertbegrenzung auf mindestens 10% der Bildträgeramplitude, sowie durch ein Absenken der Verstärkung im gemeinsamen ZF-Teil des Empfängers bei der Frequenz des Tonträgers (sogenannte Tontreppe). Eine unvermeidliche geringe Amplitudenmodulation des Differenzträgers wird im Begrenzer vor dem FM-Demodulator unterdrückt.

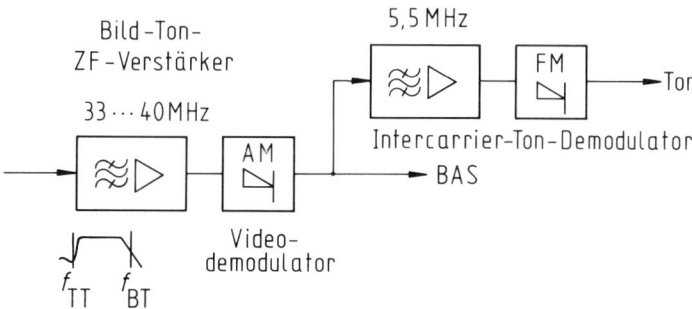

Bild 1.26 Intercarrier-Ton-Verfahren mit Bildung der Intercarrier-Zwischenfrequenz im Videodemodulator

Bei der Farbfernsehübertragung allerdings können, durch die Überlagerung des zusätzlichen Farbartsignales auf das BAS-Signal bedingt, trotzdem Impulsstörungen mit der Halbbildwechselfrequenz von 50 Hz in den Tonkanal gelangen. Dies trifft insbesondere zu bei hellen Bildvorlagen im Farbbereich von Gelb. Auch bei Schrifteinblendungen in das Fernsehbild, die ein Videosignal mit starken Komponenten bei etwa 1 MHz ergeben, können Störungen durch ein mit dem Farbträger entstehendes Mischprodukt bei 5,5 MHz auftreten [15].

Eine Abhilfe und damit eine Verbesserung der Qualität der Tonübertragung wäre durch Anwendung des Parallel-Ton-Verfahrens möglich. Der frequenzmodulierte Tonträger wird dabei nach der Empfängermischstufe in einem eigenen Ton-ZF-Kanal bei 33,4 MHz selektiv verstärkt und dann demoduliert (B i l d 1.27). Eine störende Beeinflussung des Tonträgers vom Bildträger her ist somit ausgeschlossen. Dieses Verfahren erfordert allerdings einen höheren Aufwand im Empfänger und weist einige Nachteile auf. Die Sendereinstellung, besonders im UHF-Bereich, wird sehr kritisch, da ja der relativ schmale Ton-ZF-Kanal abgestimmt werden muß. Mechanische Erschütterungen des Tuners könnten den Oszillator verstimmen und so zu Störgeräuschen im Tonkanal führen. Bei Geräten mit automatischer Frequenznachstimmung oder Synthesizer-Abstimmung entstehen u. U. Spannungsschwankungen, die wiederum nur durch eine Vergrößerung der Zeitkonstanten im Regelkreis und durch hohe Siebung der Abstimmspannung für den Oszillator unterdrückt werden können. Ein Versagen des Sendersuchlaufes und lange Umschaltzeiten bei Kanalwechsel wären die Folge.

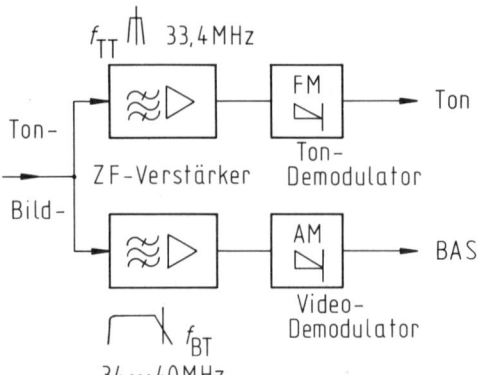

Bild 1.27   Parallel-Ton-Verfahren

Als Kompromiß wurde das Quasi-Parallel-Ton-Verfahren entwickelt [16]. Im Prinzip liegt diesem das Intercarrier-Ton-Verfahren zugrunde mit der Mischung von Bildträger und Tonträger. Die 5,5-MHz-Ton-ZF wird jetzt in einer multiplikativen Mischstufe erzeugt, der von einem gemeinsamen Breitband-ZF-Verstärker das Ton-ZF-Signal mit der Frequenz 33,4 MHz und der unmodulierte Bildträger, durch Selektion aus dem Spektrum des AM-Modulationsproduktes hervorgehoben, mit etwa gleicher Amplitude zugeführt werden (B i l d 1.28). Der Pegel des 5,5-MHz-Tonträgers ist dadurch gegenüber dem einfachen Intercarrier-Ton-Verfahren um 20 dB angehoben, was selbst bei Übermodulation des Bildsenders und kritischem Farbbildinhalt noch einen Störabstand von 40 dB gegenüber einem vergleichbaren Wert von 0 dB bei dem einfachen Intercarrier-

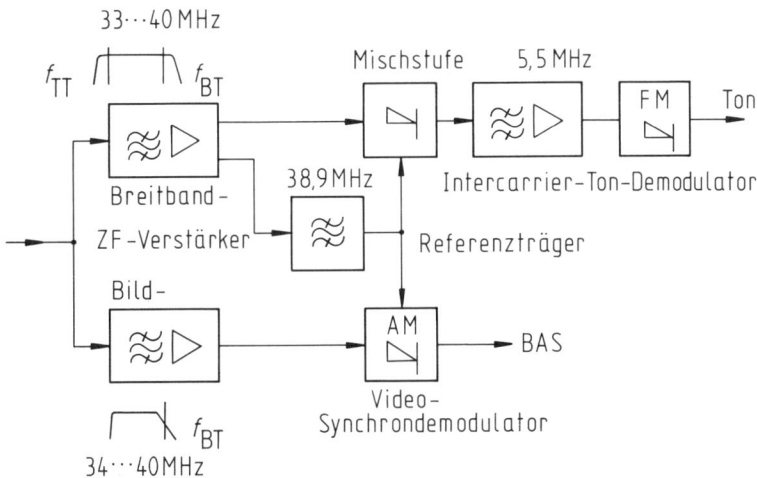

Bild 1.28 Quasi-Parallel-Ton-Verfahren mit Bildung der Intercarrier-Zwischenfrequenz in einer eigenen Mischstufe

Ton-Verfahren ergibt [16]. Die Sendereinstellung ist unkritisch, weil Bild- und Ton-ZF über einen breitbandigen Verstärkerkanal zugeführt werden. Der durch Selektion und Amplitudenbegrenzung gewonnene Referenzträger wird gleichzeitig zur Synchrondemodulation bei der Rückgewinnung des Bildsignales verwendet.

1.4.3 Übertragung von weiteren Tonsignalen

Aus verschiedenen Gründen, wie z. B. mehrsprachiger Begleitton zum Fernsehbild, Filmsendungen mit Originalton und Übersetzung oder auch Stereo-Tonübertragung, besteht Interesse an der Ausstrahlung von zusätzlichen Tonsignalen beim Fernseh-Rundfunk. Umfangreiche Untersuchungen über die verschiedenen Möglichkeiten wurden darüber angestellt, wobei die Kompatibilität des Verfahrens mit dem eingeführten Fernsehsystem im Vordergrund stand [17].

Zwei-Tonträger-Verfahren

Den geringsten empfängerseitigen Aufwand erfordert das Zwei-Tonträger-Verfahren. Dabei wird zwischen dem ersten Tonträger, 5,5 MHz oberhalb des Bildträgers, und dem oberen Nachbarkanal ein zweiter Tonträger etwa 5,75 MHz oberhalb des Bildträgers eingefügt, der durch ein zweites Tonsignal ebenfalls frequenzmoduliert wird (Bild 1.29). Um Störungen zu vermeiden, wird die Leistung des zweiten Tonträgers auf ein Fünftel der Leistung des ersten Tonträgers abgesenkt. Die Frequenz des zweiten Tonträgers ist nicht genau um 250 kHz gegenüber dem ersten Tonträger versetzt, da dies ein ganzzahliges Vielfaches der Zeilenfrequenz wäre und bei Kreuzmodulation zu starken Störungen führen könnte. Man wählt vielmehr den sogenannten Halbzeilen-Offset mit einer Frequenzdifferenz von $15,5 \cdot 15,625$ kHz $= 242,1875$ kHz, was eine Tonträgerfrequenz von $5,742..$ MHz oberhalb des Bildträgers ergibt [18].

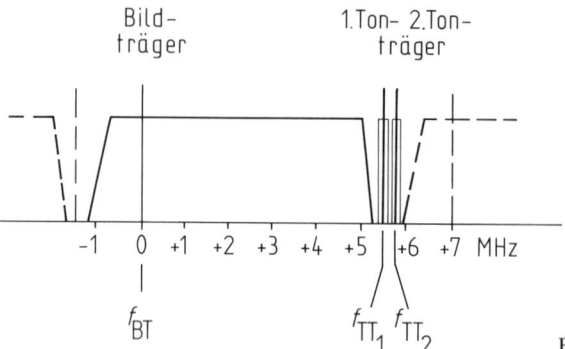

Bild 1.29   Zwei-Tonträger-Verfahren

Die beiden Tonträger liegen somit innerhalb der Fernsehkanäle bei den Frequenzen

$$f_{TT_1} = f_{BT} + 352 \cdot f_h = f_{BT} + 5,5 \, \text{MHz}$$

$$f_{TT_2} = f_{BT} + 367,5 \cdot f_h = f_{BT} + 5,742.. \, \text{MHz}$$

mit den Leistungen

$$P_{TT_1} = 1/20 \cdot P_{BT}$$

$$P_{TT_2} = 1/100 \cdot P_{BT}.$$

Die meisten Fernsehsender in der Bundesrepublik Deutschland, wo dieses Verfahren angewendet wird, sind für die Aussendung von zwei Tonsignalen ausgerüstet.

Bei der Zweikanal-Tonübertragung unterscheidet man nach drei möglichen Betriebsarten:

Mono-, Stereo- und Zweiton-Übertragung.

Bei der Mono-Übertragung werden der Tonträger 1 und der Tonträger 2 mit dem gleichen Signal (Ton 1) moduliert. Zusätzlich überträgt der Tonträger 2 einen Pilotton mit der Frequenz

$$f_{Pilot} = 3,5 \cdot f_h = 54,6875 \, \text{kHz}.$$

Im Falle der Stereo-Übertragung hat sich gezeigt, daß mit der beim Hörrundfunk üblichen Matrizierung der L- und R-Signale unterschiedliche Störabstandswerte in den beiden empfängerseitigen Stereokanälen auftreten. Die Ursache dafür liegt in einer teilweisen Korrelation der Störsignale, die gerade beim Intercarrier-Tonverfahren entstehen. Eine abgeänderte Matrizierung der L- und R-Signale vermeidet dies [19].

Dem Tonträger 1 wird nun das Mittensignal M = 1/2 · (L + R) aufmoduliert. Der Tonträger 2 überträgt das R-Signal und den Pilotton, der nun mit einer Kennfrequenz von

$$f_h/133 = 117,4812 \, \text{Hz} \approx 117,5 \, \text{Hz}$$

amplitudenmoduliert ist.

Bei der Zweiton-Übertragung werden auf dem Tonträger 1 und dem Tonträger 2 die unterschiedlichen Tonsignale (Ton 1 und Ton 2) übertragen. Auf dem Tonträger 2 ist in diesem Fall der Pilotton mit einer Kennfrequenz

$$f_h/57 = 274{,}1228 \text{ Hz} \approx 274{,}1 \text{ Hz}$$

amplitudenmoduliert.

Tabelle 1.1 zeigt die verschiedenen Betriebsarten bei der Mehrkanal-Tonübertragung nochmals in einer Zusammenstellung.

Tabelle 1.1

Betriebsart	Tonträger 1	Tonträger 2
Mono	Ton 1	Ton 1, Pilotton 54,68 kHz unmoduliert
Stereo	$M = 1/2 \cdot (L + R)$	R, Pilotton 54,68 kHz AM, $m = 0{,}5$ mit der Kennfrequenz 117,5 Hz
Zweiton	Ton 1	Ton 2, Pilotton 54,68 kHz AM, $m = 0{,}5$ mit der Kennfrequenz 274,1 Hz

Empfängerseitig wird nach der Intercarrier-Mischstufe im ZF-Teil auf zwei Intercarrier-ZF-Kanäle bei 5,5 MHz und 5,742 MHz aufgeteilt (Bild 1.30). Die Zuordnung der übertragenen Tonsignale auf die Wiedergabekanäle L bzw. R am Ausgang I (z. B. Lautsprecher) oder Ausgang II (z. B. Kopfhörer) erfolgt direkt oder nach Dematrizierung über einen von der Modulation des Pilottones gesteuerten Signalschalter und dem Wunsch des Fernsehteilnehmers entsprechend [20].

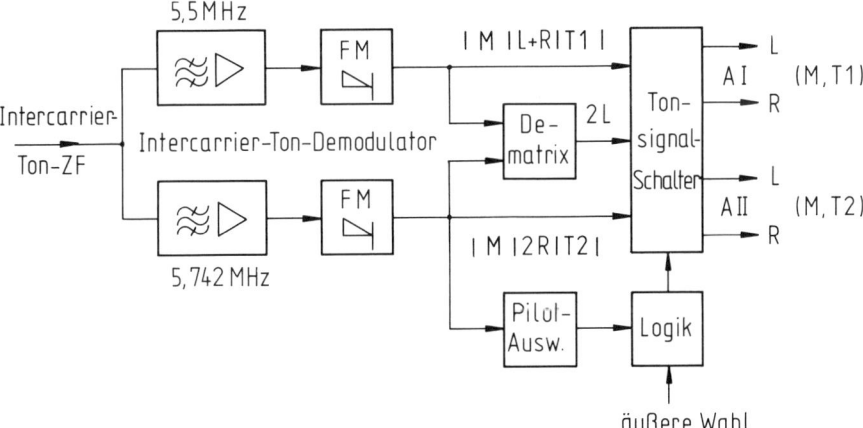

Bild 1.30 Rückgewinnung der übertragenen Mono-, Stereo- oder Zweiton-Signale beim Zwei-Tonträger-Verfahren

NICAM-Verfahren

Neben dem Zwei-Tonträger-Verfahren mit Frequenzmodulation ist in einigen europäischen Ländern das von der BBC (British Broadcasting Corporation) entwickelte NICAM-Verfahren eingeführt worden. Das digitale Zweiton-Verfahren NICAM 728 (Near Instantaneously Companded Audio Multiplex) mit einer Bitrate von 728 kbit/s, ermöglicht zwei hochwertige digitale Tonkanäle durch 4-Phasenumtastung eines zweiten Tonträgers zu übertragen, der aus Kompatibilitätsgründen zusätzlich zum bisherigen frequenzmodulierten ersten (Mono-)Tonträger abgestrahlt wird.

Das digitale Multiplexsignal, Tonsignale und zusätzliche Daten in einem Datenrahmen mit der Rahmendauer $T_R = 1$ ms, zusammengesetzt aus

8 bit für Rahmensynchronwort	8 kbit/s
5 bit für Kontrollinformation	5 kbit/s
11 bit für zusätzliche Daten	11 kbit/s
704 bit Tondaten und Paritätsbits	704 kbit/s
	728 kbit/s ,

wird nach Phasendifferenzcodierung dem NICAM-Tonträger durch 4-Phasenumtastung (4-PSK) aufgebracht. Die dabei notwendige HF-Bandbreite für das Modulationsprodukt von etwa 500 kHz erfordert einen größeren Abstand des zweiten Tonträgers zum ersten Tonträger als beim Zwei-Tonträger-FM-Verfahren. Im CCIR-Standard B bzw. G liegt der NICAM-Tonträger deshalb 5,85 MHz oberhalb des Bildträgers [21], [22].

1.4.4 Bildsignalübertragung durch Frequenzmodulation

Die Qualität des am Empfangsort wiedergegebenen Fernsehbildes wird entscheidend vom Signal/Rauschabstand im Bildsignal beeinflußt. Dieser wiederum hängt ab vom Verhältnis der empfangenen Trägerleistung zur Rauschleistung im hochfrequenten Übertragungskanal. Darüber hinaus hat das Verfahren der Trägermodulation einen bedeutenden Einfluß.

Für ein rauschfrei wiedergegebenes Bild, wofür ein Video-Signal/Rauschabstand von 46 dB (bewertet) zugrunde gelegt wird, muß bei Übertragung durch Restseitenband-Amplitudenmodulation im hochfrequenten Übertragungskanal ein HF-Signal/Rauschabstand von etwa 56 dB vorliegen. Das erfordert eine Trägerspannung um 1 mV am Empfängereingang.

Bei Übertragung durch Frequenzmodulation kommt man, je nach dem Frequenzhub bzw. Modulationsindex, mit wesentlich geringerem HF-Signal/Rauschabstand aus. Allerdings ist zu berücksichtigen, daß bei Frequenzmodulation ein breiteres Frequenzband belegt wird. Abhängig vom Frequenzhub Δf_T bzw. vom Modulationsindex M, der sich mit der maximal zu übertragenden Signalfrequenz $f_{S,max}$ zu

$$M = \frac{\Delta f_T}{f_{S,max}} \tag{1.5}$$

ergibt, erhält man die bei Frequenzmodulation notwendige Übertragungsbandbreite nach der CARSON-Beziehung zu

$$B_{FM} = 2 \cdot (\Delta f_T + f_{S,max}) = 2 \cdot f_{S,max} \cdot (M + 1) \ . \tag{1.6}$$

Bei dem gegenüber der Sinusform nun unsymmetrischen BAS-Signal wird vor dem FM-Modulator eine lineare Vorverzerrung des Signales durch die sog. Preemphase eingeführt. Es handelt sich dabei im wesentlichen um ein Differenzierglied mit bei tiefen Frequenzen (unterhalb 100 kHz) und bei hohen Frequenzen (oberhalb 10 MHz) konstanter Übertragungsfunktion. Man erreicht damit eine bessere Ausnutzung des Aussteuerbereiches des FM-Modulators und mit der zugehörigen Deemphase nach dem FM-Demodulator auf der Empfangsseite eine Absenkung der hochfrequenten Rauschanteile im Videosignal.

Die nichtlineare Übertragungsfunktion im log. Maßstab als Dämpfungsfunktion $a(f)$, die Video-Preemphase für Fernsehbildsignale nach der 625-Zeilen-Norm, zeigt Bild 1.31. Gegenüber der sog. neutralen Frequenz bei etwa 1,5 MHz werden die tieferfrequenten Signalanteile um bis zu 11 dB abgesenkt, während die höherfrequenten Anteile bis 5 bzw. 6 MHz um etwa 2,5 dB angehoben werden. Die schaltungsmäßige Realisierung der Preemphase (a) bzw. Deemphase (b) für einen Vierpol-Wellenwiderstand von $Z_w = 75\ \Omega$ gibt Bild 1.32 wieder [23].

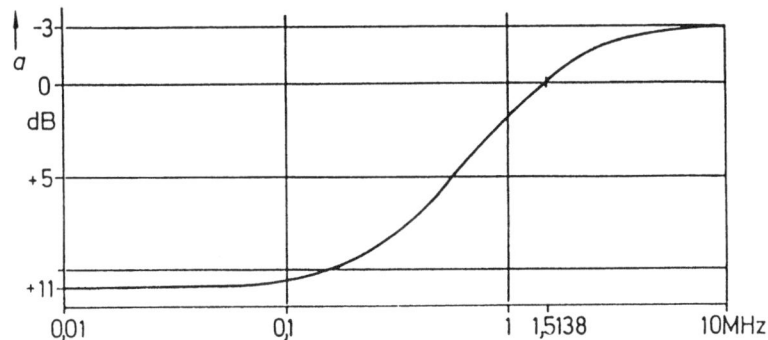

Bild 1.31 Verlauf der Preemphase bei Fernsehbildsignalen nach CCIR-Empfehlung 405-1

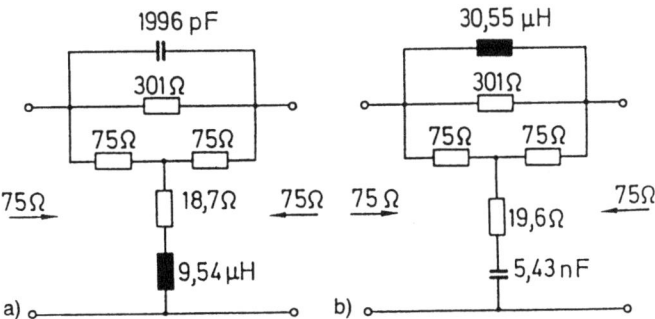

Bild 1.32 Preemphase- und Deemphase-Netzwerk für Fernsehbildsignale

Der Mittelwert des durch die Preemphase differenzierten BAS-Signales weicht nur geringfügig vom Schwarzwert des ursprünglichen BAS-Signales ab. Man kann so im wesentlichen wieder von einer symmetrischen Aussteuerung des FM-Modulators ausgehen und die zur Übertragung notwendige Bandbreite dann nach Gl. (1.6) berechnen.

Bei einem, dem BAS-Signal mit dem Spitze-Spitze-Spannungswert 1 V zugeordneten Spitze-Spitze-Frequenzhub von $2 \cdot \Delta f_T = 10$ MHz für die neutrale Frequenz, berechnet sich die notwendige Bandbreite zu:

$$B_{FM} = 2 \cdot (\Delta f_T + f_{S,\max}) = 2 \cdot \left(\frac{1}{2} \cdot 10 \text{ MHz} \cdot 10^{2,5/20} + 5 \text{ MHz} \right) = 23,5 \text{ MHz}.$$

Dies bedeutet eine gegenüber Zweiseitenband-Amplitudenmodulation etwa 2,5-fache bzw. gegenüber Restseitenband-Amplitudenmodulation etwa 4-fache Übertragungsbandbreite.

Der Modulationsgewinn bei Frequenzmodulation, d. h. die Verbesserung des Video-Signal/Rauschabstandes $S_{R,\text{video}}$ gegenüber dem hochfrequenten Signal/Rauschabstand $S_{R,HF}$ im Übertragungskanal berechnet sich unter Berücksichtigung des dem BA-Signal zugeordneten Frequenzhubanteils $0,7 \cdot (2\Delta f_T)$ und der Rauschbandbreiten $B_{R,HF}$ und $B_{R,\text{video}}$ zu:

$$g_{\text{mod,FM}} = 10 \lg 3 \cdot (\Delta f_T)^2 \cdot \frac{B_{R,HF}}{(B_{R,\text{video}})^3} \text{ dB} . \qquad (1.7)$$

Dazu kommt noch ein Gewinn durch die Deemphase mit $g_{De} = 2$ dB und durch die Rauschbewertung mit etwa $g_{Bew} = 8$ dB, so daß insgesamt mit einer Verbesserung des Video-Signal/Geräuschabstandes gegenüber dem HF-Signal/Rauschabstand von

$$g_{\text{FM,ges}} \approx 10 \cdot \lg 3 \cdot (\Delta f_T)^2 \cdot \frac{B_{R,HF}}{(B_{R,\text{video}})^3} + 10 \text{ dB} \qquad (1.8)$$

zu rechnen ist.

Bei einer FM-Videosignalübertragung mit einem Spitze-Spitze-Frequenzhub von $2 \cdot \Delta f_T = 10$ MHz, einer angenommenen HF-Rauschbandbreite von $B_{R,HF} = 25$ MHz und einer Video-Rauschbandbreite von $B_{R,\text{video}} = 5$ MHz ergibt das einen resultierenden Modulationsgewinn von etwa 20 dB.

Aus Gründen der Frequenzökonomie konnte in den VHF- und UHF-Fernsehbereichen das Verfahren der Frequenzmodulation nicht eingeführt werden. Bei der Übertragung von Fernsehsignalen im Modulations- und Verteilnetz der Fernsehanstalten bzw. der Telekom über die terrestrischen Richtfunkstrecken im Mikrowellenbereich wurde jedoch von Anfang an schon die Frequenzmodulation gewählt, um eine hohe Qualität der übertragenen Fernsehsignale zu gewährleisten. Ebenso findet die Frequenzmodulation heute noch Anwendung bei der Übertragung von Fernsehsignalen über die Fernmeldesatelliten zum Programmaustausch und zur Versorgung der Kabelverteilanlagen sowie über die Fernmelde- und Rundfunk-Satelliten zum Direktempfang für Einzelteilnehmer am Satelliten-Fernsehen.

1.5 Satelliten-Fernsehsignalverteilung

1.5.1 Allgemeines

Wegen der weitreichenden Bedeckungszonen, insbesondere auch bei interkontinentalen Verbindungen, wurden die Richtfunk-Relaisstellen in, meist geostationäre, Satelliten verlagert. Zunächst wurden diese nur als Fernmelde- oder Nachrichten-Satelliten eingesetzt, d. h. ihre Aufgabe war es, Fernsprech- und Datenverbindungen sowie den Austausch von Rundfunk- und Fernsehprogrammen über die Satelliten-Bodenstationen in den verschiedenen Ländern als Punkt-zu-Punkt-Verbindungen zu ermöglichen. Im weiteren kam dann die Versorgung der Kabel-Kopfstationen der örtlichen BK-Netze mit den angebotenen Fernsehprogrammen hinzu.

Von der internationalen Organisation INTELSAT (International Telecommunication Satellite Organization) wird seit 1965 weltweit ein System mit verschiedenen Nachrichtensatelliten bereitgestellt. Die Satellitensysteme sind mittlerweile schon in der sechsten bzw. siebten Generation mit den Satelliten INTELSAT VI und INTELSAT K [245]. Für den Betrieb über die für kommerzielle Verbindungen benutzten Satelliten-Sendefrequenzen im 4-GHz-Bereich sind bei den Erdfunkstellen Parabolantennen mit etwa 30 m Durchmesser notwendig. Zunehmend wird aber im 11- bzw. 12-GHz-Bereich vom Satelliten abgestrahlt, was eine Reduzierung des Empfangsantennen-Durchmessers bei den kommerziellen Empfangsstellen auf unter 10 m zuläßt.

Auf der europäischen Ebene ist es die EUTELSAT (European Telecommunication Organization), die Nachrichtenkanäle insbesondere für die Fernsehsignalverteilung bereitstellt. Die EUTELSAT-Satelliten, mittlerweile in der zweiten Generation mit EUTELSAT II, strahlen in Spotbeams, und zukünftig auch mit einem Widebeam, stark gebündelt auf Ost- bzw. Westeuropa ab. Auch bei diesen Satelliten erfolgt die Abstrahlung im 11-GHz-Bereich (Bild 1.33) [24, 25].

Die Angaben über den notwendigen Durchmesser einer Empfangsantenne sind selbstverständlich abhängig von der Empfindlichkeit der Empfänger-Eingangsstufe. Mit der Entwicklung von sehr rauscharmen Eingangsstufen (Low Noise Converter, LNC) konnte auch der erforderliche Antennendurchmesser verringert werden, so daß die Möglichkeit des Individualempfangs von Fernsehprogrammen über die Nachrichtensatelliten geschaffen wurde.

Die Fernmeldesatelliten strahlen im 11-GHz-Bereich zwischen 10,95 und 11,7 GHz und im Falle der nationalen Satellitensysteme TELECOM (Frankreich) und KOPERNIKUS

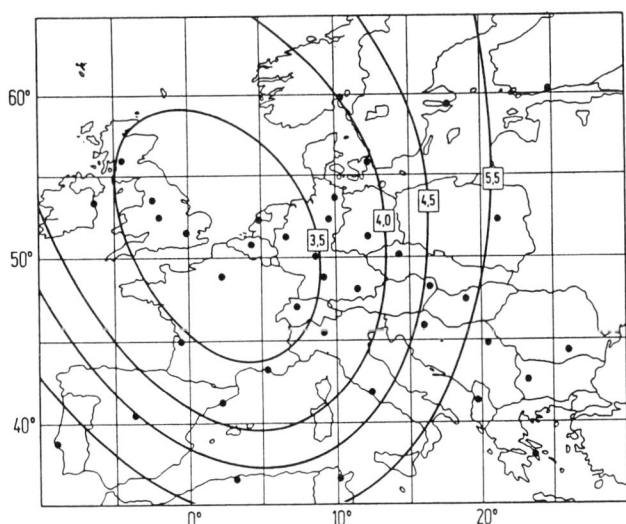

Bild 1.33 Versorgungsbereich des EUTELSAT-1-F 1 (ECS 1) mit dem Spotbeam West bei verschiedenem Parabolspiegel-Durchmesser (in m)

(Deutschland) auch im 12-GHz-Bereich zwischen 12,5 und 12,75 GHz mit linearer Polarisation (horizontal oder vertikal) mit einem Strahlungsleistungspegel von 48 bis 54 dBW. Die Ausgangsleistung des Transponders selbst beträgt 20 W [25, 26, 27].

1.5.2 Direktempfangs-Rundfunksatelliten

Eine flächendeckende Versorgung der Fernsehteilnehmer mit verschiedenen, später evtl. auch europäischen Programmen mit mehrsprachigem Begleitton, ist mit den Direktempfangs-Rundfunksatelliten möglich. Nach den Ergebnissen der WARC 77 (World Administration Radio Conference 1977) wurde der Frequenzbereich von 11,7 bis 12,5 GHz in der europäischen Region für verschiedene Satellitenpositionen in jeweils 40 Kanäle mit 27 MHz Bandbreite eingeteilt, die im Abstand von 19,18 MHz sich überlappend mit abwechselnd rechts- oder linksdrehender zirkularer Polarisation aufeinanderfolgen. Bild 1.34 zeigt die Zuordnung der 40 Kanäle für die Satellitenposition 19° West mit jeweils 5 Kanälen auf die mitteleuropäischen Staaten Deutschland (D), Frankreich (F), Österreich (AUT), Luxemburg (LUX), Belgien (B), Niederlande (HOL), Schweiz (SUI) und Italien (I).

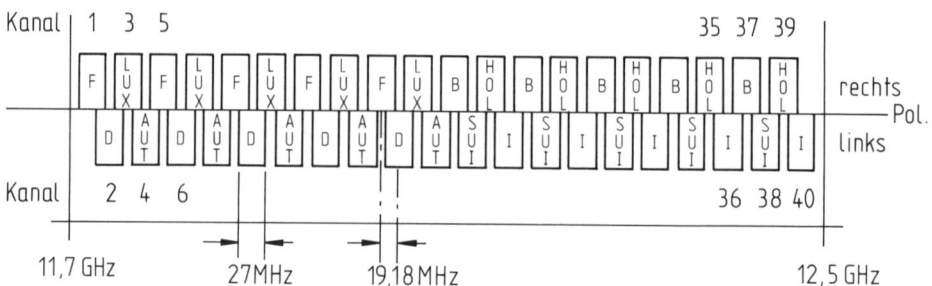

Bild 1.34 Kanalzuteilung für die Satelliten-Position 19° West der Direktempfangs-Rundfunksatelliten nach WARC 77

Den Planungen der WARC 77 wurde zugrunde gelegt ein maximaler Strahlungsleistungspegel von 66 dBW, der mit einer Ausgangsleistung von etwa 250 W des Satelliten-Transponders erreicht wird. Bei einem Spitze-Spitze-Wert des Frequenzhubs bei der neutralen Frequenz der Preemphase von $2 \cdot \Delta f_T = 13,5$ MHz und den dem damaligen Stand der Technik entsprechenden Empfängereingangsstufen kann mit einer 90-cm-Parabolantenne (und kleiner) ein weitgehend störungsfreier Fernsehempfang in dem angenommenen Versorgungsgebiet gewährleistet werden. Empfindlichere Eingangsstufen erlauben heute in diesem Bereich eine Reduzierung des Antennendurchmessers auf 60 cm (Bild 1.35) [23].

Die Direktempfangs-Rundfunksatelliten arbeiten mit relativ hoher Sendeleistung beim Transponder. So beträgt die maximale Sendeleistung beim deutschen TV-Sat und dem baugleichen französischen TDF je Transponder 230 W. Die Sendeleistung weiterer vergleichbarer Satelliten, wie Olympus (ESA), Marco Polo (Großbritannien), Tele X (Dänemark, Norwegen, Schweden), Eiresat (Irland) oder Hispasat (Spanien) liegt bei etwa 100 W [28].

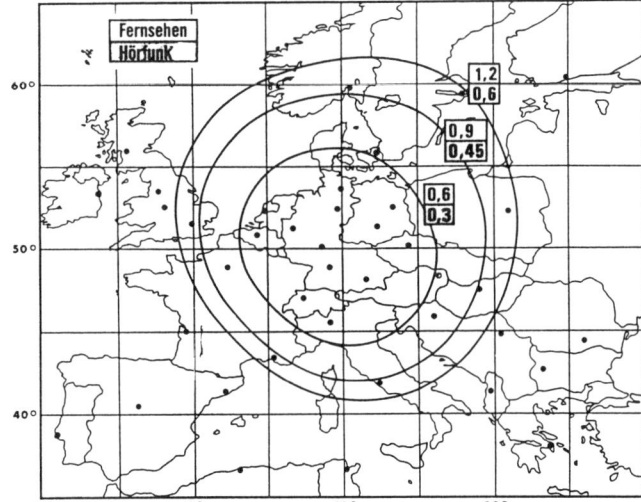

Bild 1.35 Versorgungsbereich des deutschen Direktempfangs-Rundfunksatelliten TV-SAT bei verschiedenem Parabolspiegel-Durchmesser (in m)

1.5.3 ASTRA-System

Eine neue Generation der Direktempfangssatelliten wurde mit den ASTRA-Satelliten der luxemburgischen SES (Société Européenne des Satellites) eingeführt. Es handelt sich um sogenannte „Medium Power"-Satelliten (Transponder-Sendeleistung 60 bis 80 W) mit einem max. Strahlungsleistungspegel von etwa 52 dBW und einer Transponder-Bandbreite von 26 MHz. Mit je 16 Transpondern auf den Satelliten ASTRA-1A und ASTRA-1B sowie 18 Transpondern auf ASTRA-1C stehen auf der Position 19,2° Ost privaten und öffentlich-rechtlichen Programmanbietern derzeit (Frühjahr 1994) insgesamt 50 TV-Kanäle für den zentraleuropäischen Raum zur Verfügung (B i l d 1.36). Die

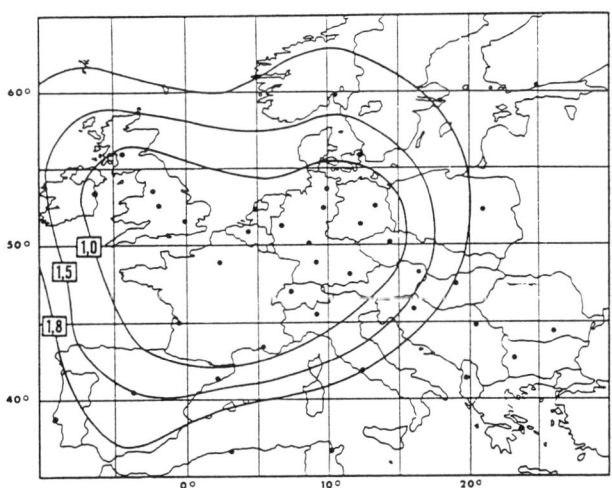

Bild 1.36 Versorgungsbereich des ASTRA-Satelliten bei verschiedenem Parabolspiegel-Durchmesser (in m)

heutige Technik der rauscharmen Eingangsstufen erlaubt es auch hier, schon mit einer
60-cm Parabolantenne ein bei guten Witterungsbedingungen rauschfreies Bild wiederzu-
geben.

Die Sendefrequenzen der ASTRA-Satelliten auf der geostationären Orbitposition von
19,2° Ost liegen in den Frequenzbereichen der Fernmeldesatelliten (FSS, Fixed Satellite
Services) bei

> 11,2 bis 11,45 GHz (1A), 11,45 bis 11,7 GHz (1B),
> 10,95 bis 11,2 GHz (1C) und 10,7 bis 10,95 GHz (1D, 1E)

sowie im Frequenzbereich der Direktempfangs-Rundfunksatelliten (BSS, Broadcast
Satellite Services) bei

> 11,7 bis 12,1 MHz (1D, 1E) und zukünftig 12,1 bis 12,5 GHz (1F)

mit abwechselnd horizontaler und vertikaler Polarisation [29, 30, 31, 32, 33].

1.5.4 Empfangseinrichtungen

Bei der Fernsehbildsignalübertragung durch Frequenzmodulation über den Satellitenkanal sind empfangsseitig besondere Einrichtungen notwendig. Diese beginnen in der sog.
„Outdoor-Unit" bei der Mikrowellen-Antenne mit der Polarisationsweiche, gefolgt von
einer bzw. zwei Mischstufen, wo das RF-Frequenzband in eine erste Zwischenfrequenz
von 950 bis 1750 MHz bzw. den erweiterten ZF-Bereich von 950 bis 2050 MHz umgesetzt
wird. Je nach nur einem oder mehreren in die ZF-Lage umgesetzten RF-Frequenzbän-
dern spricht man dann bei der Außen-Einheit auch von einem LNC (Low Noise
(Down)-Converter) bzw. LNB (Low Noise Block (Down)-Converter) [33]. In der ZF-Fre-
quenzlage erfolgt die Weiterleitung der Signale zum eigentlichen Satelliten-Empfänger
(Receiver) (Bild 1.37).

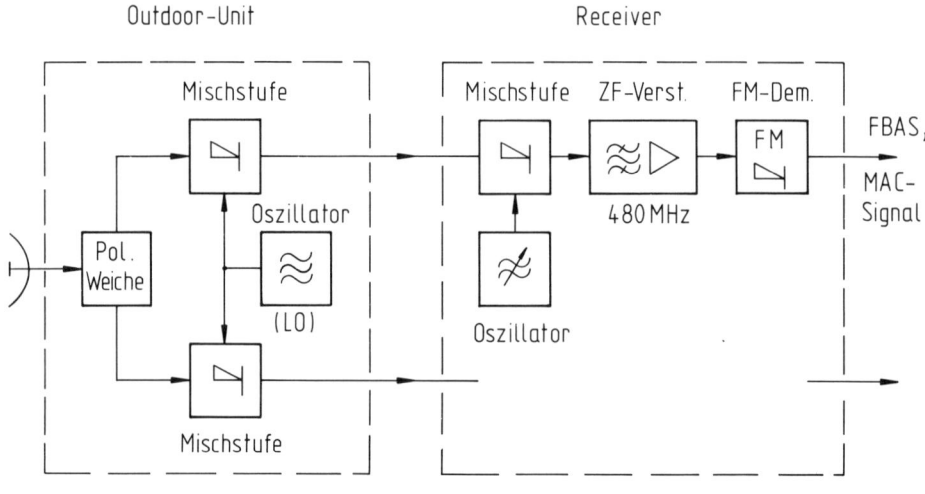

Bild 1.37   Empfangssystem für Satelliten-Fernsehsignale

Um gleichzeitig die Signale von Trägern mit unterschiedlicher Polarisation im ZF-Bereich aufeinanderfolgend umgesetzt über nur ein Kabel dem Receiver zuführen zu können, wird der ZF-Bereich von 1750 MHz auf 2050 MHz erweitert. Im Satelliten-Empfänger erfolgt in einer weiteren Mischstufe die Umsetzung in die zweite Zwischenfrequenz, die üblicherweise bei 480 MHz liegt. Bei dieser Frequenz findet die eigentliche Kanalselektion und FM-Demodulation statt. Die weitere Verteilung des Fernsehbild- und Tonsignales zur Wiedergabe mit einem herkömmlichen Fernsehempfänger erfolgt im Basisband über eine Scart-Verbindung oder ggf. wieder durch Restseitenband-Amplitudenmodulation beim Videosignal und Frequenzmodulation beim Tonsignal auf einen Bild- und Tonträger im UHF-Bereich.

Die Übertragung von Fernsehbild- und Tonsignalen über den deutschen Direktempfangs-Rundfunksatellit TV-SAT-2, wie auch über den baugleichen französischen Satellit TDF-1, erfolgt derzeit noch gemäß EG-Richtlinie und Beschluß der beiden Länder nach einer neuen Fernsehnorm, dem D2-MAC-Verfahren [34, 35]. Dies erfordert im Satellitenempfänger nach dem FM-Demodulator noch einen D2-MAC-Decoder. Das D2-MAC-Verfahren wird ausführlich im Abschnitt 4.2 beschrieben.

1.6 Fernsehnormen

Die in den vorangehenden Abschnitten angeführten Eigenschaften von Signalen in der Fernsehtechnik beziehen sich im wesentlichen auf die CCIR-Normen B und G, die in Europa weit verbreitet sind. Tatsächlich werden heute weltweit Fernsehprogramme noch nach elf verschiedenen Normen über die terrestrischen Sender ausgestrahlt. Die folgenden Tabellen geben die wesentlichen Parameter der am weitest verbreiteten CCIR-Standards wieder, ohne Berücksichtigung der für die Farbbildübertragung spezifischen Größen [2, 5].

Eingeführt sind die

Standards	in den Ländern
B und G	CCIR-System in Westeuropa, u.a. in der Bundesrepublik Deutschland, Benelux-Länder, Italien, Österreich, Schweiz, Skandinavien sowie in weiteren europäischen und außereuropäischen Ländern
D	OIRT-System in Osteuropa, u.a. in den Ländern der ehemaligen UdSSR (im VHF-Bereich) und auch in der VR China
H	Belgien (im UHF-Bereich)
I	Großbritannien (nur im UHF-Bereich)
K	OIRT-System in Osteuropa, u.a. in den Ländern der ehemaligen UdSSR (im UHF-Bereich), aber auch weltweit in anderen Ländern
L	Frankreich (nur im UHF-Bereich)
M	Amerikanisches FCC-System, u.a. in USA, Kanada und Japan
N	Südamerikanisches System, in Argentinien und Uruguay (nur im VHF-Bereich)

Tabelle 1.2   Videofrequente Parameter

CCIR-Standard	B, G, H	D, K	I	L	M	N
Zeilenzahl	625	625	625	625	525	625
Rasterwechselfrequenz	50	50	50	50	60	50 Hz
Zeilenfrequenz	15 625	15 625	15 625	15 625	15 750	15 625 Hz
Zeilendauer	64	64	64	64	63,5	64 µs
Halbbilddauer	20	20	20	20	16,66	20 ms
Videobandbreite	5	6	5,5	6	4,2	4,2 MHz

Tabelle 1.3   Trägerfrequente Parameter

CCIR-Standard	B	G	H	D	K	I	L	M	N
Kanalbandbreite	7	8	8	8	8	8	8	6	6 MHz
Bild-Tonträger-Abstand	5,5	5,5	5,5	6,5	6,5	6	6,5	4,5	4,5 MHz
Hauptseitenband	5	5	5	6	6	5,5	6	4,2	4,2 MHz
Restseitenband	0,75	0,75	1,25	0,75	1,25	1,25	1,25	0,75	0,7 MHz
Bildmodulation	AM neg	AM neg	AM neg	AM neg	AM neg	AM neg	AM pos	AM neg	AM neg
Tonmodulation	FM	FM	FM	FM	FM	FM	AM	FM	FM
Frequenzhub	50	50	50	50	50	50	−	75	75 kHz

Tabelle 1.4   Frequenzbereiche für die terrestrische Verteilung von Fernsehsignalen in Europa nach CCIR-Standard B, G bzw. im Hyperband mit 12-MHz-Kanälen

	Kanalbezeichnung	Frequenzbereich
Bereich I, VHF (B)	K 2 ... 4	47 ... 68 MHz
Unterer Sonderkanalbereich (USB), (B)	S 4 ... S 10	125 ... 174 MHz
Bereich III, VHF (B)	K 5 ... 12	174 ... 230 MHz
Oberer Sonderkanalbereich (OSB), (B)	S 11 ... S 20	230 ... 300 MHz
Erweiterter Sonderkanalbereich (ESB)	S 21 ... S 38	302 ... 446 MHz
bzw. als „Hyperband", 12-MHz-Kanäle	H 21 ... H 32	302 ... 446 MHz
Bereich IV, UHF (G)	Kanal 21 ... 37	470 ... 606 MHz
Bereich V, UHF (G)	Kanal 38 ... 69	606 ... 862 MHz
	(in der Bundesrepublik Deutschland derzeit nur bis Kanal 60, 790 MHz genutzt)	

Die Sonderkanalbereiche werden nur im Kabelverteilnetz für die Übertragung von Fernsehsignalen benutzt [33].

2 Hinzunahme der Farbinformation

Den bisherigen Ausführungen war die Übertragung der Helligkeitsverteilung einer Bildvorlage zugrunde gelegt. Die Entwicklung der Fernsehtechnik steuerte jedoch schon sehr bald in Richtung Farbbildübertragung und heute kann davon ausgegangen werden, daß mit dem Begriff *Fernsehen* selbstverständlich *Farbfernsehen* gemeint ist. Zur Wiedergabe eines farbigen oder bunten Abbildes der Vorlage muß aber neben der Helligkeitsverteilung noch eine zusätzliche Information über die Farbverteilung, daß heißt über die *Farbart* der einzelnen Bildpunkte übertragen werden. Dies setzt zunächst sendeseitig die Gewinnung dieser Farbinformation und deren Aufbereitung voraus und erfordert empfangsseitig auch eine Möglichkeit der Farbbildwiedergabe.

2.1 Problematik

Die Problematik der Farbbildübertragung beim herkömmlichen Fernsehen liegt darin, das beim Schwarzweiß-Fernsehen benutzte Übertragungsverfahren beizubehalten und die zusätzliche Farbinformation dem Empfänger möglichst innerhalb des Frequenzbandes des BAS-Signales und mit diesem in einem gemeinsamen Kanal zu übermitteln.

Für ein Farbfernsehsystem bedeutet dies, daß man ein in diesem System übertragenes Farbbildsignal so aufbereiten muß, daß von einem Schwarzweiß-Empfänger ein einwandfreies Helligkeitsbild wiedergegeben wird (*Kompatibilität*) und andererseits auch, daß ein Farbfernsehempfänger das Bildsignal von einer Schwarzweiß-Vorlage als einwandfreies unbuntes Bild wiedergibt (*Rekompatibilität*). Diese Forderungen können nur erfüllt werden, wenn aus der Farbbildvorlage

- eine Information über die Helligkeits- bzw. Leuchtdichteverteilung sowie
- eine Information über die Farbverteilung

gewonnen und entsprechend aufbereitet übertragen werden.

Eine bunte Bildvorlage kann beschrieben werden durch Helligkeit bzw. Leuchtdichte und durch die Farbart. Die Farbart ist gekennzeichnet durch den Farbton − bestimmt durch die dominierende Wellenlänge des Lichtes − und durch die Farbsättigung als ein Maß für die spektrale Reinheit, das heißt, für die Intensität der „Farbe" gegenüber dem Unbunten (Weiß) (Bild 2.1).

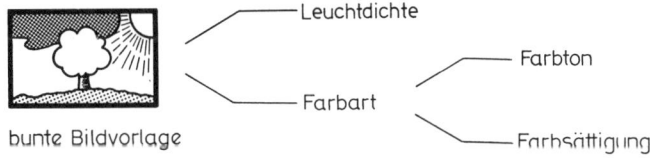

bunte Bildvorlage

Bild 2.1 Darstellung einer bunten Bildvorlage durch Angabe der Leuchtdichte und Farbart

Während das Helligkeits- oder Leuchtdichtesignal direkt gewonnen werden kann, ist dies beim Farbartsignal nicht möglich. Es gibt keine technischen Einrichtungen, die selektiv auf Farbton oder Farbsättigung ansprechen. Bei der Erzeugung des Farbartsignales wird vielmehr von der Dreifarbentheorie nach Helmholtz ausgegangen. Danach kann ein buntes Bild in drei Grund- oder Primärfarbanteile in den Farben Rot, Grün und Blau zerlegt werden. Über farbselektive Bildaufnahmewandler erhält man daraus die Farbwertsignale (R, G, B), die den Anteilen der drei Grundfarben proportional sind. Durch eine bestimmte Codierung gewinnt man aus diesen Signalen sowohl ein Leuchtdichtesignal als auch über einen weiteren Modulationsvorgang das Farbartsignal.

Auch bei der Farbbildwiedergabe werden die Farbwertsignale benötigt. Man erhält diese wiederum durch eine entsprechende Decodierung aus dem übertragenen Leuchtdichtesignal und dem Farbartsignal. B i l d 2.2 zeigt das sich so ergebende Schema der kompatiblen Farbbildübertragung als Erweiterung der Schwarzweißbildübertragung.

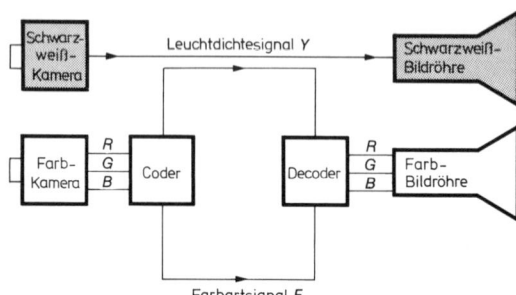

Bild 2.2   Schema der kompatiblen Farbbildübertragung

2.2 Grundlagen der Farbenlehre und Farbmetrik

Das Verständnis eines Farbfernsehsystems setzt die Kenntnis einiger wesentlicher Gesetzmäßigkeiten und Darstellungen in der Farbenlehre voraus. Es werden deshalb in diesem Abschnitt die wichtigsten farbmetrischen Begriffe und Funktionen sowie verschiedene Darstellungsmöglichkeiten erläutert.

Als *Licht* wird der Teil der elektromagnetischen Strahlung bezeichnet, der vom menschlichen Auge wahrgenommen wird. Es umfaßt den Wellenlängenbereich von etwa 400 nm (violett) bis 700 nm (rot). Das von der Sonne ausgestrahlte weiße Licht besteht aus einer Vielzahl von Spektralfarben, die fließend ineinander übergehen. Spektralfarben sind voll gesättigte Farben. Durch Mischen mit unbuntem Licht erhält man ungesättigte Farben.

Eine farbige oder bunte Lichtstrahlung, die im Sehorgan eine bestimmte Farbempfindung hervorruft, nennt man *Farbreiz*. Diese Strahlung kann durch ihre spektrale Energieverteilung gekennzeichnet werden. Die Wahrnehmung durch das menschliche Sehorgan erfolgt über zwei Arten von lichtempfindlichen Elementen auf der Netzhaut des Auges: *Stäbchen* reagieren nur auf Helligkeitsunterschiede, während rot-, grün- und blauempfindliche *Zäpfchen* in einem relativ breiten Wellenlängenbereich auf die entsprechende Lichtstrahlung ansprechen. Über eine Mischung der drei Teilempfindungen entsteht der Farbeindruck.

Die von der Wellenlänge der Strahlung abhängige Hellempfindung des menschlichen Auges wird durch die *Augenempfindlichkeitskurve* oder *Hellempfindlichkeitskurve* ausgedrückt (B i l d 2.3). Sie gibt an, wie hell das an das Tageslicht adaptierte Auge die einzelnen Spektralfarben beurteilt, wenn diese mit gleicher Energie auf das Auge treffen.

Das Maximum der Kurve liegt bei einer Wellenlänge von 555 nm. Farben im Bereich von Grün werden hell, andere Farben, wie z. B. Blau, werden dunkel empfunden.

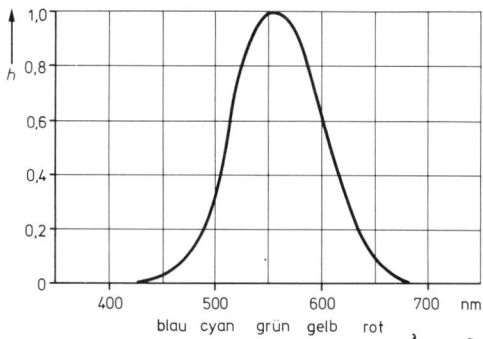

Bild 2.3 Hellempfindlichkeitskurve des menschlichen Auges

Auch beim Schwarzweiß-Fernsehen, wo ja nur die Helligkeitsverteilung einer bunten Bildvorlage übertragen wird, muß diese Hellempfindlichkeitskurve des Auges berücksichtigt werden. Dies geschieht über die spektrale Empfindlichkeit des Bildaufnahmewandlers und durch eventuelle Korrekturfilter. Ohne diese Korrekturmaßnahmen könnte ein unnatürlicher Bildeindruck hervorgerufen werden.

Die Farben von Gegenständen, die sogenannten *Körperfarben*, sind diejenigen Farben, die aus dem Licht, mit dem der Gegenstand bestrahlt wird, reflektiert werden. Meist handelt es sich bei den Körperfarben nicht um Spektralfarben, sondern um Mischfarben, die aus einer Anzahl von nahe beisammen liegenden Spektralfarben oder aus mehreren Gruppen von Spektralfarben gebildet werden. Die *Farbreizfunktion* gibt die zugehörige Spektralverteilung an (Bild 2.4). Beim Vorhandensein von mehreren Spektralfarben bildet sich durch additive Farbmischung eine Mischfarbe. Auch Weiß (Unbunt) kann als Mischfarbe entstehen. Typische Beispiele für eine additive Farbmischung aus den drei Grundfarben Rot, Grün und Blau zeigt Bild 2.5.

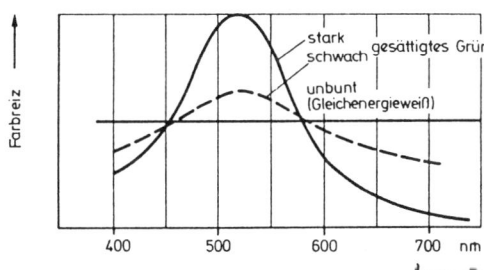

Bild 2.4 Farbreizfunktion bei verschiedenem Sättigungsgrad

Die von YOUNG und HELMHOLTZ im vorigen Jahrhundert angenommene und heute experimentell bestätigte Farbwahrnehmung des Sehorganes über drei Arten von farbempfindlichen Sinneszellen auf der Netzhaut des Auges liegt auch dem Gesetz der additiven Farbmischung zugrunde, das GRASSMANN im Jahre 1854 formulierte:

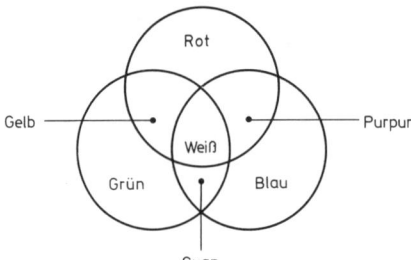

Bild 2.5   Additive Farbmischung mit den drei
Grundfarben Rot, Grün und Blau

Jeder Farbreiz, der im Auge eine bestimmte Farbempfindung auslöst, wird durch das Zusammenwirken von drei Primärreizen mit bestimmten Anteilen in den Grundfarben Rot, Grün und Blau hervorgerufen.

Die Anteile der Grundfarben nennt man *Farbwerte*. Mathematisch läßt sich diese Gesetzmäßigkeit für einen bestimmten *Farbreiz C*, oder wie nach [36] in der Farbmetrik als *Farbvalenz* anzugeben ist, ausdrücken durch

$$C = R(R) + G(G) + B(B). \tag{2.1}$$

Die Farbvalenz C wird durch additive Mischung aus den Primärvalenzen (R), (G) und (B) mit ihren Farbwerten R, G und B gebildet. Die Farbwerte sind ohne physikalische Dimension.

Als Primärvalenzen, Normspektralfarben oder Primärfarben wurden monochromatische Strahlungen mit den Wellenlängen

$$\lambda_R = 700 \text{ nm}, \ \lambda_G = 546,1 \text{ nm}, \ \lambda_B = 435,8 \text{ nm}$$

festgelegt. Keine der Primärfarben darf aus den beiden anderen ermischbar sein.

Die Anteile der Primärfarben, die in einem bestimmten Farbreiz enthalten sind, lassen sich mit Hilfe eines einfachen Instrumentes ermitteln (B i l d 2.6). Ein geknickter weißer Schirm wird von der einen Seite mit dem zu analysierenden Licht bestrahlt. Die andere Seite beleuchten drei in ihrer Intensität einstellbare Primärstrahler, die rotes (R), grünes (G) oder blaues (B) monochromatisches Licht abgeben. Die Intensität dieser Strahlungen kann durch Meßblenden M verändert werden, deren Öffnung an einer geeichten

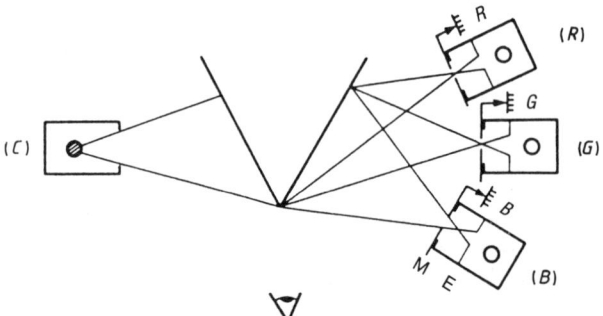

Bild 2.6   Farbmeßgerät

Skala ablesbar ist. Das Farbmeßgerät ist abgeglichen, wenn die vordere Kante des Schirms nicht mehr erkennbar ist. In diesem Fall sind beide Schirmhälften mit Licht gleicher Helligkeit und Farbart beleuchtet. Die Eichung des Farbmeßgerätes erfolgt mit weißem Licht, dem sog. *Gleichenergieweiß*, als Referenzstrahlung. Bei voll geöffneten Meßblenden M werden dann die Eichblenden E solange verstellt, bis die Schirmkante unsichtbar wird. Die Farbgleichung ist dann erfüllt durch

$$W = 1(R) + 1(G) + 1(B). \tag{2.2}$$

Entsprechendes würde auch für alle Graustufen gelten, z.B. mit

$$0,5 \ W = 0,5(R) + 0,5(G) + 0,5(B). \tag{2.3}$$

Auf der Grundlage der Farbgleichung Gl. (2.1) wurden nun Farbmischkurven ermittelt, denen für jede Spektralfarbe der erforderliche Anteil der Primärfarben zu entnehmen ist (Bild 2.7). Der Ordinatenmaßstab ist durch die Bezugnahme auf das Gleichenergieweiß bedingt. Für bestimmte Wellenlängenbereiche treten auch negative Farbwerte auf. Das bedeutet, daß zur Nachbildung bestimmter Spektralfarben zu dem betreffenden Farbreiz noch ein gewisser Anteil eines Primärreizes (z. B. Rot) hinzugefügt werden muß. Die Kurven nach Bild 2.7 finden in der Farbfernsehtechnik direkt keine Anwendung. Sie sind jedoch von grundsätzlicher Bedeutung und werden später durch andere Farbmischkurven ersetzt.

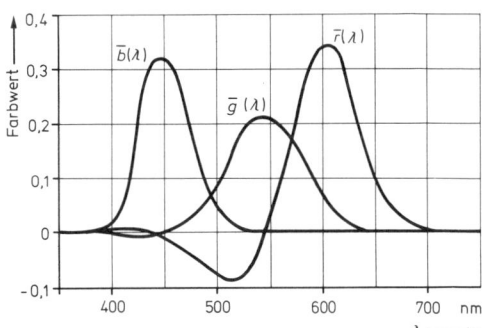

Bild 2.7 Farbmischkurven bezogen auf die Primärfarben *R, G, B*

In einer dreidimensionalen Darstellung der Farbvalenzen im sog. *Farbraum* ergibt sich mit den drei Primärvalenzanteilen ein räumlicher *Farbvektor* (Bild 2.8). Die Richtung des Vektors im Raum bestimmt dabei die Farbart, die Länge des Vektors ist ein Maß für die Helligkeit. Der Ursprung des Koordinatensystems bedeutet Schwarz ($R = G = B = 0$), der Weißpunkt liegt bei $R = G = B = 1$. Diese Darstellung im dreidimensionalen Koordinatensystem ist zwar unbequem, sie führt aber bereits zu der Aufspaltung in die Empfindungsmerkmale *Helligkeit* und *Farbart*, mit Farbton und Farbsättigung.

Es zeigt sich nämlich, daß die Helligkeit als Reizstärke unabhängig ist von der Farbart, die wiederum nur durch das Verhältnis der drei Primärvalenzanteile bestimmt wird. Damit kann man Helligkeit und Farbart voneinander trennen, indem man eine Normie-

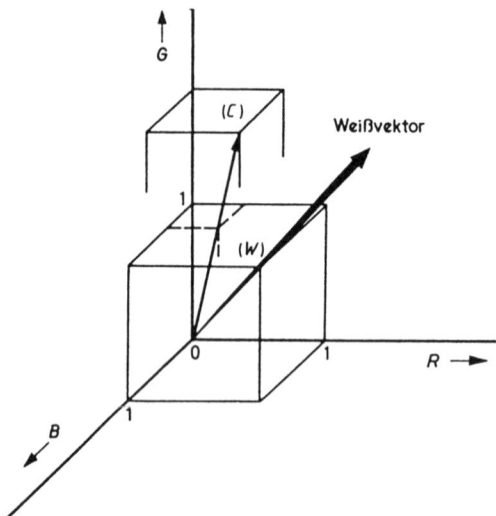

Bild 2.8 Dreidimensionale Darstellung der Farbvalenz durch den räumlichen Farbvektor

rung der Farbwerte auf die Helligkeit, entsprechend der Summe der Farbwerte, vornimmt. Man erhält dann

$$\frac{C}{R+G+B} = \frac{R\,(R)}{R+G+G} + \frac{G\,(G)}{R+G+B} + \frac{B\,(B)}{R+G+B} = 1 \quad (2.4)$$

beziehungsweise ausgedrückt durch die *Farbwertanteile r, g* und *b*, die sich aus den Farbwerten berechnen lassen zu:

$$r = \frac{R}{R+G+B}, \; g = \frac{G}{R+G+B}, \; b = \frac{B}{R+G+B}. \quad (2.5)$$

Es gilt

$$r + g + b = 1. \quad (2.6)$$

Die Farbwertanteile werden auch als *reduzierte Farbwerte* bezeichnet. In diesen reduzierten Farbwerten ist die Helligkeit bzw. Leuchtdichte nicht mehr enthalten, sondern nur noch die Farbart. Da aber die Summe von *r* und *g* und *b* immer gleich eins ist, kann man bei der Angabe der Farbart auf eine der drei Größen verzichten und kommt so zu einer zweidimensionalen Darstellung mit der *Farbfläche*. Trägt man in ein *r-g*-Koordinatensystem die über die Farbmischkurven ermittelten reduzierten Farbwerte ein, dann erhält man als Verbindung den sogenannten *Spektralfarbenzug* als geometrischen Ort aller Spektralfarben (Bild 2.9).

Bedingt durch den negativen Anteil der Rot-Farbmischkurve ergeben sich auch hier negative reduzierte Farbwerte. Durch eine Koordinatentransformation unter Bezugnahme auf neue, fiktive, das heißt aber physikalisch nicht realisierbare, Primärvalenzen *X, Y* und *Z* erhält man eine Darstellung, in der nur noch positive Farbwerte auftreten. Desweiteren liegt der Transformation zugrunde, daß die Helligkeit bzw. Leuchtdichte allein in der fiktiven Primärvalenz *Y* enthalten ist.

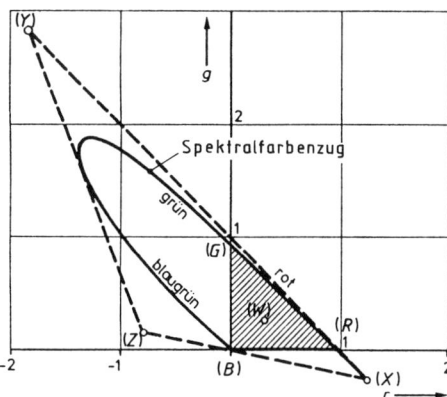

Bild 2.9 Farbfläche im *r-g*-Diagramm

Auch mit diesen fiktiven Primärvalenzen und ihren Normfarbwerten *X*, *Y* und *Z* kann eine Normierung vorgenommen werden. Es gilt:

$$\frac{C}{X + Y + Z} = \frac{X\,(X)}{X + Y + Z} + \frac{Y\,(Y)}{X + Y + Z} + \frac{Z\,(Z)}{X + Y + Z} = 1. \quad (2.7)$$

Wiederum ausgedrückt durch die Normfarbwertanteile *x, y* und *z* mit

$$x = \frac{X}{X + Y + Z} \,,\, y = \frac{Y}{X + Y + Z} \,,\, z = \frac{Z}{X + Y + Z} \quad (2.8)$$

erhält man

$$x + y + z = 1 \,. \quad (2.9)$$

Die zweidimensionale Darstellung der Farbart im *x-y*-Koordinatensystem wird als *Normfarbtafel* nach IBK (Internationale Beleuchtungs-Kommission) oder CIE (Commission Internationale de l'Eclairage) bezeichnet. B i l d 2.10 zeigt darin die durch den

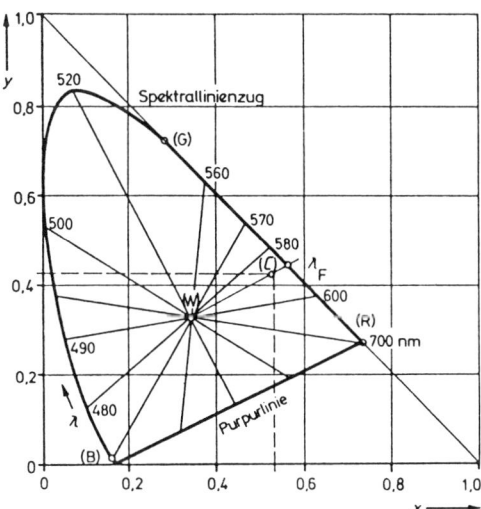

Bild 2.10 Farbfläche im *x-y*-Diagramm:
Normfarbtafel

Spektralfarbenzug und die Purpurlinie umschlossene Farbfläche und somit den durch additive Farbmischung aus den drei Primärvalenzen *R, G* und *B* realisierbaren Bereich möglicher Farbvalenzen. Der Weißpunkt *W* (Gleichenergieweiß) mit den Normfarbwertanteilen $x = 0{,}33$ und $y = 0{,}33$ ergibt sich aus gleichen Anteilen von *X, Y* und *Z* genauso wie im *R-G-B*-System. Aus den beiden Normfarbwertanteilen *x* und *y*, die eine bestimmte Farbart kennzeichnen, lassen sich wiederum direkt keine Aussagen über den Farbton und die Farbsättigung machen.

Es kann jedoch der Farbton einer bestimmten Farbvalenz *C* durch die *dominierende Wellenlänge* λ_F bzw. im Falle der Purpurfarben, die als synthetische Farben im Spektrum des weißen Lichtes nicht enthalten sind und sich nur durch Mischung aus den Primärfarben Rot und Blau ergeben, durch die kompensative Wellenlänge λ_K der Komplementärfarbe gekennzeichnet werden. Man erhält die dominierende Wellenlänge, indem man den Ort der Farbart *C* mit den Normfarbwertanteilen x_C und y_C mit dem Weißpunkt *W* verbindet und diese Gerade bis zum Schnitt mit dem Spektrallinienzug verlängert. Dort kann die dominierende Wellenlänge abgelesen werden. Das Verhältnis des Streckenabschnittes $\overline{CW}$ vom Farbort bis zum Weißpunkt zu der Strecke $\overline{SW}$ vom Spektrallinienzug bis zum Weißpunkt gibt die Farbsättigung an. Je näher der Farbort *C* zum Weißpunkt rückt, um so geringer ist die Farbsättigung.

Der Farbort einer Mischfarbe liegt auf der Geraden zwischen den Farbvalenzen von zwei Ausgangsfarben bzw. bei drei Ausgangsfarben innerhalb des durch die Verbindungslinien eingeschlossenen Dreiecks. Komplementärfarben liegen sich, am Weißpunkt gespiegelt, gegenüber. In der Farbfernsehtechnik verwendet man die sogenannte *Normfarbbalkenfolge* als Farbbildvorlage. Darin sind neben Weiß und Schwarz die Grundfarben Rot, Grün und Blau enthalten sowie deren Komplementärfarben Cyan, Purpur und Gelb.

Bei der Festlegung von Bezugsgrößen in einem Farbfernsehsystem muß in erster Linie die Realisierbarkeit der Primärvalenzen auf der Empfängerseite berücksichtigt werden. Die Forderungen an die Empfänger-Primärstrahler sind vielfältig. Es soll durch sie einmal ein möglichst großer Bereich von Mischfarben darstellbar sein und auch voll gesättigte Farben sollen wiedergegeben werden, das heißt, die Farbkoordinaten der Empfänger-Primärstrahler sollten möglichst auf dem Spektralfarbenzug liegen. Andererseits braucht man Strahler, die eine hohe Leuchtdichte aufweisen und bei allen drei Farben mit möglichst gleichem Wirkungsgrad arbeiten. Dazu kommt noch die Forderung an eine wirtschaftliche Produzierbarkeit und Reproduzierbarkeit der Leuchtstoffe.

Mit der Einführung des Farbfernsehens in den USA wurden 1954 von der FCC (Federal Communications Commission) die Farbarten der Bildschirmphosphore genormt. Im Laufe der Zeit wurden jedoch Leuchtstoffe entwickelt, die bei gleichen Strahlströmen höhere Leuchtdichten ermöglichen. Um die Empfänger-Primärvalenzen den besseren Leuchtstoffen anzupassen, wurden von der EBU (European Broadcasting Union) für die europäischen Farbfernsehsysteme 1974 die Normfarbwertanteile dieser Primärstrahler neu festgelegt. Es gelten folgende Werte:

$$R_e : x = 0{,}64,\ y = 0{,}33$$
$$G_e : x = 0{,}29,\ y = 0{,}60$$
$$B_e : x = 0{,}15,\ y = 0{,}06.$$

Die Farborte der Empfänger-Primärvalenzen R_e, G_e und B_e sind in der Normfarbtafel nach Bild 2.11 eingezeichnet. In diesem Bild ist auch ein Bereich der Körperfarben abgegrenzt, innerhalb dem nahezu alle praktisch vorkommenden Farben liegen [36]. Man erkennt daraus, daß der durch das Dreieck R_e-G_e-B_e erfaßte Bereich eine hinreichend naturgetreue Wiedergabe von Farbbildszenen erlaubt.

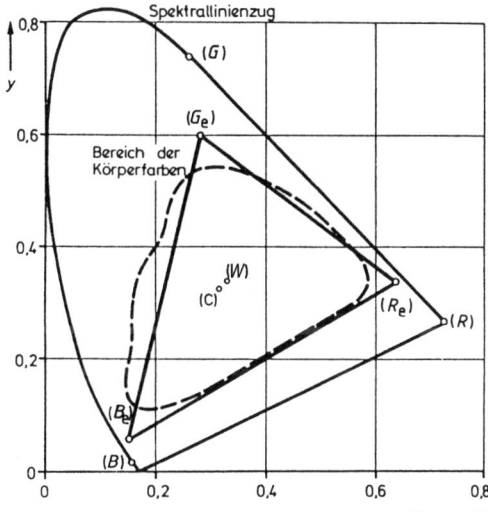

Bild 2.11 Farborte der Empfänger-Primärvalenzen und der damit darstellbare Farbbereich

Bei der Ermittlung der Farbmischkurven nach Bild 2.7 über die Anteile R, G und B der Primärreize wurde das Gleichenergieweiß W als Bezugsgröße zugrunde gelegt. Das bedeutet, daß gleiche Anteile R, G und B in additiver Mischung den Farbreiz W mit der Sättigung Null ergeben. Im x-y-Koordinatensystem der Normfarbtafel ist der Weißpunkt W durch die Normfarbwertanteile $x = 0{,}33$ und $y = 0{,}33$ definiert. In der Farbfernsehtechnik wird die *Normlichtart C* als Bezugsweiß verwendet. Dieses Weiß entspricht dem mittleren Tageslicht mit einer Farbtemperatur von etwa 6700 K. Die Normlichtart C läßt sich durch eine Wolfram-Glühlampe (Normlichtart A und ein vorgesetztes Filter) erzeugen. Die Farbkoordinaten sind:

$$x_C = 0{,}310, \quad y_C = 0{,}316.$$

Ein weiteres tageslichtähnliches Weiß stellt die Normlichtart D 65 dar mit den Normfarbwertanteilen

$$x_D = 0{,}313, \quad y_D = 0{,}329.$$

Letzte Festlegungen der EBU hinsichtlich „Weiß" in Verbindung mit den Empfänger-Primärstrahlern beziehen sich auf die Normlichtart D 65. Diese läßt sich aber, im Gegensatz zur Normlichtart C, durch eine künstliche Lichtquelle nicht exakt realisieren. Eine Annäherung erreicht man mit einer Xenonlampe und bestimmten Farbfiltern [36].

Werden nun für alle spektralen Farbreize mit gleicher Strahlungsenergie die Farbwertanteile der Empfänger-Primärstrahler ermittelt und über der Wellenlänge als normierte Farbwerte aufgetragen (der Maximalwert der Kurve ist auf 1,0 bezogen), dann erhält man die in der Fernsehtechnik maßgeblichen *Farbmischkurven* (Bild 2.12). Es treten auch hier wieder negative Werte auf, bedingt durch die Farbvalenzen außerhalb des durch R_e, G_e und B_e gebildeten Dreiecks in Bild 2.11.

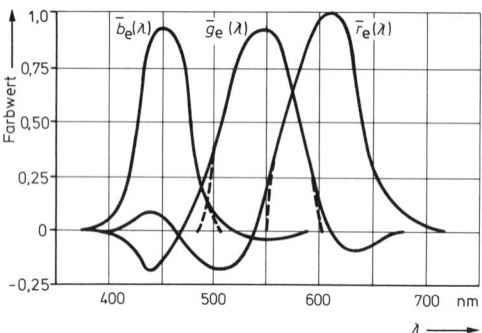

Bild 2.12 Farbmischkurven bezogen auf die Empfänger-Primärstrahler R_e, G_e, B_e

Die Farbmischkurven werden deshalb für den praktischen Betrieb geringfügig geändert (gestrichelt eingezeichnet). Auf diese Farbmischkurven müssen die Signale im Rot-, Grün- und Blau-Kanal der Farbkamera über die spektrale Empfindlichkeit der Aufnahme-Bildwandler und durch zusätzliche Farbfilter abgestimmt werden. Die Ausgangsspannungen der Farbkamera in den drei Kanälen müssen bei den verschiedenen Spektralfarben das gleiche Verhältnis zueinander haben wie die Werte der Farbmischkurven. Beim Bezugsweiß müssen die Ausgangsspannungen untereinander gleich sein und das auch bei verschiedenen Werten der Leuchtdichte. Diese Forderung wird über das zeilenfrequente Oszillogramm der Ausgangsspannungen in den drei Kanälen an Hand eines horizontalen Graukeils oder einer Grautreppe als Bildvorlage geprüft.

Beim Abschnitt 2.2 verwendete Literatur: [3, 4, 7, 36, 37, 38, 39].

2.3 Leuchtdichte- und Farbartsignal

Aus Gründen der Kompatibilität wird gefordert, daß bei einer bunten Bildvorlage aus den Farbwertsignalen einer Farbfernsehkamera das gleiche Signal abgeleitet werden kann, wie dies eine Schwarzweißkamera liefert, nämlich das *Helligkeits-* oder *Leuchtdichtesignal*. Damit wird auf dem Schirm einer Schwarzweiß-Bildröhre ein Helligkeitsbild hervorgerufen, das keinen Unterschied in bezug auf die Quelle des elektrischen Signals erkennen läßt.

2.3.1 Leuchtdichtesignal

Die spektrale Empfindlichkeit eines Schwarzweiß-Bildaufnehmers wird der Augenempfindlichkeitskurve angepaßt, damit eine Schwarzweiß-Bildröhre die verschiedenen Farbreize als Graustufen mit der Helligkeit wiedergibt, mit der sie vom Auge auch in der Bildvorlage empfunden werden. Die Farbfernsehkamera aber liefert zunächst drei Signale, in dem Rot-, dem Grün- und dem Blau-Kanal, mit der spektralen Abhängigkeit gemäß dem Verlauf der Farbmischkurven (siehe Bild 2.12). Um aus diesen drei Signalen eines zu gewinnen, das in seiner spektralen Abhängigkeit wieder dem Verlauf der Augenempfindlichkeitskurve entspricht, muß man eine entsprechende Codierung vornehmen. Über die Funktionswerte $h(R_e)$, $h(G_e)$ und $h(B_e)$, die bei den Empfänger-Pirmärvalenzen aus der Augenempfindlichkeitskurve entnommen werden (Bild 2.13), mit

$$h(R_e) = 0,47, \qquad h(G_e) = 0,92, \qquad h(B_e) = 0,17,$$

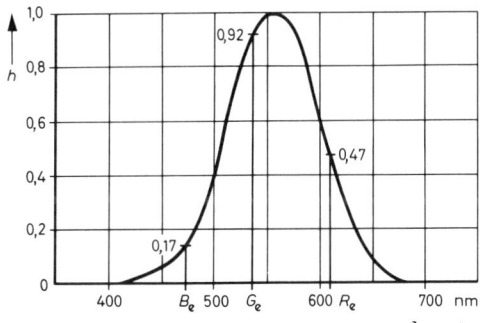

Bild 2.13 Hellempfinden des menschlichen Auges bei den Empfänger-Primärfarben

erfolgt eine Bewertung der Signale aus den drei Farbkanälen. Die Farbwertsignale, dargestellt durch ihre spektralen Funktionen $\bar{r}_e(\lambda)$ und $\bar{g}_e(\lambda)$ und $\bar{b}_e(\lambda)$, werden dazu mit den relativen Helligkeitswerten h_{r_e}, h_{g_e} und h_{b_e} multipliziert. Diese gewinnt man durch Normierung aus den Helligkeitsbeiwerten $h(R_e)$, $h(G_e)$ und $h(B_e)$. Das Ergebnis muß dann, bis auf eine Proportionalitätskonstante k, identisch sein mit der Augenempfindlichkeitskurve $h(\lambda)$;

$$h(\lambda) = k \cdot (h_{r_e} \cdot \bar{r}_e(\lambda) + h_{g_e} \cdot \bar{g}_e(\lambda) + h_{b_e} \cdot \bar{b}_e(\lambda)). \qquad (2.10)$$

Zur Berechnung der relativen Helligkeitsbeiwerte bildet man zunächst die Summe der Funktionswerte $h(..)$ mit

$$\sum h(..) = h(R_e) + h(G_e) + h(B_e) = 0,47 + 0,92 + 0,17 = 1,56 \qquad (2.11)$$

und normiert dann die einzelnen Funktionswerte auf diesen Divisor. Die relativen Helligkeitsbeiwerte ergeben sich dann zu

$$h_{r_e} = \frac{h(R_e)}{\sum h(..)} = \frac{0,47}{1,56} = 0,30$$

$$h_{g_e} = \frac{h(G_e)}{\sum h(..)} = \frac{0,92}{1,56} = 0,59$$

$$h_{b_e} = \frac{h(B_e)}{\sum h(..)} = \frac{0,17}{1,56} = 0,11. \qquad (2.12)$$

Wegen der Normierung gilt

$$h_{r_e} + h_{g_e} + h_{b_e} = 1. \tag{2.13}$$

Für Gl. (2.10) folgt dann

$$h(\lambda) = k \cdot (0,30 \cdot \bar{r}_e(\lambda) + 0,59 \cdot \bar{g}_e(\lambda) = 0,11 \cdot \bar{b}_e(\lambda)). \tag{2.14}$$

In der Farbfernsehtechnik ist es üblich, die *Leuchtdichte* mit Y zu bezeichnen. Dies basiert, wie schon erwähnt, auf der Festlegung, die bei der Transformation der Primärvalenzen *R, G, B* in die fiktiven Primärvalenzen *X, Y, Z* getroffen wurde, daß nämlich der Helligkeitsanteil eines Farbreizes allein durch den Wert der Primärvalenz *Y* bestimmt wird. Damit ist auch der Verlauf der Normspektralwertkurve $\bar{y}(\lambda)$ identisch mit der Hellempfindlichkeitskurve $h(\lambda)$.

In vereinfachter Schreibweise erhält man dann die Codiervorschrift für die Leuchtdichteinformation *Y* aus den Farbwertanteilen *R, G* und *B* zu

$$Y = 0,30 \cdot R + 0,59 \cdot G + 0,11 \cdot B. \tag{2.15}$$

Die Gl. (2.15) stellt eine der wichtigsten Beziehungen der Farbfernsehtechnik dar. Sie bildet die Grundlage für die Erzeugung des Leuchtdichtesignales aus den Farbwertsignalen des Bildaufnahmesystems. Technisch wird das Leuchtdichtesignal U_Y über eine Matrixschaltung aus den Farbwertsignalen U_R, U_G und U_B gewonnen (Bild 2.14) nach der Beziehung

$$U_Y = 0,30 \cdot U_R + 0,59 \cdot U_G + 0,11 \cdot U_B . \tag{2.16}$$

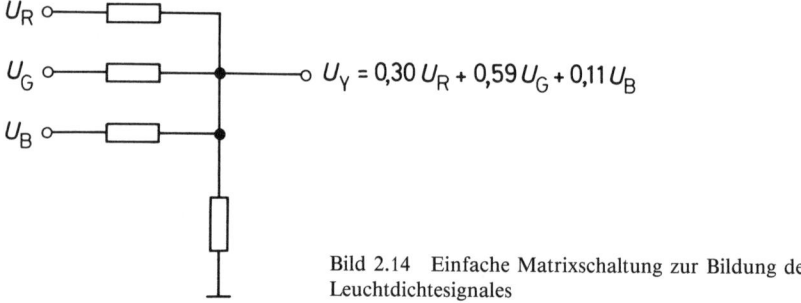

Bild 2.14   Einfache Matrixschaltung zur Bildung des Leuchtdichtesignales

Der Begriff „Leuchtdichte" wird auch in der deutschen Literatur vielfach durch den aus dem englischen Wort *luminance* abgeleiteten Ausdruck „Luminanz" ersetzt, so daß aus dem „Leuchtdichtesignal" gleichbedeutend das „Luminanzsignal" wird.

Genaugenommen müssen der Matrixschaltung die gammakorrigierten Farbwertsignale zugeführt werden, um bei der Farbbildwiedergabe die Nichtlinearität in der Übertragungsfunktion der Farbbildröhrensysteme auszugleichen. Im folgenden wird jedoch der Einfachheit halber von den unkorrigierten Farbwertsignalen ausgegangen.

Für die in der Farbfernsehtechnik als Testvorlage dienende *Normfarbbalkenfolge*, bestehend aus den Primärfarben und den dazugehörigen Komplementärfarben als Mischfarben sowie den Unbuntstufen Weiß und Schwarz, erhält man die Leuchtdichte Y aus den Farbwertanteilen R, G und B über die Gl. (2.15), wie sie in Tabelle 2.1 zusammengestellt sind.

Tabelle 2.1   Farbwertanteile und Leuchtdichte der Normfarbbalkenfolge

Bildvorlage	R	G	B	Y
Weiß	1	1	1	1,00
Gelb (Rot und Grün)	1	1	0	0,89
Cyan (Grün und Blau)	0	1	1	0,70
Grün	0	1	0	0,59
Purpur (Rot und Blau)	1	0	1	0,41
Rot	1	0	0	0,30
Blau	0	0	1	0,11
Schwarz	0	0	0	0

Aus der Tabelle 2.1 ist ersichtlich, daß die Reihenfolge der Normfarbbalken nach sinkendem Leuchtdichtewert geordnet ist.

Die Kompatibilitätsbeziehung zeigt Bild 2.15 an einer einfachen Bildvorlage Weiß-Grün-Rot. In ähnlicher Weise könnte auch die Rekompatibilität demonstriert werden, indem das Bildsignal der Schwarzweiß-Kamera parallel den drei Steuereingängen der Farbbildröhre zugeführt wird. Bei gleichen Signalwerten am R-, G- und B-Eingang wird ein unbuntes Bild wiedergegeben.

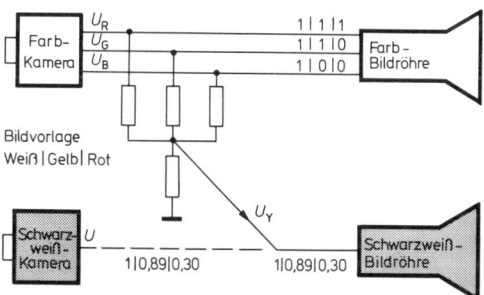

Bild 2.15   Kompatibilitätsbeziehung bei der Wiedergabe des Helligkeitsbildes

2.3.2 Farbdifferenzsignale zur Angabe der Farbart

Im System der kompatiblen Farbbildübertragung sind im weiteren noch Signale erforderlich, die zur Leuchtdichte keinen Beitrag leisten und nur eine Information über die Farbart enthalten. Nachdem Farbton und Farbsättigung technisch nicht getrennt durch unabhängige Signale darstellbar sind, beschreitet man einen Umweg über die Farbdifferenzsignale. Diese ergeben sich aus den um den Leuchtdichteanteil reduzierten Farbwerten zu $R-Y$, $G-Y$ und $B-Y$.

Zur Bildung eines Farbartsignales als Doppelinformation genügen zwei von den drei Farbdifferenzsignalen. Üblicherweise werden die Signale

$$U_{R-Y} = U_R - U_Y \tag{2.17}$$

und

$$U_{B-Y} = U_B - U_Y \tag{2.18}$$

verwendet.

Über das Leuchtdichtesignal nach Gl. (2.16) erhält man die Zusammensetzung der beiden Farbdifferenzsignale zu

$$
\begin{aligned}
U_{R-Y} = U_R - U_Y &= 1{,}00 \cdot U_R - 0{,}30 \cdot U_R - 0{,}59 \cdot U_G - 0{,}11 \cdot U_B \\
&= 0{,}70 \cdot U_R - 0{,}59 \cdot U_G - 0{,}11 \cdot U_B
\end{aligned} \tag{2.19}
$$

und

$$
\begin{aligned}
U_{B-Y} = U_B - U_Y &= 1{,}00 \cdot U_B - 0{,}30 \cdot U_R - 0{,}59 \cdot U_G - 0{,}11 \cdot U_B \\
&= -0{,}30 \cdot U_R - 0{,}59 \cdot U_G + 0{,}89 \cdot U_B.
\end{aligned} \tag{2.20}
$$

Technisch werden die Farbdifferenzsignale meist in Verbindung mit dem Leuchtdichtesignal in einer Matrixschaltung erzeugt.

Die Farbdifferenzsignale enthalten nur eine Information über die Farbart. Bei unbunten Bildvorlagen, also wenn $U_R = U_G = U_B$ ist, werden sie zu null.

Beispiel: Bildvorlage „Weiß", $U_R = U_G = U_B = 1$

$$U_R - U_Y = 0{,}70 \cdot 1 - 0{,}59 \cdot 1 - 0{,}11 \cdot 1 = 0$$

$$U_B - U_Y = -0{,}30 \cdot 1 - 0{,}59 \cdot 1 + 0{,}89 \cdot 1 = 0$$

oder

Bildvorlage „mittleres Grau", $U_R = U_G = U_B = 0{,}5$

$$U_R - U_Y = 0{,}70 \cdot 0{,}5 - 0{,}59 \cdot 0{,}5 - 0{,}11 \cdot 0{,}5 = 0$$

$$U_B - U_Y = -0{,}30 \cdot 0{,}5 - 0{,}59 \cdot 0{,}5 + 0{,}89 \cdot 0{,}5 = 0.$$

Die Darstellung des Farbortes, hier durch die Farbart, einer Farbvalenz kann nun auch durch die Farbdifferenzwerte $B-Y$ und $R-Y$ in einem rechtwinkligen Koordinatensystem erfolgen, wie in Bild 2.16 gezeigt. Durch Transformation in Polarkoordinaten erhält man aus dem Betrag A des Vektors C mit

$$A = \sqrt{(B-Y)^2 + (R-Y)^2} \tag{2.21}$$

ein Maß für die *Farbsättigung* und aus dem Winkel

$$a = \frac{180°}{\pi} \cdot \arctan \frac{(R-Y)}{(B-Y)} \tag{2.22}$$

eine Aussage über den *Farbton*.

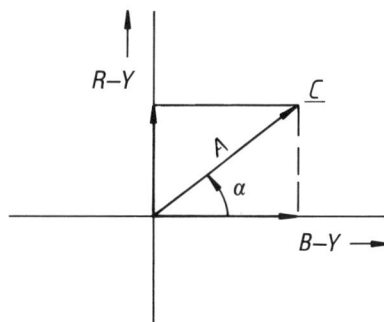

Bild 2.16 Darstellung der Farbart über die Farbdifferenzsignale

Für die Normfarbbalkenfolge ergibt dies die in Ta b e l l e 2.2 zusammengestellten Werte.

Tabelle 2.2 Farbdifferenzwerte, Farbsättigung und Farbton der Normfarbbalkenfolge

Bildvorlage	$B-Y$	$R-Y$	A	α
Weiß	0	0	0	–
Gelb (Rot und Grün)	$-0,89$	$+0,11$	$0,89$	$173\,°$
Cyan (Grün und Blau)	$+0,30$	$-0,70$	$0,76$	$293\,°$
Grün	$-0,59$	$-0,59$	$0,83$	$225\,°$
Purpur (Rot und Blau)	$+0,59$	$+0,59$	$0,83$	$45\,°$
Rot	$-0,30$	$+0,70$	$0,76$	$113\,°$
Blau	$+0,89$	$-0,11$	$0,89$	$353\,°$
Schwarz	0	0	0	–

Wie daraus zu entnehmen ist, gehen die Farbdifferenzwerte auch ins Negative. Die Vektorendpunkte für die Normfarbbalkenfolge verteilen sich auf die vier Quadranten des Koordinatensystems. Auch in dieser Darstellung liegen sich Primärfarben und zugehörige Komplementärfarben am Weiß- bzw. Unbuntpunkt (Koordinatennullpunkt) gespiegelt gegenüber. In einer etwas modifizierten Darstellung nach B i l d 2.17 erkennt man, daß die Grund- und Mischfarben auf einem Kreis um den Unbuntpunkt liegen. Man spricht deshalb auch von dem sog. *Farbkreis.*

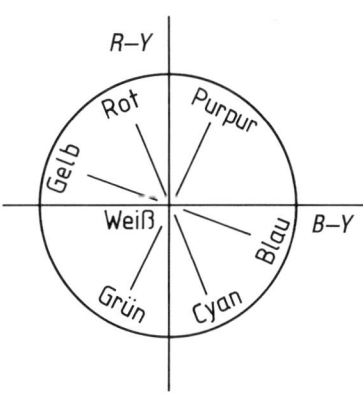

Bild 2.17 Darstellung der Farbart im Farbkreis

Untersuchungen haben ergeben, daß das menschliche Auge für farbige Bilddetails ein geringeres Auflösungsvermögen hat als für Helligkeitsänderungen. Es genügt daher, nur das Leuchtdichtesignal mit der vollen Bandbreite von z. B. 5 MHz zu übertragen. Die Farbartinformation kann ohne Beeinträchtigung der Farbbildqualität auf etwa 1,3 MHz bandbegrenzt werden. Die dadurch entstehende Signalverzögerung gegenüber dem breitbandigen Leuchtdichtesignal muß allerdings ausgeglichen werden. Siehe Abschnitt 3.

2.3.3 Rückgewinnung der Farbwertsignale

Die auf der Sendeseite erzeugten Signale U_R, U_G und U_B werden in der Matrixschaltung in das Leuchtdichtesignal U_Y und die Farbdifferenzsignale $U_R - U_Y$ und $U_B - U_Y$ umgewandelt. Läßt man die weitere Signalverarbeitung zunächst einmal außer Betracht, dann stehen diese Signale auch auf der Empfangsseite zur Verfügung. Die Wiedergabe des Farbbildes erfolgt aber in jedem Fall über die drei Farbauszugsbilder in den Grundfarben Rot, Grün und Blau. Zur Steuerung der Farbbildröhre oder einer ähnlichen Einrichtung sind daher wieder die Farbwertsignale U_R, U_G und U_B notwendig. Zwei Verfahren der Farbbildröhrenansteuerung sind möglich:

Erzeugung der Farbwertsignale und RGB-Ansteuerung der Farbbildröhre (Bild 2.18).

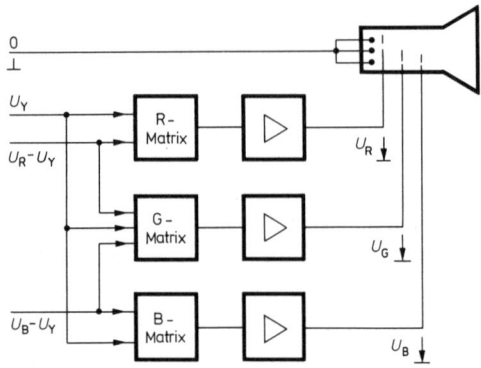

Bild 2.18 Rückgewinnung der Farbwertsignale bei RGB-Ansteuerung der Farbbildröhre

Über Matrixschaltungen werden aus dem Leuchtdichtesignal U_Y und den Farbdifferenzsignalen $U_R - U_Y$ und $U_B - U_Y$ die Farbwertsignale nach folgenden einfachen Beziehungen gebildet:

$$(U_R - U_Y) + U_Y = U_R \tag{2.23}$$

$$(U_G - U_Y) + U_Y = U_G \tag{2.24}$$

$$(U_B - U_Y) + U_Y = U_B. \tag{2.25}$$

Das nicht übertragene $(G-Y)$-Signal wird gemäß der noch folgenden Beziehung Gl. (2.27) aus dem $(R-Y)$- und dem $(B-Y)$-Signal gewonnen. Die Farbwertsignale U_R, U_G und U_B gelangen direkt zu den entsprechenden Steuergittern der Farbbildröhre, die Katoden liegen auf festem Potential.

Dieses Verfahren erfordert Videoverstärkerstufen im *R*-, *G*- und *B*-Kanal mit der vollen Bandbreite von 5 MHz und hoher Linearität. Eine gegenseitige Abweichung des Verstärkungsfaktors führt zu Farbverfälschungen. Gegenkopplungsmaßnahmen sind deshalb in diesen Verstärkerstufen unumgänglich.

Erzeugung des Grün-Farbdifferenzsignales und Steuerung der Farbbildröhre durch die Farbdifferenzsignale (B i l d 2.19).

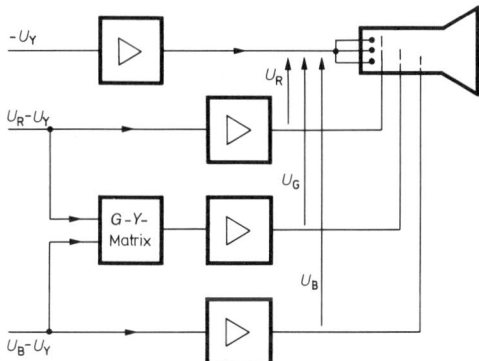

Bild 2.19 Rückgewinnung der Farbwertsignale bei Farbdifferenzsignal-Ansteuerung der Farbbildröhre

Aus den beiden Farbdifferenzsignalen $U_R - U_Y$ und $U_B - U_Y$ wird in einer Matrixschaltung das dritte Farbdifferenzsignal $U_G - U_Y$ gewonnen. Zu Grunde liegt der Ansatz:

$$U_Y = 0{,}30 \cdot U_R + 0{,}59 \cdot U_G + 0{,}11 \cdot U_B$$

$$- (U_Y = 0{,}30 \cdot U_Y + 0{,}59 \cdot U_Y + 0{,}11 \cdot U_y)$$

$$U_Y - U_Y = 0{,}30 \cdot (U_R - U_Y) + 0{,}59 \cdot (U_G - U_Y) + 0{,}11 \cdot (U_B - U_Y) = 0 \quad (2.26)$$

beziehungsweise nach Umformung

$$(U_G - U_Y) = -0{,}51 \cdot (U_R - U_Y) - 0{,}19 \cdot (U_B - U_Y). \quad (2.27)$$

Die Farbdifferenzsignale liegen an den Steuergittern der Strahlsysteme, das negative Leuchtdichtesignal an den Katoden, so daß sich als Steuerspannungen an den drei Systemen der Farbbildröhre ergeben

$$(U_R - U_Y) - (-U_Y) = U_R \quad (2.28)$$

$$(U_G - U_Y) - (-U_Y) = U_G \quad (2.29)$$

$$(U_B - U_Y) - (-U_Y) = U_B . \quad (2.30)$$

Als Vorteil dieses Verfahrens kann die geringere Bandbreite der Endverstärkerstufen für die Farbdifferenzsignale angeführt werden mit nur 1,3 MHz. Allerdings müssen diese für

einen größeren Spannungshub ausgelegt werden. Die Steuerspannungen bei der Farbdifferenzsignal-Ansteuerung erreichen teilweise fast das Zweifache der entsprechenden
Farbwertsignalspannungen. Aus der Darstellung der verschiedenen Signale für eine
Normfarbbalken-Farbbildvorlage gemäß B i l d 2.20 geht dies hervor. Für die Spannungen an der Bildröhre wäre etwa der Maßstabsfaktor 100 zutreffend.

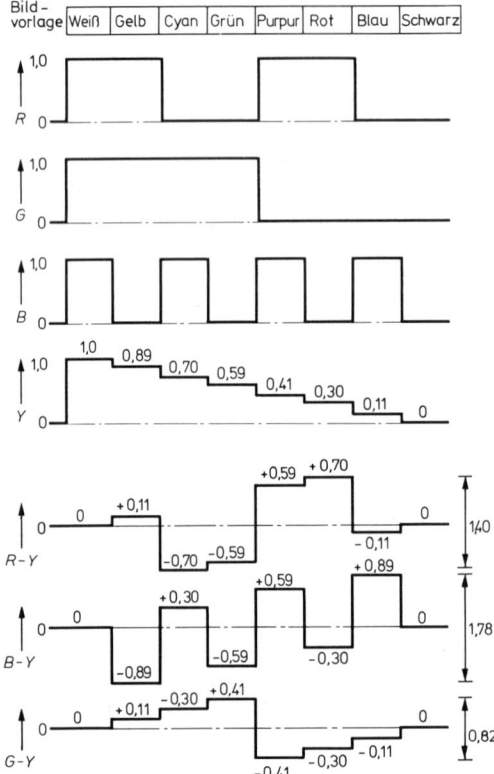

Bild 2.20 Farbwertsignale, Leuchtdichtesignal
und Farbdifferenzsignale bei der Normfarbbal-
ken-Bildvorlage

Nach heutigem Stand der Technik wird in den Farbfernsehempfängern durchwegs die
RGB-Ansteuerung der Farbbildröhre angewendet, damit eine definierte RGB-Schnitt-
stelle vorhanden ist, um Videotext-Signale oder externe RGB-Farbsignale ohne weitere
Anpassungsschaltungen wiedergeben zu können.

3 Farbbildsignalübertragung im Frequenzmultiplex

Wie im vorangehenden Abschnitt ausführlich erläutert, geschieht die Aufbereitung des Farbfernsehsignales aus Gründen der Kompatibilität in das Leuchtdichtesignal und in die beiden Farbdifferenzsignale. Zur Übertragung der vollständigen Bildinformation − Leuchtdichte und Farbart − ist damit ein dreifach belegbarer Übertragungskanal notwendig. Zu denken wäre an eine Mehrfachausnutzung des Fernsehübertragungskanales nach dem Frequenzmultiplexverfahren oder nach dem Zeitmultiplexverfahren. Beide Möglichkeiten erweisen sich aber, beim Frequenzmultiplexverfahren zumindest im ersten Augenblick, als nicht kompatibel mit dem bereits eingeführten Schwarzweiß-Übertragungsverfahren. Ein Nebeneinander von Leuchtdichte- und Farbartinformation auf der Frequenzachse durch Umsetzung der Farbdifferenzsignale scheidet bei dem auf eine Bandbreite von 5 MHz begrenzten Übertragungskanal von vornherein aus.

Ein für das tatsächlich gewählte Farbübertragungsverfahren entscheidender Gedanke leitet sich von der spektralen Analyse des Leuchtdichte- bzw. BAS-Signales ab. Es zeigt sich nämlich, daß das BAS-Signal kein kontinuierliches Frequenzspektrum besitzt, sondern ein Linienspektrum, in dem nur bestimmte Frequenzkomponenten auftreten. Diese werden im wesentlichen, wegen des periodischen Abtastvorganges, durch Vielfache der Zeilenfrequenz gebildet.

Betrachtet man zunächst einen sehr vereinfachten Fall, z. B. das BAS-Signal bei Schwarzbild mit durchlaufender periodischer Wiederholung nur eines Horizontal-Synchronimpulses, dann läßt sich dafür über eine FOURIER-Analyse das dazugehörige Frequenzspektrum ermitteln. Es zeigt sich, daß Spektralkomponenten nur bei Vielfachen der Horizontalfrequenz f_h auftreten (Bild 3.1). Bei der Bildvorlage Weiß oder einer Graustufe erhält man bereits die Überlagerung von zwei Spektren mit Komponenten gleicher Frequenzen, aber unterschiedlicher Amplitudenverteilung. Der allgemeine Fall einer beliebigen unbewegten Bildvorlage läßt sich hinsichtlich der Helligkeitsverteilung zurückführen auf Grundkomponenten eines horizontalen und vertikalen Streifenmusters. Dies führt zu Spektralkomponenten bei gebrochenen oder ganzzahligen Vielfachen der Zeilenfrequenz. Durch Hinzunahme der Vertikal-Synchronimpulse mit der Folgefrequenz f_v erhält man das Spektrum des BAS-Signales in der Zusammensetzung aus Harmonischen der Horizontalfrequenz ($m \cdot f_h$) und deren Seitenschwingungen im

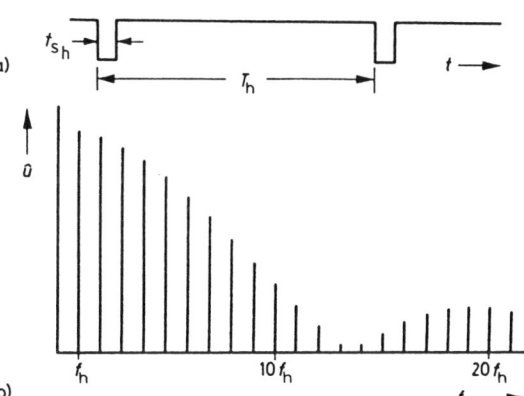

Bild 3.1 Vereinfachtes BAS-Signal bei Schwarzbild (a) und dazugehöriges Frequenzspektrum (b)

Abstand von Vielfachen der Bildwechselfrequenz ($n \cdot f_w$). Vereinfacht wird dabei zunächst von progressiver Bildabtastung ausgegangen. Bei Zeilensprungabtastung treten die Seitenschwingungen zu den Vielfachen der Horizontalfrequenz im Abstand von Vielfachen der Vertikalfrequenz ($m \cdot f_v$) auf.

Einen Ausschnitt dieses Spektrums zeigt Bild 3.2. Das Zeilensprungverfahren hat darüber hinaus noch eine Verschachtelung der Seitenbänder von aufeinanderfolgenden zeilenfrequenten Spektralkomponenten zur Folge, was aber praktisch durch die rasch mit der Ordnungszahl n abklingende Amplitude dieser Seitenschwingungen nicht zutage tritt. Ein schwankender Bildinhalt bei bewegten Bildvorlagen führt zu einer Amplitudenmodulation der Impulsfolge des ruhenden Bildes und äußert sich im wesentlichen wieder in den Seitenspektren zu den Harmonischen der Horizontalfrequenz [3, 6, 7].

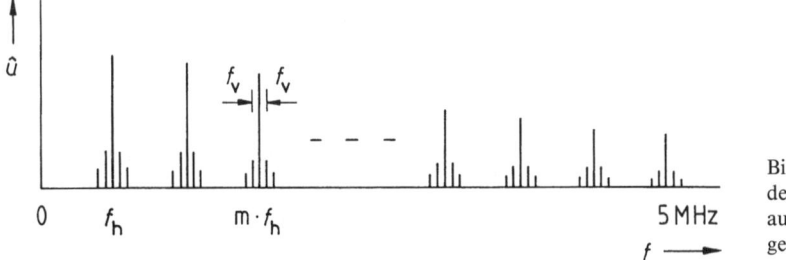

Bild 3.2 Spektrum des BAS-Signales ausschnittsweise dargestellt

Man erkennt also, daß das Frequenzband des BAS-Signales tatsächlich im wesentlichen nur bei Vielfachen der Horizontalfrequenz und in deren naher Umgebung belegt ist. Dazwischen weist das Spektrum bedeutende Lücken auf. Da auch die Farbartinformation zeilenperiodisch auftritt, wird das Spektrum der Farbdifferenzsignale $B-Y$ und $R-Y$ sich ebenfalls auf Vielfache der Horizontalfrequenz mit ihren Seitenbändern konzentrieren (Bild 3.3).

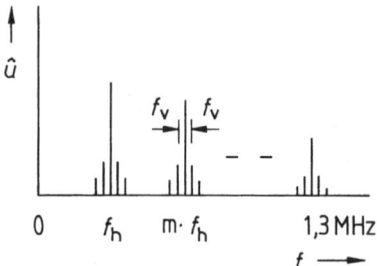

Bild 3.3 Spektrum der Farbdifferenzsignale, ausschnittsweise dargestellt

Es liegt deshalb nahe, die zusätzliche Farbinformation in die Lücken des Frequenzspektrums des BAS-Signales einzufügen. Dies geschieht, indem die Farbartinformation einer

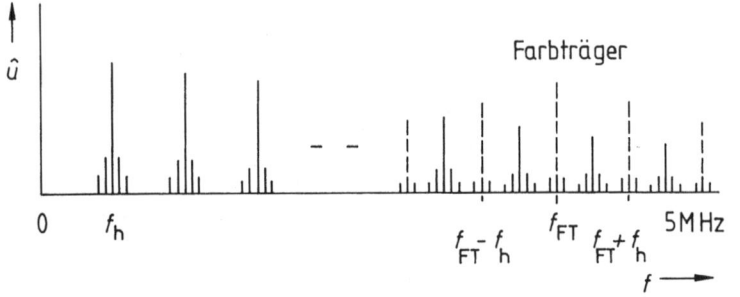

Bild 3.4 Spektrum des BAS-Signales mit eingelagertem modulierten Farbträger, ausschnittsweise dargestellt

sinusförmigen Trägerschwingung aufmoduliert wird, deren Frequenz f_{FT} und damit auch das Spektrum der zeilenfrequenten Modulationsprodukte, zwischen den Spektralkomponenten des BAS-Signales liegt (B i l d 3.4). Man könnte so diesen besonderen Fall des Frequenzmultiplex-Prinzips auch als „Frequenzlücken-Multiplex" bezeichnen.

3.1 Übertragung der Farbart mittels Farbträger

3.1.1 Festlegung der Farbträgerfrequenz

Eine erste Bedingung für die Frequenz des Farbträgers leitet sich aus der symmetrischen Verschachtelung von BAS-Signal- und Farbartsignalspektrum ab: Die Farbträgerfrequenz f_{FT} muß dazu ein ungeradzahliges Vielfaches der halben Zeilenfrequenz f_h sein:

$$f_{FT} = (2n + 1) \cdot \frac{f_h}{2} . \tag{3.1}$$

Man erhält so den sogenannten *Halbzeilen-Offset*.

Die gemeinsame Übertragung des modulierten Farbträgers mit dem BAS-Signal wirft allerdings gewisse Probleme auf, wenn der Farbträger im Leuchtdichtekanal des Bildwiedergabesystems nicht genügend unterdrückt werden kann. Eine Helligkeitsschwankung längs der Zeilen des Fernsehbildes kann sich bemerkbar machen.

Der Störeinfluß des Farbträgers auf das Helligkeitsbild läßt sich erklären, wenn vereinfacht davon ausgegangen wird, daß eine dem BAS-Signal überlagerte sinusförmige Schwingung ein Hell-Dunkel-Störmuster am Bildschirm hervorruft. Bei einer ganzzahligen Beziehung zwischen Farbträgerfrequenz und Horizontalfrequenz mit $f_{FT} = n \cdot f_h$ tritt dann ein Störmuster aus hellen und dunklen vertikalen Streifen auf, deren Anzahl über die Zeilendauer entsprechend dem Faktor n ist (B i l d 3.5). Die Horizontal-Austastlücke ist bei dieser schematisierten Betrachtung nicht berücksichtigt.

Durch den Halbzeilen-Offset ergibt sich ein Wechsel der Phasenlage der Farbträgerschwingung von 180° von Zeile zu Zeile in einem Halbbild. Nach jeweils zwei gleichen Rasterbildern (1. und 3. Halbbild, 2. und 4. Halbbild) aber fallen, wegen der ungeraden Zeilenzahl, helle und dunkle Bildpunkte aufeinander. Das im Takt von $4 \cdot T_v$, entsprechend einer Frequenz von $f_v/4 = 12{,}5$ Hz periodisch schwankende Störmuster würde sich so über vier Halbbilder hinweg kompensieren (B i l d 3.6). Die Kompensation des Störmusters ist jedoch wegen der Nichtlinearität der Bildröhrenkennlinie und des nicht ausreichenden Integrationsvermögens des Auges bei dieser niedrigen Schwankungsfrequenz nur unvollkommen.

Der subjektive Störeindruck läßt sich aber dadurch reduzieren, daß die Frequenz des Farbträgers möglichst hoch gewählt wird. Das Störmuster erhält dann eine sehr feine Struktur. Eine zweite Forderung an die Frequenz des Farbträgers ist somit, daß diese möglichst am oberen Ende des Spektrums des BAS-Signales liegt.

Allerdings muß berücksichtigt werden, daß der Farbträger durch die Farbartinformation, d. h. durch die beiden Farbdifferenzsignale, moduliert wird, so daß zur Übertragung des oberen Seitenbandes des Modulationsproduktes doch ein gewisser Abstand von der Frequenzbandgrenze eingehalten werden muß. Als günstigster Kompromiß erwies sich bei einem Fernsehsystem mit 5 MHz Videobandbreite ein Wert von etwa 4,4 MHz für die Farbträgerfrequenz. Für ein auf die europäische CCIR-Norm B, G modifiziertes NTSC-Verfahren zur Farbbildübertragung (dieses wird nachfolgend noch eingehend beschrieben) wurde eine Farbträgerfrequenz festgelegt von

$$f_{FT} = 567 \cdot \frac{f_h}{2} = 283,5 \cdot f_h = 4,4296875 \text{ MHz.} \qquad (3.2)$$

Sowohl beim NTSC-Verfahren als auch bei dem in Weiterentwicklung entstandenen PAL-Verfahren (siehe später) setzt sich der übertragene Farbträger aus einer 0°-Komponente und einer 90°-Komponente zusammen, die beide unabhängig von den Farbdifferenzsignalen moduliert werden. Unter der Annahme etwa gleicher Farbinformation in direkt aufeinanderfolgenden Zeilen würde auch weiterhin eine Kompensation des Störmusters zustande kommen. Beim PAL-Verfahren wird aber die 90°-Komponente der

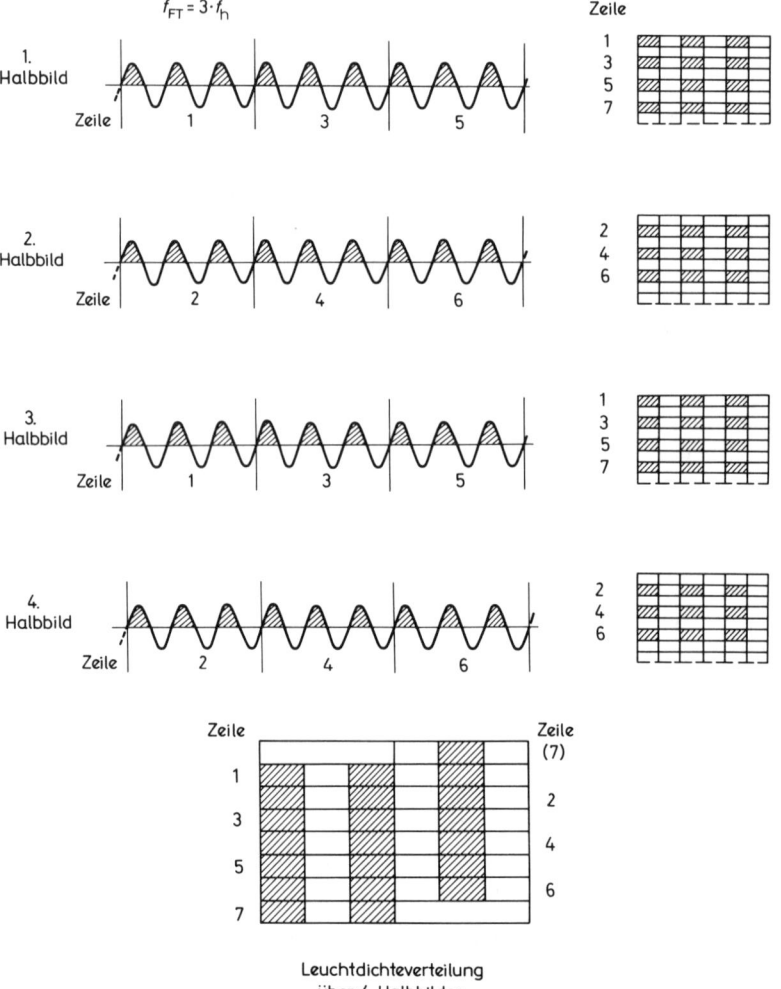

Bild 3.5   Störmuster am Bildschirm durch den Farbträger bei ganzzahliger Beziehung zwischen Farbträgerfrequenz und Horizontalfrequenz

Farbträgerschwingung zeilenweise um 180° in der Phasenlage umgeschaltet. Damit entfällt für diese Komponente des Farbträgers der Kompensationseffekt. Es entstünde im Helligkeitsbild ein vertikales Störmuster.

Man vermeidet dies durch einen *Viertelzeilen-Offset* des Farbträgers, d. h. die Farbträgerfrequenz wird nun ein ungeradzahliges Vielfaches von einem Viertel der Zeilenfrequenz. Die Punktstruktur des Störmusters verschiebt sich dabei von Zeile zu Zeile um eine Viertelperiode des Farbträgers, womit sich ein schräg verlaufendes Störmuster ergibt. Das Störmuster tritt nach vier Halbbildern gegenphasig auf und wiederholt sich erst nach acht Halbbildern, was einer Folgefrequenz von 6,25 Hz entspricht. Wegen der periodischen 180°-Umschaltung der Phasenlage der 90°-Komponente des Farbträgers

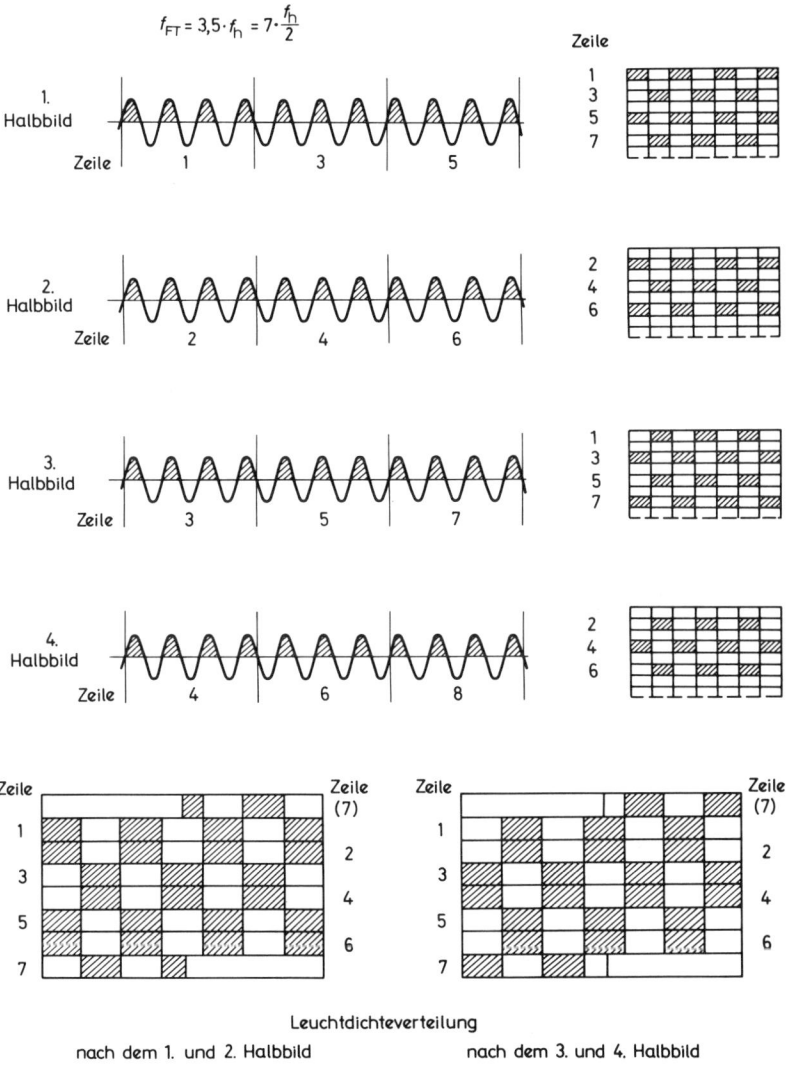

$$f_{FT} = 3{,}5 \cdot f_h = 7 \cdot \frac{f_h}{2}$$

Leuchtdichteverteilung

nach dem 1. und 2. Halbbild   nach dem 3. und 4. Halbbild

Bild 3.6 Kompensation des Störmusters über vier Halbbilder hinweg bei Halbzeilen-Offset der Farbträgerfrequenz

erscheint die diagonale Struktur des Störmusters abwechselnd in entgegengesetzter Richtung. Dies vermindert den Störeindruck. Durch einen zusätzlichen Versatz der Farbträgerfrequenz um $f_v/2 = 25$ Hz erreicht man eine kontinuierliche Bewegung des Störmusters, was dessen Wahrnehmbarkeit noch weiter reduziert. Die Farbträgerfrequenz beim PAL-Verfahren nach der CCIR-Norm B, G ergibt sich somit zu

$$f_{FT} = 283,75 \cdot f_h + 25 \text{ Hz} = 4,43361875 \text{ MHz}. \tag{3.3}$$

Diese Frequenz ist gemäß der CCIR-Norm auf $\pm$ 5 Hz genau einzuhalten.

Die starre Verkopplung der Farbträgerfrequenz mit der Horizontalfrequenz erreicht man durch Ableitung der Horizontalfrequenz f_h bzw. der doppelten Frequenz $2f_h$ aus der Frequenz des Farbträgers im *Farbträgerverkoppler* (Bild 3.7). Der von einem Quarzoszillator kommende Farbträger wird nach einem Verfahren der Einseitenbandmodulation (Phasenmethode) in seiner Frequenz um 25 Hz reduziert, so daß die Viertelzeilen-Offset-Frequenz verfügbar ist. Über eine Frequenzteilung mit dem Divisor 1135 und

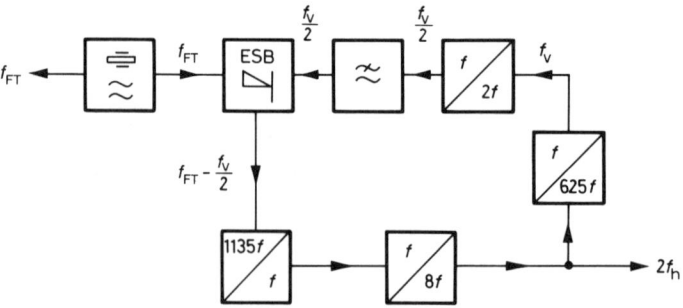

Bild 3.7 Verkopplung der Farbträgerfrequenz mit der Horizontalfrequenz bei Viertelzeilen-Offset und 25-Hz-Versatz

anschließende Frequenzvervielfachung mit dem Faktor 8 erhält man die doppelte Zeilenfrequenz $2f_h$, die dem Taktgeber zur Erzeugung der Austast- und Synchronsignale, sowie weiterer Hilfssignale, zugeführt wird. Aus der Vertikalfrequenz f_v, die durch Teilung aus der doppelten Zeilenfrequenz abgeleitet wird, gewinnt man durch eine weitere Teilung mit dem Divisor 2 die zum Frequenzversatz notwendigen 25 Hz.

Literatur zum Abschnitt 3.1: [2, 3, 6, 7, 38, 40].

3.1.2 Quadraturmodulation

Nach den bisherigen Ausführungen läßt sich bereits ein vereinfachtes Blockschaltbild für ein System zur kompatiblen Farbfernsehübertragung durch Leuchtdichtesignal und der einem Farbträger über die Farbdifferenzsignale aufmodulierten Farbart angeben (Bild 3.8). Dabei muß ein Modulationsverfahren gewählt werden, das es ermöglicht, auf der Empfangsseite die beiden Farbdifferenzsignale wieder getrennt zurückzugewinnen.

Von der historischen Entwicklung her und bei dem heute noch weit verbreiteten NTSC-Verfahren, sowie auch bei der verbesserten Variante des PAL-Verfahrens, ist dies eine

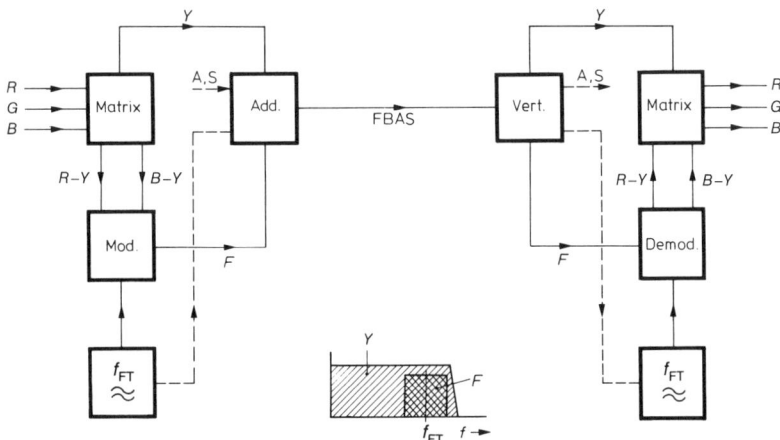

Bild 3.8 Vereinfachtes Blockschaltbild zur kompatiblen Farbfernsehübertragung durch Leuchtdichte- und Farbartsignal

Doppel-Amplitudenmodulation. Eine $0°$-Komponente des Farbträgers wird durch das $(B-Y)$-Signal und eine $90°$-Komponente wird durch das $(R-Y)$-Signal amplitudenmoduliert mit Trägerunterdrückung beim Wert null des Modulationssignales. Man spricht in diesem Fall von Zweiseitenband-Amplitudenmodulation (ZSB-AM). Die Amplitude des Modulationsproduktes ist proportional der Amplitude des modulierenden Signales. Wegen der Trägerunterdrückung wird die Phasenlage des Modulationsproduktes, $0°$ oder $180°$, von der Polarität des momentanen Farbdifferenzsignalwertes bestimmt. Durch Addition der Modulationsprodukte aus den beiden ZSB-AM-Modulatoren, F_{R-Y} und F_{B-Y}, erhält man als Resultierende die modulierte Farbträgerschwingung (Bild 3.9). Diese bildet das eigentliche *Farbartsignal F.* Es wird, in Verbindung mit dem Leuchtdichte- oder Luminanzsignal, auch als *Chrominanzsignal* bezeichnet.

An die Stelle der Frequenz f_{FT} des unmodulierten Farbträgers tritt nun die Frequenz f_F des Farbartsignals, mit $f_F = f_{FT}$.

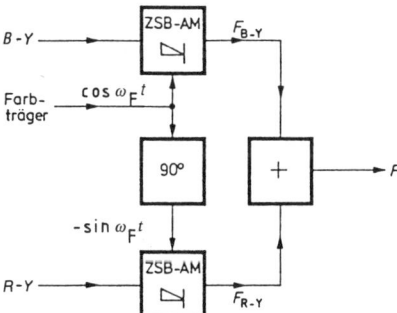

Bild 3.9 Erzeugung des Farbartsignales durch Quadraturmodulation des Farbträgers von den beiden Farbdifferenzsignalen

Die Resultierende als das Modulationsprodukt der sogenannten *Quadraturamplitudenmodulation* kann angegeben werden durch die beiden Komponenten in $0°$- bzw. $90°$-Phasenlage mit

$$\underline{F} = F_{B-Y} + j\,F_{R-Y} = (B-Y) \cdot \cos \omega_F\, t - (R-Y) \cdot \sin \omega_F\, t \qquad (3.4)$$

bzw. in der Form

$$\underline{F} = F \cdot e^{j\varphi_F} = F \cdot \cos \varphi_F + jF \cdot \sin \varphi_F\,. \qquad (3.5)$$

Die Amplitude F entspricht dabei der Farbsättigung mit

$$F = |\underline{F}| = \sqrt{(F_{B-Y})^2 + (F_{R-Y})^2} \qquad (3.6)$$

und der Phasenwinkel φ_F in bezug auf die 0°-Phasenlage der $(B-Y)$-Komponente dem Farbton mit

$$\varphi_F = \arctan \frac{F_{R-Y}}{F_{B-Y}}\,. \qquad (3.7)$$

Das Zeigerdiagramm nach B i l d 3.10 ist vergleichbar mit dem in Bild 2.16. In Bild 3.10 wird nun aber direkt das Farbartsignal als Vektor der modulierten Farbträgerschwingung in der komplexen Ebene dargestellt. Die Doppelinformation Farbsättigung und Farbton ist so in die Amplitude und Phase der Farbträgerschwingung umgesetzt worden.

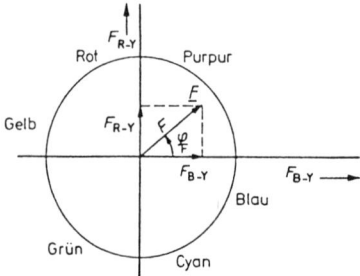

Bild 3.10   Vektordarstellung des Farbartsignales

Bei der Übertragung einer unbunten Bildvorlage werden die Farbdifferenzsignale und damit auch die Amplitude der modulierten Farbträgerschwingung zu Null. Im Schwarzweißbild treten in diesem Fall auch keine Störungen durch den Farbträger auf.

Die Amplitudenmodulation der 0°- bzw. 90°-Komponente des Farbträgers erfolgt jeweils in einem symmetrischen Modulator, der die Trägerunterdrückung bewirkt. Vielfach verwendet man dazu Ringmodulatoren oder integrierte Schaltkreise mit Transistoren als gesteuerte Schalter. Eine vereinfachte Schaltung dazu zeigt B i l d 3.11. Der Phasensprung von 180° im Modulationsprodukt beim Wechsel der Polarität des modulierenden Farbdifferenzsignales ist in der Signaldarstellung deutlich zu erkennen.

Bei der Demodulation des Farbartsignales müssen diesem die übertragenen Farbdifferenzsignale getrennt abgenommen werden. Dies ist möglich durch Synchrondemodulation mit einer 0°- und einer 90°-Farbträgerschwingung, bei der nur die in Phase zu diesem Referenzträger liegende Komponente des Farbartsignales bewertet wird. Dazu ist auf der Empfangsseite die phasenrichtige unmodulierte Farbträgerschwingung als Referenzträger notwendig. Zur Synchrondemodulation dienen dieselben Schaltungen wie zur Modulation auf der Sendeseite. An Stelle des modulierenden Farbdifferenzsignales wird

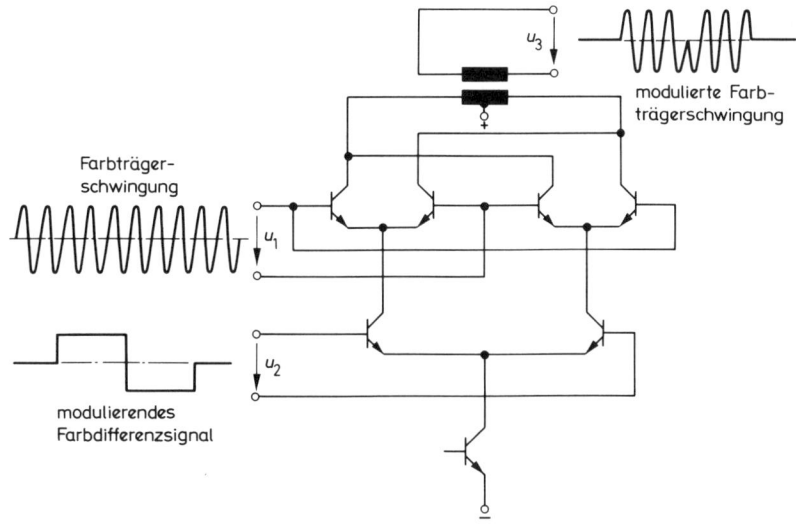

Bild 3.11 Schaltung zur Erzeugung einer Amplitudenmodulation mit Trägerunterdrückung (Zweiseitenband-Amplitudenmodulation)

das Modulationsprodukt zugeführt. Ein Tiefpaß im Ausgangskreis glättet die gleichgerichteten Halbwellen (Bild 3.12).

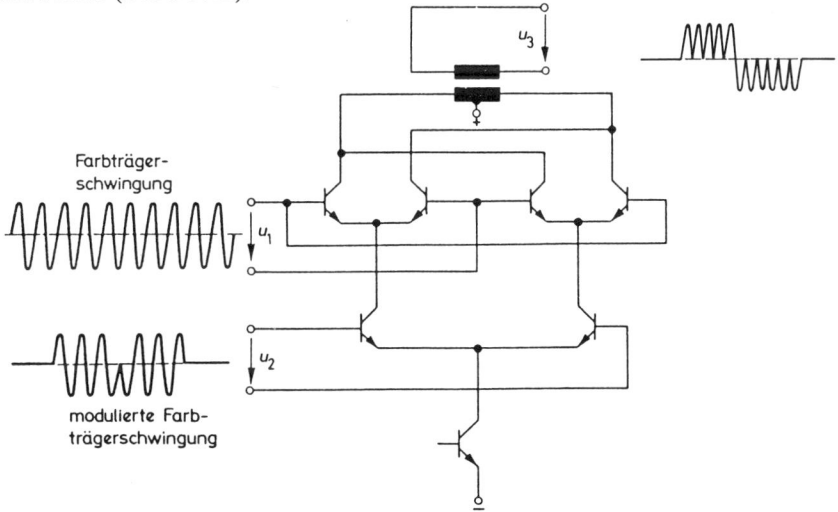

Bild 3.12 Schaltung zur Synchrondemodulation des Farbartsignales mit Referenzträger

Über die Multipliziererfunktion des Synchrondemodulators erhält man bei Demodulation mit dem 0°-Referenzträger ($\cos \omega_F t$) aus

$$[(B{-}Y) \cdot \cos \omega_F t \; - \; (R{-}Y) \cdot \sin \omega_F t] \cdot \cos \omega_F t \; = \; 1/2 \cdot (B{-}Y) \; +$$

$$1/2 \cdot (B{-}Y) \cdot \cos 2 \, \omega_F \, t \; - \; 1/2 \cdot (R{-}Y) \cdot \sin 2 \omega_F \, t \tag{3.8}$$

nach dem Tiefpaß eine Spannung proportional dem Wert $(B-Y)$ einschließlich des Vorzeichens.

Bei Demodulation mit dem 90°-Referenzträger (-sin ω_F t) erhält man aus

$$[(B-Y) \cdot \cos \omega_F t - (R-Y) \cdot \sin \omega_F t] \cdot (-\sin \omega_F t) = 1/2 \cdot (R-Y) +$$
$$+ 1/2 \cdot (R-Y) \cdot \cos 2\omega_F t - 1/2 \cdot (B-Y) \cdot \sin 2\omega_F t \qquad (3.9)$$

nach dem Tiefpaß eine Spannung proportional dem Wert $(R-Y)$ einschließlich des Vorzeichens.

Da die unmodulierte Farbträgerschwingung nicht übertragen wird, muß sie am Empfangsort als Referenzträger erzeugt werden. Zur phasenrichtigen Synchronisierung mit dem sendeseitigen Farbträger wird während jeder Zeile innerhalb der Horizontal-Austastlücke ein Bezugssignal übertragen, das *Farbsynchronsignal*, das nach dem englischen Sprachgebrauch auch als *Burst* bezeichnet wird. Dieses Signal besteht aus etwa 10 Schwingungszügen des unmodulierten Farbträgers, die dem Synchronimpuls auf der hinteren Schwarzschulter folgen (B i l d 3.13). Während neun Zeilen der Vertikal-Austastlücke im Bereich des Vertikal-Synchronsignales wird der Burst unterdrückt.

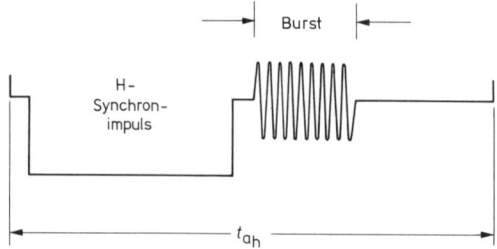

Bild 3.13   Farbsynchronsignal (Burst) innerhalb der Horizontal-Austastlücke

Die Phase des Farbsynchronsignales liegt beim NTSC-Verfahren bei 180° gegenüber der 0°-Bezugsphase des unmodulierten Farbträgers. Beim PAL-Verfahren erfolgt zeilenweise eine Umschaltung der Phasenlage, was später noch ausführlich erläutert wird.

Im Empfänger trennt man das Farbsynchronsignal mittels eines Tastimpulses vom Farbartsignal ab. In einer Phasenvergleichsschaltung wird aus der Abweichung der Phasen-

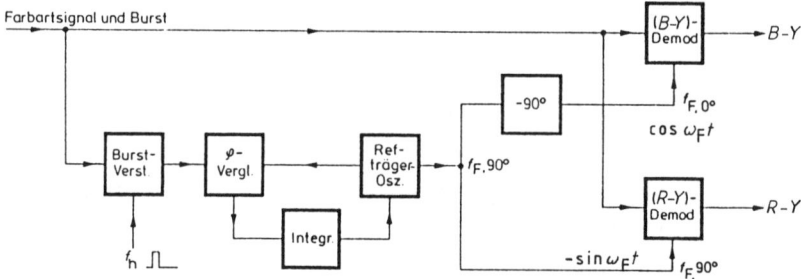

Bild 3.14   Synchronisation des Referenzträgeroszillators vom Burst und Synchrondemodulation des Farbartsignals

lage des erzeugten Referenzträgers von der Phase des Farbsynchronsignals eine Regelspannung gewonnen, die über ein Integrationsglied den Referenzträgeroszillator in Frequenz und Phase nachsteuert. Die Regelspannung wird zu Null, wenn die Phasenabwei-
chung 90° beträgt. Vom Referenzträgeroszillator geht die Farbträgerschwingung mit
90°-Phasenlage direkt dem $(R-Y)$-Synchrondemodulator und über eine 90°-Phasen-
rückdrehung in 0°-Phasenlage dem $(B-Y)$-Demodulator zu (Bild 3.14).

3.2 FBAS-Signal

Das Farbartsignal F wird mit dem BAS-Signal zum FBAS-Signal zusammengefaßt. Dies
erfolgt durch Addition der Signale und Hinzunahme des Burst. Das komplette FBAS-
Signal wird dann, bei dem für terrestrische Direktversorgung der Fernsehteilnehmer
angewandten Verfahren der Restseitenband-Amplitudenmodulation, durch Amplitudenmodulation dem hochfrequenten Bildträger aufgeprägt. Bei Berücksichtigung der
vollen Farbdifferenzsignal-Amplituden würde eine Übermodulation des Bildträgers
durch das Farbartsignal bei verschiedenen Bildvorlagen auftreten. Am Beispiel der
Normfarbbalkenfolge, deren charakteristische Werte in Tabelle 3.1 zusammengestellt
sind, ist dies in Bild 3.15 in der Hüllkurvendarstellung des modulierten Bildträgers
gezeigt.

Tabelle 3.1 Signalwerte der Normfarbbalkenfolge

Bildvorlage	Y	$B-Y$	$R-Y$	F	$Y + F$	$Y-F$
Weiß	1,00	0	0	0	1,00	1,00
Gelb	0,89	−0,89	+0,11	0,89	1,78	0
Cyan	0,70	+0,30	−0,70	0,76	1,46	−0,06
Grün	0,59	−0,59	−0,59	0,83	1,42	−0,24
Purpur	0,41	+0,59	+0,59	0,83	1,24	−0,42
Rot	0,30	−0,30	+0,70	0,76	1,06	−0,46
Blau	0,11	+0,89	−0,11	0,89	1,00	−0,78
Schwarz	0	0	0	0	0	0

Die Übermodulation tritt in beiden Richtungen auf. Insbesondere durch das periodische
Aussetzen der hochfrequenten Trägerschwingung und schon beim Unterschreiten des
10%-Weißwertes würden starke Störungen auftreten. Es muß deshalb die Farbartsignalamplitude reduziert werden. Dies bedeutet jedoch auch wieder eine Absenkung des
Nutzsignales im Farbartkanal. Man hat sich entschieden, als Kompromiß zwischen
Übermodulation einereits und Verringerung des Signal/Rauschabstandes andererseits
eine geringe Übermodulation von 33% in beiden Richtungen bei voll gesättigten Farben
zuzulassen. In der Praxis treten diese kaum auf, so daß auch der Fall der Übermodulation kaum eintritt.

Die Reduzierung der Farbartsignalamplitude erfolgt bei den beiden Farbdifferenzsignalen nicht gleichmäßig, sondern durch unterschiedliche Reduktionsfaktoren, und zwar
durch Multiplikation mit dem Faktor

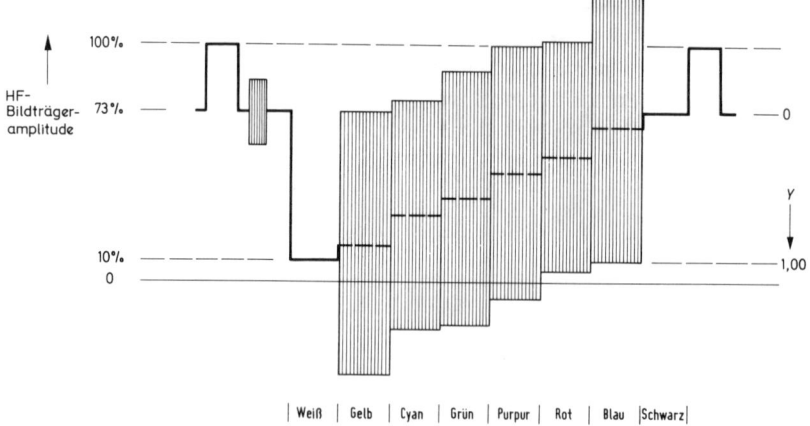

Bild 3.15 Hüllkurve des hochfrequenten Bildträgers bei Amplitudenmodulation durch das FBAS-Signal ohne Reduzierung der Farbdifferenzsignale

$$0{,}49 \quad \text{beim } (B-Y)\text{-Signal}$$

und

$$0{,}88 \quad \text{beim } (R-Y)\text{-Signal.}$$

Es ergeben sich daraus die reduzierten Farbdifferenzsignale, denen man die Bezeichnung U-Signal und V-Signal gegeben hat, zu

$$
\begin{aligned}
U_{\mathrm{U}} = (U_{\mathrm{B-Y}})_{\text{red}} &= 0{,}49 \cdot (U_{\mathrm{B}} - U_{\mathrm{Y}}) \\
&= -0{,}15 \cdot U_{\mathrm{R}} - 0{,}29 \cdot U_{\mathrm{G}} + 0{,}44 \cdot U_{\mathrm{B}}
\end{aligned}
\tag{3.10}
$$

und

$$
\begin{aligned}
U_{\mathrm{V}} = (U_{\mathrm{R-Y}})_{\text{red}} &= 0{,}88 \cdot (U_{\mathrm{R}} - U_{\mathrm{Y}}) \\
&= 0{,}61 \cdot U_{\mathrm{R}} - 0{,}52 \cdot U_{\mathrm{G}} - 0{,}10 \cdot U_{\mathrm{B}}
\end{aligned}
\tag{3.11}
$$

bzw. in vereinfachter Schreibweise:

$$U = (B-Y)_{\text{red}} = -0{,}15 \cdot R - 0{,}29 \cdot G + 0{,}44 \cdot B \tag{3.12}$$

und

$$V = (R-Y)_{\text{red}} = 0{,}61 \cdot R - 0{,}52 \cdot G - 0{,}10 \cdot B. \tag{3.13}$$

Die Zahlenwerte sind auf- bzw. abgerundet.

Diese Signale werden bei der Quadraturamplitudenmodulation des Farbträgers wieder umgesetzt in die Komponenten F_{U} und F_{V} des Farbartsignales.

Für die Normfarbbalkenfolge mit 100% gesättigten Farben sind die Signalwerte in Tabelle 3.2 aufgeführt. Der Wert F_{red} berechnet sich nun mit

$$F_{\text{red}} = \sqrt{F_{\mathrm{U}}^2 + F_{\mathrm{V}}^2} = \sqrt{U^2 + V^2}. \tag{3.14}$$

Tabelle 3.2 Signalwerte für die Normfarbbalkenfolge mit 100% gesättigten Farben

Bildvorlage	Y	U	V	F_{red}	$Y + F_{red}$	$Y - F_{red}$	φ_{Fred}
Weiß	1,00	0	0	0	1,00	1,00	–
Gelb	0,89	−0,44	+0,10	0,44	1,33	+0,45	167,2°
Cyan	0,70	+0,15	−0,62	0,63	1,33	+0,07	283,6°
Grün	0,59	−0,29	−0,52	0,59	1,18	0	240,8°
Purpur	0,41	+0,29	+0,52	0,59	1,00	−0,18	60,8°
Rot	0,30	−0,15	+0,62	0,63	0,93	−0,33	103,6°
Blau	0,11	+0,44	−0,10	0,44	0,55	−0,33	347,2°
Schwarz	0	0	0	0	0	0	–

Den Phasenwinkel φ_{Fred} erhält man aus

$$\varphi_{Fred} = \arctan \frac{F_V}{F_U} = \arctan \frac{V}{U} \, . \tag{3.15}$$

Bild 3.16 zeigt das Zeilenoszillogramm des dazugehörigen FBAS-Signales.

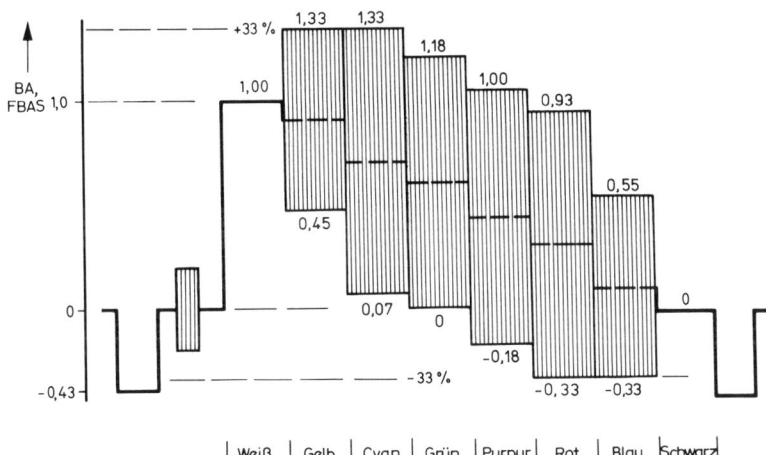

Bild 3.16 Zeilenoszillogramm des FBAS-Signales für die Normfarbbalkenfolge, Farbsättigung 100%, mit reduzierten Farbdifferenzsignalen

Für meßtechnische Untersuchungen und Einstellungen an Farbfernsehübertragungssystemen dient als Testsignal eine Normfarbbalkenfolge, bei der nach EBU-Norm (European Broadcasting Union) alle Farbwertsignale, außer im Weißbalken, in ihrer Amplitude auf 75% reduziert werden. Damit vermeidet man die 33%ige Übermodulation durch das Farbsignal. Tabelle 3.3 gibt die Signalwerte bei 75%iger Farbsättigung der Normfarbbalken wieder, in Bild 3.17 ist das dazugehörige FBAS-Signal dargestellt.

Zur Bestimmung der Kennwerte eines Farbartsignales, d. h. der Farbträgeramplitude und Farbträgerphase bzw. der Farborte in der *U-V*-Ebene, verwendet man das *Vektorskop*. Es handelt sich dabei um ein in Polarkoordinaten geeichtes Oszilloskop mit zwei Synchrondemodulatoren für die F_U- und die F_V-Komponente des Farbartsignales sowie

Tabelle 3.3 Signalwerte für die Normfarbbalkenfolge mit 75% gesättigten Farben

Bildvorlage	Y	U	V	F_{red}	$F_{red} + Y$	$F_{red} - Y$	φ_{Fred}
Weiß	1,00	0	0	0	1,00	1,00	–
Gelb	0,67	−0,33	+0,08	0,33	1,00	+0,34	166,4°
Cyan	0,52	+0,11	−0,47	0,48	1,00	+0,04	283,2°
Grün	0,44	−0,22	−0,39	0,44	0,88	0	240,6°
Purpur	0,31	+0,22	+0,39	0,44	0,75	−0,13	60,6°
Rot	0,23	−0,11	+0,47	0,48	0,71	−0,25	103,7°
Blau	0,08	+0,33	−0,08	0,33	0,41	−0,25	346,4°
Schwarz	0	0	0	0	0	0	–

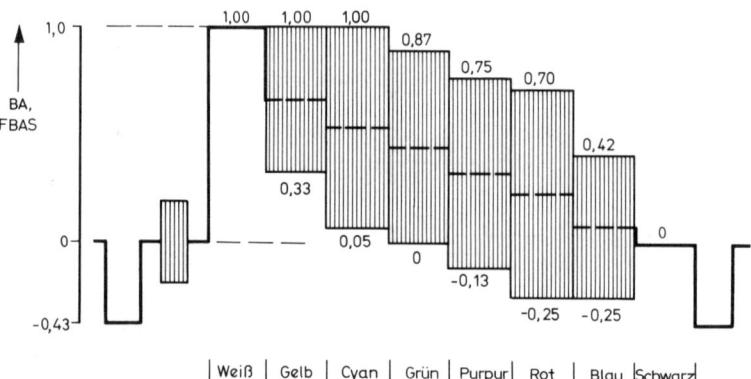

Bild 3.17 Zeilenoszillogramm des FBAS-Signales für die Normfarbbalkenfolge, Farbsättigung 75% (EBU-Testsignal), mit reduzierten Farbdifferenzsignalen

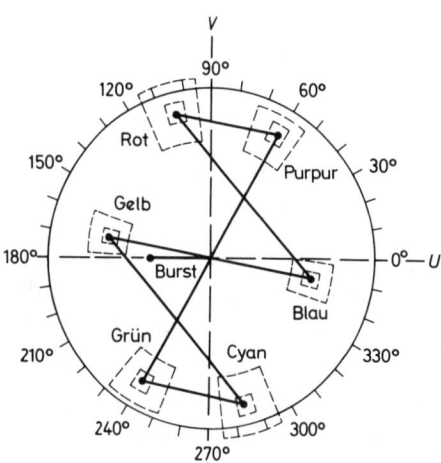

Bild 3.18 Vektor-Oszillogramm der Normfarbbalken-folge

dem Referenzträgeroszillator mit der dazugehörigen Phasenregelschaltung. Die demodulierten Farbdifferenzsignale gehen auf die X- bzw. Y-Ablenkung des Oszilloskops. Die Endpunkte der dargestellten Vektoren erscheinen als helle Punkte, weil dort der Strahl etwa 6 µs verweilt, während der Wechsel von einem Farbort zum anderen sehr schnell erfolgt und deshalb kaum sichtbar oder sogar ausgetastet wird. Unter Bezugnahme auf die Amplitude und Phasenlage des Burst kann das Vektor-Oszillogramm eingestellt werden (Bild 3.18). Die Sollagen der Endpunkte der Vektoren sind auf einer Schablone eingetragen. Toleranzfelder für mittlere und hohe Anforderungen an die Qualität der Farbbildübertragung markieren den zulässigen Bereich der einzelnen Farborte.

3.3 Kompatible Farbfernsehverfahren

Wie schon im Abschnitt 2.1 erwähnt, ist es wegen der Kompatibilität zu dem bereits eingeführten Schwarzweiß-Fernsehverfahren notwendig, vom Farbbildsignal die Information über die Helligkeit bzw. Leuchtdichte und über die Farbart getrennt zu übertragen. Im Abschnitt 3.1 wurde erläutert, wie die Farbartinformation durch Aufbringen auf einen Farbträger in das Spektrum des BAS-Signales eingebracht wird. Dies geschieht, wie dargestellt, durch eine doppelte Amplitudenmodulation, der Quadratur-Amplitudenmodulation, die auch als eine Kombination von Amplituden- und Phasenmodulation interpretierbar ist. Prinzipiell könnte die Doppelmodulation auch durch eine getrennte Amplitudenmodulation (z. B. vom $(B-Y)$-Signal) und eine Frequenz- oder Phasenmodulation (dann vom $(R-Y)$-Signal) des Farbträgers erfolgen [38]. Darüber hinaus ist es aber auch möglich, die beiden Farbdifferenzsignale voneinander getrennt in aufeinanderfolgenden Zeilen durch eine einfache Modulation des Farbträgers zu übertragen. Das jeweils fehlende Signal entnimmt man dann aus der gespeicherten vorangehenden Zeile.

Von den angeführten Möglichkeiten haben drei Varianten eine weit verbreitete Einführung erfahren, nämlich das NTSC-, das PAL- und das SECAM-Verfahren.

3.3.1 NTSC-Verfahren

Das nach dem Erfinder-Gremium *National Television System Committee* benannte NTSC-Verfahren bildet die Grundlage für die weiterentwickelten Varianten PAL und SECAM. Es wurde in den USA nach Zustimmung durch die nationale Fernmeldebehörde FCC (Federal Communications Commission) im Januar 1954 im Rundfunk-Fernsehen eingeführt und bald darauf in Kanada und Japan sowie später in weiteren Ländern übernommen.

Das NTSC Verfahren ist durch die bisherigen Ausführungen über die Quadraturmodulation des Farbträgers durch die Farbdifferenzsignale im Prinzip bereits beschrieben worden. Abweichend von dem bisher Gesagten werden aber beim Original-NTSC-Verfahren nach der CCIR-Norm, Standard M (US-Norm) nicht die reduzierten Farbdifferenzsignale U und V übertragen, sondern eine I-Komponente und eine Q-Komponente des Farbartsignales. Das I-Q-Achsensystem erhält man durch Drehen des U-V-Achsensystems um 33° in positiver Richtung (Bild 3.19). In der Normfarbtafel entspricht die

I-Achse einer Achse maximaler und die *Q*-Achse einer Achse minimaler Farbauflösung des menschlichen Auges (B i l d 3.20).

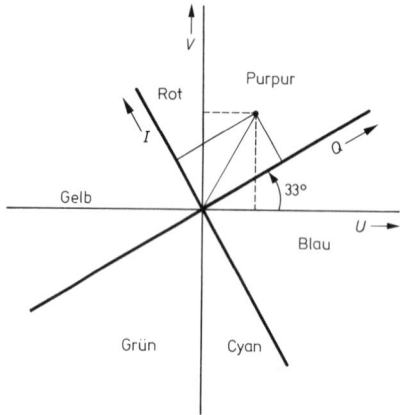

Bild 3.19   *I*- und *Q*-Komponente der reduzierten Farbdifferenzsignale beim Original-NTSC-System

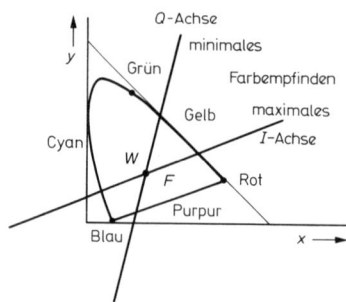

Bild 3.20   *I-Q*-Achsensystem in der Normfarbtafel

Man erreicht durch diese Achsendrehung eine verbesserte Bildqualität hinsichtlich der Übergänge zwischen verschiedenfarbigen Flächen. Das *Q*-Signal kann nämlich stärker bandbegrenzt werden als das *I*-Signal, was zu einem geringeren Übersprechen vom *Q*- in den *I*-Kanal wegen der unsymmetrischen Bandbegrenzung des Farbartsignales führt.

Die Modulationssignale sind jetzt

$$
\begin{aligned}
U_I &= - U_U \cdot \sin 33° + U_V \cdot \cos 33° \\
&= - 0{,}27 \cdot (U_B - U_Y) + 0{,}74 \cdot (U_R - U_Y) \\
&= + 0{,}60 \cdot U_R - 0{,}28 \cdot U_G - 0{,}32 \cdot U_B
\end{aligned}
\tag{3.16}
$$

und

$$
\begin{aligned}
U_Q &= + U_U \cdot \cos 33° + U_V \cdot \sin 33° \\
&= + 0{,}41 \cdot (U_B - U_Y) + 0{,}48 \cdot (U_R - U_Y) \\
&= + 0{,}21 \cdot U_R - 0{,}52 \cdot U_G + 0{,}31 \cdot U_B.
\end{aligned}
\tag{3.17}
$$

Die Bandbreite der übertragenen Farbdifferenzsignale beträgt beim

I-Signal etwa 1,3 MHz (Abfall < 3 dB)

und beim

Q-Signal etwa 0,4 MHz (Abfall < 2 dB),

bei einer Videosignalbandbreite von 4,2 MHz (Standard M).

Bezogen auf eine Videosignalbandbreite von 5 MHz (Standard B, G) könnte die Bandbreite des *I*- und des *Q*-Signales jeweils 1,3 MHz betragen.

Um zu einem besseren Vergleich mit den europäischen Standards zu gelangen, werden die Parameter des Original-NTSC-Systems (Standard M) mit der Videobandbreite von 4,2 MHz und der Farbträgerfrequenz von 3,58 MHz auf die Videobandbreite von 5 MHz und die Farbträgerfrequenz von 4,43 MHz angepaßt. Man erhält dann die in Bild 3.21 angegebene Belegung des Videofrequenzbandes.

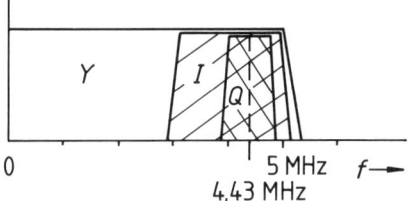

Bild 3.21   Spektren von Leuchtdichte- und Farbartsignal bei dem auf 5 MHz Videobandbreite bezogenen Original-NTSC-System

Das vollständige Blockschaltbild eines NTSC-Coders gibt Bild 3.22 wieder. Die Verzögerungsleitungen im *Y*- und im *I*-Kanal dienen zum Ausgleich der größeren Laufzeit des schmalbandigen *Q*-Kanals. Der Burst wird beim NTSC-Verfahren in 180°-Phasenlage übertragen. Er wird über ein Tor durch einen Auftastimpuls erzeugt.

Das Blockschaltbild eines entsprechenden NTSC-Decoders zeigt Bild 3.23. Die Synchrondemodulation erfolgt hier mit den Referenzträgerphasen 33° und 123°. Aus den demodulierten *I*- und *Q*-Signalen sowie dem *Y*-Signal werden in einer Matrix die Farbwertsignale *R, G* und *B* zurückgewonnen. Wegen der unterschiedlichen Bandbegrenzung könnte beim Demodulationsvorgang noch ein Übersprechen des *I*-Signales in den *Q*-Kanal hervorgerufen werden. Um dies zu vermeiden, wird dem *Q*-Demodulator ein Tiefpaß mit der Grenzfrequenz 0,4 MHz nachgeschaltet.

Durch Wahl der Referenzträgerphasen mit 0° und 90° können bei der Synchrondemodulation auch die Farbdifferenzsignale $(B-Y)$ und $(R-Y)$ erhalten werden. Die Matrix vereinfacht sich dann für den Fall der Farbdifferenzsignal-Ansteuerung der Farbbildröhre, weil nur noch das $(G-Y)$-Signal zu bilden ist. Allerdings dürfen die demodulierten Signale nicht mehr verschiedener Bandbegrenzung unterworfen werden, da in den beiden Farbdifferenzsignalen das breitbandige *I*-Signal enthalten ist. Man schaltet deshalb den beiden Sychrondemodulatoren jeweils einen Tiefpaß mit einer Bandbreite von etwa 0,7 MHz nach. In diesem Zusammenhang spricht man auch von „*Äquiband-Demodulation*" [7], [38].

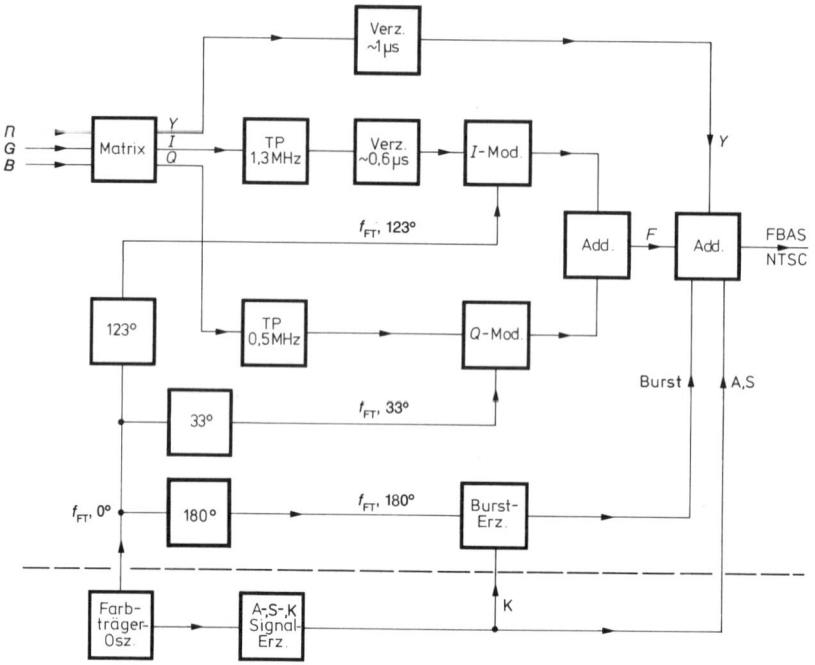

Bild 3.22   Blockschaltbild eines NTSC-Coders

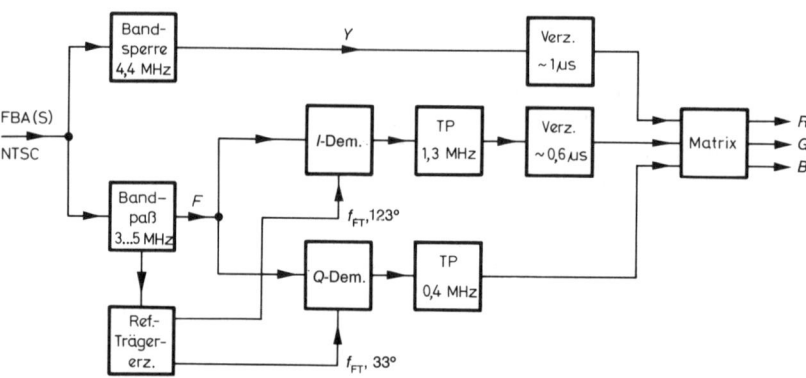

Bild 3.23   Blockschaltbild eines NTSC-Decoders

Nach dem Blockschaltbild gemäß Bild 3.23 dient zur Trennung des Leuchtdichtesignales vom Farbartsignal eine Bandsperre für den modulierten Farbträger im Leuchtdichtekanal und ein Bandpaß im Farbartkanal. Es wird dadurch eine ausreichende Trennung der beiden Signale bewirkt. Tatsächlich gelangen noch gewisse Frequenzkomponenten des Leuchtdichtesignales in den Farbartkanal und rufen, insbesondere an Schwarzweißkanten und in feinen Bilddetails, ein farbiges Störmuster hervor. Man spricht in diesem Fall von *Cross-Colour*. Umgekehrt führt ein Übersprechen des Farbartsignales in den Leuchtdichtekanal zum sog. *Cross-Luminance*. Um auch Störungen durch Rauschen aus dem Farbartkanal zu vermeiden, wird bei Schwarzweiß-Sendungen der Burst nicht ausgestrahlt. Aus diesem Kriterium wird ein Schaltsignal abgeleitet, das bei fehlendem Burst über den Farbabschalter oder *Colour-Killer* den Farbartkanal automatisch sperrt.

Eine vollkommene Trennung von Leuchtdichtesignal und Farbartsignal wäre auf Grund der Frequenzverkämmung mit einem Kammfilter möglich. Für übliche NTSC-Heim-empfänger hat sich dieser Aufwand als nicht notwendig erwiesen.

Eine offensichtliche Schwäche des NTSC-Verfahrens ist, daß der Farbton, den das menschliche Auge besonders kritisch registriert, im Phasenwinkel des Farbartsignales übertragen wird. Schon geringe Verschiebungen der Farbträgerphase werden deshalb vom Auge sehr schnell als Farbtonverfälschungen wahrgenommen. So kann es z. B. vorkommen, daß bei der Bildung des FBAS-Signales im Studio unterschiedliche Signallaufzeiten für das Farbartsignal und den Burst auftreten und damit eine falsche Phasenlage des Farbartsignales zustandekommt. Die NTSC-Farbfernsehempfänger waren deshalb mit einem Farbtoneinsteller ausgestattet zur Korrektur von Farbtonfehlern, die sich auf Grund von statischen Phasenfehlern im Übertragungsweg ergeben. Es wurde dabei die Phasenlage des Referenzträgers nachgestellt unter Bezugnahme auf den Farbton eines bekannten Bildteiles, meist auf die Hautfarbe von Personen.

Neuerdings wird von verschiedenen Fernsehsendern in USA während einer Zeile der Vertikal-Austastlücke ein Referenzsignal (*VIR*-Signal) übertragen, das neben der Farbträgerphase auch eine Leuchtdichte-Referenz enthält. Dieses *VIR*-Signal dient zur automatischen Farbtonregelung im Empfänger. Das demodulierte Test-Farbartsignal wird im Farbkomparator mit einer Gleichspannung verglichen, die vom Schwarzwert des *VIR*-Signales abgeleitet ist. Aus der Differenz der Spannungen wird ein Regelkriterium gewonnen, von dem die Phase der Referenzträgerschwingung nachgesteuert wird [41].

Nicht korrigieren lassen sich mit einem Farbeinsteller oder der *VIR*-Korrekturschaltung aber die sogenannten differentiellen Phasenfehler. Unter dem Begriff der *differentiellen Phase* versteht man nach DIN 45061

> die Differenz der Phasendrehungen in einem Vierpol an zwei verschiedenen Stellen der Aussteuerungskennlinie bei der Farbträgerfrequenz.

Ähnlich ist ein Begriff der *differentiellen Verstärkung* definiert.

Das Entstehen von differentiellen Amplituden- und Phasenfehlern sei an einem schematisierten Beispiel (Bild 3.24) erläutert. Das Farbartsignal erleidet beim Durchlaufen dieser Verstärkerstufe eine differentielle Amplitudenänderung wegen der unterschiedlichen Steilheit der Übertragungskennlinie, bedingt durch die Arbeitspunktverschiebung über den *Y*-Anteil des FBAS-Signales, und eine differentielle Phasenänderung wegen der vom Emitterstrom und damit vom momentanen Arbeitspunkt abhängigen Eingangskapazität des Transistors. Bild 3.25 zeigt diesen Einfluß auf das FBAS-Signal und seine Auswirkung in der Vektordarstellung. Bei den Farbbalken mit niedrigem Leuchtdichteanteil, bei Blau und Rot, ergibt sich eine geringere Phasendrehung gegenüber der Sollage bzw. der Referenzphase des Bursts als bei den Farbbalken mit hohem Leuchtdichteanteil, wie bei Gelb und Cyan. Auch die Amplitudenänderung ist deutlich zu erkennen. Während differentielle Amplitudenfehler durch eine Gegenkopplung und damit verbundene Linearisierung der Übertragungskennlinie eliminiert werden können, ist dies bei differentiellen Phasenfehlern nicht möglich. Differentielle Phasenfehler von 5° machen sich bereits störend bemerkbar.

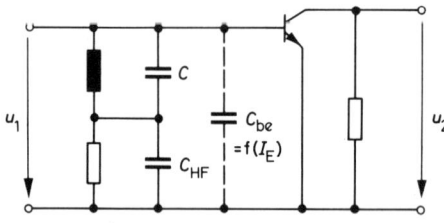

Bild 3.24   Selektive Verstärkerstufe als Beispiel für das Entstehen von differentiellen Amplituden- und Phasenfehlern

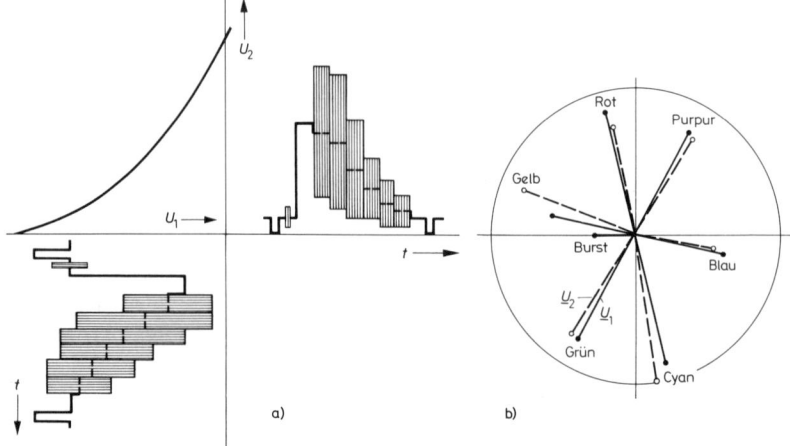

Bild 3.25   Darstellung der differentiellen Amplitudenfehler in der Zeitfunktion (a) und der differentiellen Phasenfehler im Vektor-Oszillogramm (b) des FBAS-Signales

3.3.2 PAL-Verfahren

Schon während der Entwicklung des NTSC-Verfahrens wurden in USA Möglichkeiten einer Farbtonfehlerkompensation erprobt, die aber zu keinem befriedigenden Ergebnis führten. In Europa arbeitete man zu Beginn der sechziger Jahre in Frankreich unter HENRI DE FRANCE und in der Bundesrepublik Deutschland unter WALTER BRUCH an verbesserten NTSC-Systemvarianten. Den Teilnehmern der UER-(EBU-) Ad-hoc-Gruppe „Farbfernsehen" wurde im Januar 1963 erstmals eine der drei von W. BRUCH verbesserten Varianten des NTSC-Systems, das *PAL-Verfahren*, vorgeführt. Nach gründlicher Erprobung wurde das PAL-Verfahren 1966 vom CCIR in seinen System-Parametern definiert und in einer Reihe von westeuropäischen Ländern, mit Ausnahme von Frankreich, zur nationalen Norm erklärt. In der Bundesrepublik Deutschland wurde Farbfernsehen nach dem PAL-Verfahren offiziell zur Funkausstellung am 25. 8. 1967 eingeführt. Eine Vielzahl von europäischen und außereuropäischen Ländern haben mittlerweile das PAL-System übernommen.

Das PAL-Verfahren basiert auf dem NTSC-Verfahren, es weist aber eine wesentlich geringere Störanfälligkeit gegenüber statischen und differentiellen Phasenfehlern auf. Der Grundgedanke des PAL-Verfahrens, bei dem mit relativ geringem Aufwand eine Auslöschung von Phasenfehlern erfolgt, ist folgender:

Eine Phasenverschiebung, die das Farbartsignal auf dem Übertragungsweg erfahren hat, kann durch eine entgegengesetzt gerichtete aber gleich große Phasendrehung kompensiert werden.

Man erreicht diesen Effekt, indem die Phasenlage einer der beiden Komponenten des Farbartsignales, z. B. der F_V-Komponente, zeilenweise um 180° umgepolt wird. Damit tritt der Phasenfehler auf der Empfangsseite abwechselnd in positiver und negativer Richtung auf. Durch eine Addition der Farbartsignale von zwei aufeinander folgenden Zeilen kompensiert sich der Fehler. Von dem *zeilenweisen Phasenwechsel*, englisch *Phase Alternation Line*, leitet sich die Bezeichnung „*PAL*" ab.

In B i l d 3.26 ist das Prinzip der Phasenfehlerkompensation beim PAL-Verfahren dargestellt. Das Farbartsignal F_n der Zeile n, zusammengesetzt aus den Komponenten $F_{U,n}$ und $F_{V,n}$, erleidet auf der Übertragungsstrecke einen Phasenfehler α in positiver Richtung gegenüber der Bezugsphase des Burst. Es gelangt empfangsseitig als Signal F_n' über ein Laufzeitglied mit der Verzögerung um die Dauer einer Zeile (64 μs) zu einer Addierstufe. Während der darauffolgend übertragenen Zeile $n + 1$ wird sendeseitig die F_V-Komponente um 180° umgepolt. Das Farbartsignal F_{n+1}, gebildet aus den Komponenten $F_{U, n+1}$ und $-F_{V, n+1}$, wird ebenso um den Phasenfehler α in positiver Richtung verfälscht. Die sendeseitige Umpolung der F_V-Komponente muß nun empfangsseitig wieder rückgängig gemacht werden. Damit erhält man aus dem fehlerbehafteten Signal F_{n+1}' nach Umpolung der F_V-Komponente das Farbartsignal, $F_{n+1}'^*$, das den Phasenfehler α der Übertragungsstrecke mit negativer Richtung aufweist. Unter der Voraussetzung, daß die Farbartsignale der Zeilen n und $n + 1$ gleich sind, erhält man aus der

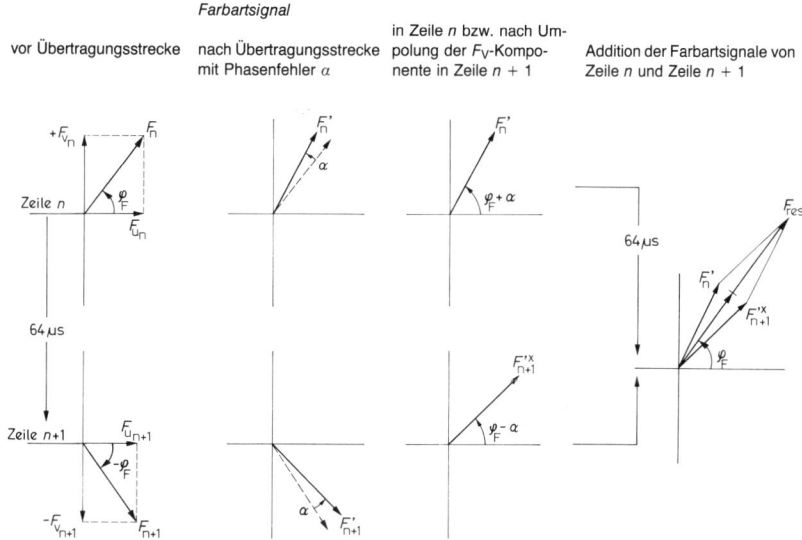

Bild 3.26 Kompensation eines Phasenfehlers auf der Übertragungsstrecke beim PAL-Verfahren

Addition des verzögerten Farbartsignales F'_n, und des unverzögerten Farbartsignales $F'_{n+1}*$ ein resultierendes Signal F_{res}, in dem sich der Phasenfehler aufhebt. Der Phasenwinkel φ_F des Empfangssignales F_{res} ist identisch mit dem des gesendeten Farbartsignales, womit der Farbton erhalten bleibt. Das Empfangssignal weist, nach einer Reduzierung auf den halben Amplitudenwert, lediglich eine geringe Entsättigung gegenüber dem Sendesignal auf.

Bei diesem Verfahren, das von W. BRUCH und seinen Mitarbeitern erfunden wurde [42], geht man von der Annahme aus, daß sich die Farbart der Bildvorlage in zwei aufeinanderfolgend übertragenen Zeilen nicht ändert. Praktisch trifft dies weitgehend zu. Sind horizontal verlaufende Farbkanten vorhanden, so empfindet das Auge jedoch auch dann kaum eine Verfälschung des Farbüberganges.

Das Vektorgramm des PAL-codierten Farbartsignales für die Normfarbbalkenfolge zeigt B i l d 3.27. Jeder Farbvektor erscheint an der horizontalen Achse gespiegelt. Die Zeiger der Zeilen $n + 1$ sind gestrichelt eingezeichnet.

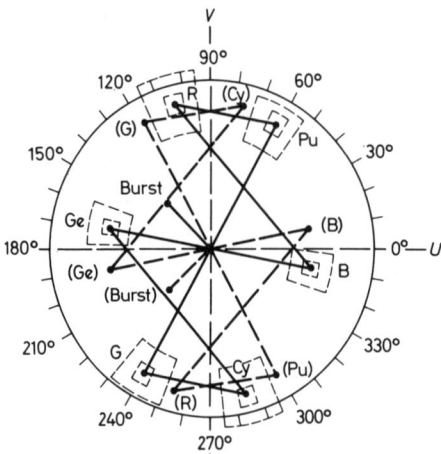

Bild 3.27 Vektor-Oszillogramm des PAL-Farbartsignales mit der Normfarbbalkenfolge

Zur phasenrichtigen empfängerseitigen Umpolung der F_V-Komponente beziehungsweise des Referenzträgers für den $(R-Y)$- bzw. V-Synchrondemodulator wird mit dem Farbsynchronsignal eine zusätzliche Kennung übertragen. Dazu wird der Burst in zwei Komponenten aufgespalten, von denen eine stets in der 180°-Phasenlage und die andere zeilenweise abwechselnd, phasenrichtig mit der F_V-Umpolung, in der +90°- bzw. −90°-Phasenlage gesendet wird. Dadurch ergibt sich der sog. *alternierende Burst* mit 180° ± 45° (B i l d 3.28). Die eigentliche Bezugsphase des Burst erhält man auf der Empfangsseite durch Mittelwertbildung zu 180°.

Die Zuordnung der Burstphase zu den Zeilen der einzelnen Halbbilder ist genau festgelegt. In Verbindung mit der Austastung des Burst während eines Teils der Vertikal-Austastlücke ergibt sich, daß alle Halbbilder mit der gleichen Burstphase beginnen. Damit werden gleiche Einschwingbedingungen für den Referenzträgeroszillator gewährleistet, falls dessen Phase nach Unterbrechung der Synchronisierung vom Sollwert abweicht. Die CCIR-Norm, Standard B und G, sieht vor, daß die Phasenlage des Burst in den

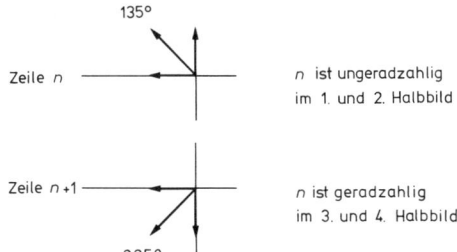

Bild 3.28   Phasenlage des alternierenden Burst beim
PAL-Verfahren

ungeradzahligen Zeilen des ersten und zweiten Halbbildes sowie in den geradzahligen Zeilen des dritten und vierten Halbbildes 135° beträgt und demgegenüber 225° in den geradzahligen Zeilen des ersten und zweiten Halbbildes sowie in den ungeradzahligen Zeilen des dritten und vierten Halbbildes. Während neun Zeilen in jedem Halbbild wird der Burst ausgetastet. Siehe dazu Bild 3.29 [2, 7].

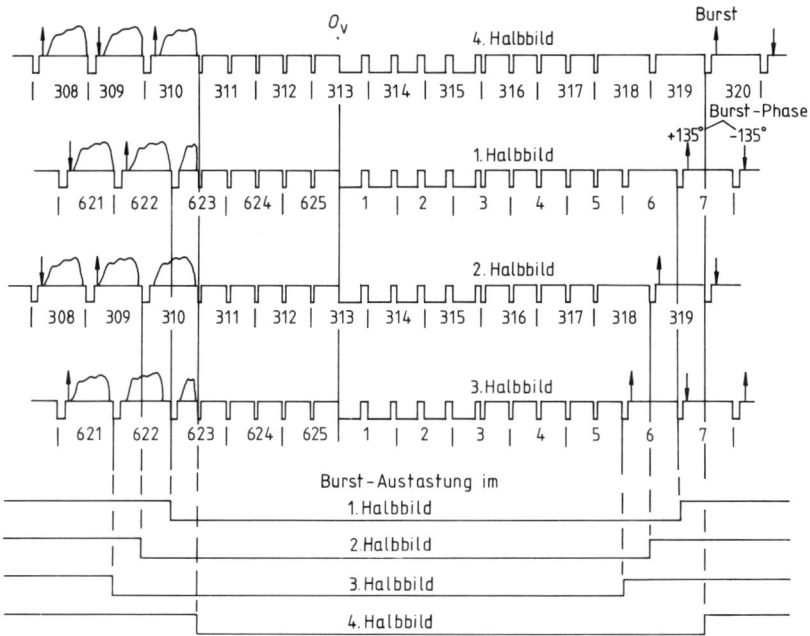

Bild 3.29   Burst-Austastung und -Phasenlage in der vertikalen Austastlücke beim PAL-Verfahren

Die Erzeugung des alternierenden Burst erfolgt über den *U*- bzw. *V*-Modulator. Dazu werden der zeilenfrequente Burst-Auftastimpuls (K-Impuls) und der PAL-Kennimpuls (P-Impuls) mit halber Zeilenfrequenz zur Festlegung der PAL-Phasenlage benötigt.

Das Blockschaltbild eines PAL-Coders zeigt Bild 3.30. Es werden die reduzierten Farbdifferenzsignale *U* und *V* direkt übertragen mit einer Bandbreite von 1,3 MHz (max. 3 dB Abfall). Eine Begrenzung der Seitenbänder des modulierten Farbträgers auf unterschiedliche Breite durch den 5-MHz-Übertragungskanal wirkt sich infolge der Phasenfehlerkompensation nicht mehr störend aus. Gegenüber dem NTSC-Coder entfällt die 33°-Phasendrehung der Farbträgerkomponenten. Hinzu kommt jedoch die zeilenweise Umpolung der 90°-Farbträgerkomponente für den *V*-Modulator.

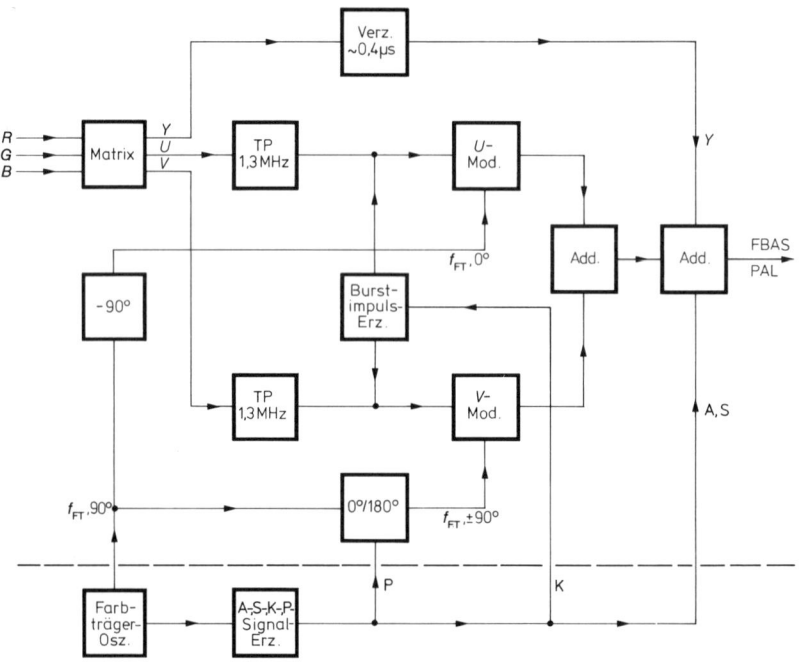

Bild 3.30   Blockschaltbild eines PAL-Coders

Die technische Realisierung der PAL-Fehlerkompensation auf der Empfängerseite bedarf gegenüber der Prinzipdarstellung in Bild 3.26 einer besonderen Erläuterung. Dazu ist es zweckmäßig, aus dem PAL-Decoder zunächst eine wichtige Funktionsgruppe, den *Laufzeit-Decoder*, herauszunehmen. Im Gegensatz zum NTSC-Decoder wird beim PAL-Decoder das Farbartsignal nicht parallel den beiden Synchrondemodulatoren zugeführt, sondern es findet bereits vorher eine Aufspaltung in die F_U- und die F_V-Komponente statt. Diese Aufgabe übernimmt der *Laufzeit-Decoder* (Bild 3.31).

Das ankommende Farbartsignal teilt sich am Eingang des Laufzeit-Decoders in drei Pfade auf. Es gelangt einmal über ein Laufzeitglied mit der Signalverzögerung um eine Zeilendauer T_h (Gruppenlaufzeit 64 μs) und mit einer Phasenverschiebung von 0°

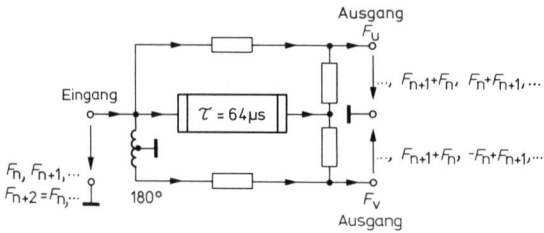

Bild 3.31   PAL-Laufzeit-Decoder

$(k \cdot 2\pi)$, entsprechend einer Phasenlaufzeit von z. B. $284 \cdot T_{FT} = 64{,}056\ \mu s$, und zum anderen auf direktem Weg mit 0° bzw. 180° Phasendrehung an die beiden Ausgänge. Dort findet jeweils die Addition von zwei Signalen statt [42].

Am „Ausgang F_U" addieren sich das Farbartsignal der vorangehenden Zeile (F_n) und das der gerade ablaufenden Zeile (F_{n+1}). Aufeinanderfolgende Zeilen beinhalten die F_V-Komponente mit um 180° wechselnder Phasenlage, so daß diese sich über zwei Zeilen hinweg aufhebt. An dem „Ausgang F_U" kann somit ständig die F_U-Komponente des Farbartsignales abgenommen werden. Dem „Ausgang F_V" wird das Eingangssignal um 180° phasenverschoben zugeführt. Durch die Addition mit dem um eine Zeilendauer verzögerten Farbartsignal ergibt sich hier eine Aufhebung der F_U-Komponente. Es erscheint an diesem Ausgang dann nur die F_V-Komponente des Farbartsignales, allerdings zeilenweise in der Phasenlage um 180° wechselnd. Die Funktion des Laufzeit-Decoders geht aus den Zeigerdiagrammen in Bild 3.32 deutlich hervor.

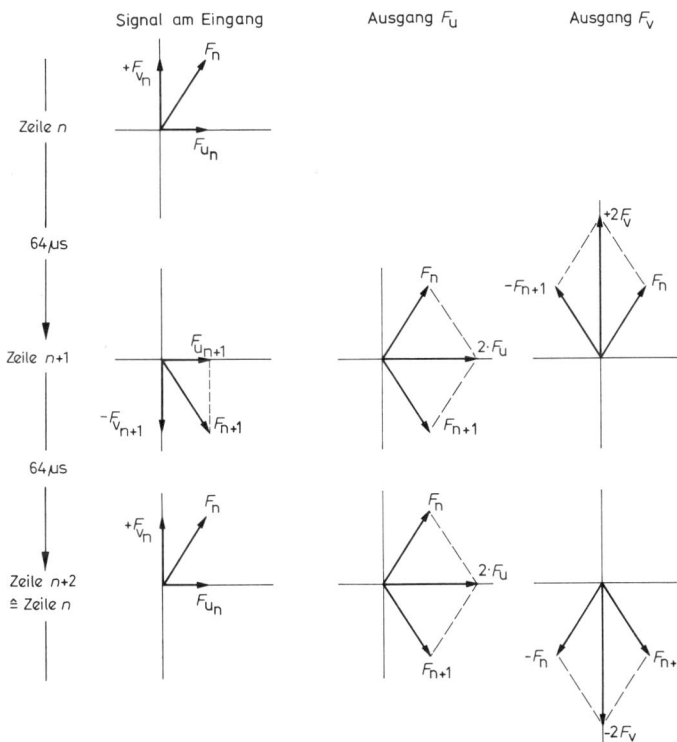

Bild 3.32   Aufspaltung des Farbartsignales in die F_U- und F_V-Komponente beim PAL-Laufzeit-Decoder

Nach einer anderen, in [9] angegebenen Version des Laufzeit-Decoders, beträgt die Phasenverschiebung im Laufzeitglied 180° und die Phasenlaufzeit entsprechend $283{,}5 \cdot T_{FT}$ $= 63{,}943\ \mu s$. Eine zusätzliche Phasendrehung von 180° erfährt das verzögerte Farbartsignal hier auf dem Weg zum „Ausgang F_U".

In der praktischen Ausführung des Laufzeitdecoders ist stets eine Abgleichmöglichkeit vorgesehen, womit auf beste Trennung der F_U- und F_V-Komponenten eingestellt wird. Siehe dazu auch [43].

Zur Signalverzögerung im Laufzeit-Decoder verwendet man eine Ultraschall-Verzögerungsleitung. Das Farbartsignal wird dazu über piezoelektrische Wandler in eine Ultraschallschwingung mit 4,43 MHz und wieder in ein elektrisches Signal umgewandelt. In dem piezoelektrischen Sendewandler wird durch Scherkraft eine Transversalschwingung erzeugt und in einen Glaskörper als Verzögerungsmedium eingekoppelt. Die Ultraschallwelle durchläuft diesen Glaskörper. Ihre Fortpflanzungsgeschwindigkeit ist gering (2650 m/s), so daß man für die Laufzeit von 64 µs etwa eine Lauflänge von 17 cm benötigt. Verwendet wird Bleisilikatglas, das einen geringen Temperaturkoeffizienten aufweist. Im Empfangswandler ruft die auftretende Ultraschallwelle eine Spannung an den Elektroden hervor. Die Wandler bestehen aus dünnen Scheiben von Bleizirkonattitanat oder Bariumtitanat, die polarisiert und auf den gegenüberliegenden Seiten metallisiert werden.

Die ersten Ultraschall-Verzögerungsleitungen waren zunächst stabförmig, bei einer Länge von etwa 17 cm. Kleinere Abmessungen erreicht man, wenn Mehrfachreflexionen an den Glas-Luft-Übergängen ausgenutzt werden. Bild 3.33 zeigt dazu verschiedene Möglichkeiten [43], [44].

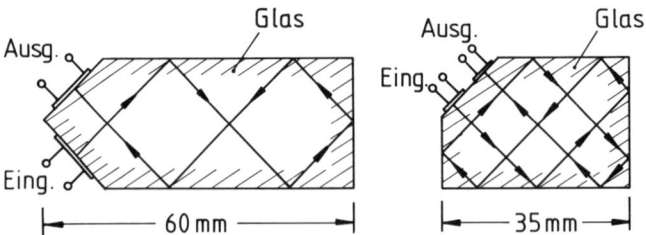

Bild 3.33   Laufwege der Ultraschallwelle bei verschiedenen Formen der Ultraschall-Verzögerungsleitung

Die zeilenweise Änderung der Phasenlage der F_V-Komponente könnte durch eine entsprechende periodische Umschaltung rückgängig gemacht werden. Einfacher ist jedoch die zeilenweise Umpolung der Phasenlage des Referenzträgers für den V-Sychrondemodulator. In der Anordnung des kompletten PAL-Decoders übernimmt diese Aufgabe der PAL-Schalter (Bild 3.34). Die phasenrichtige Synchronisierung des PAL-Schalters erfolgt vom alternierenden Burst her.

Der Referenzträgeroszillator stellt sich in dem geschlossenen Regelkreis (siehe Bild 3.14) auf eine Phasenlage von 90° bezogen auf den Mittelwert der Burstphase bei 180° ein. Dazu wird die über ein Integrationsglied geglättete Ausgangsspannung des Burst-Phasendiskriminators zur Nachstimmung des Referenzträgeroszillators herangezogen. Die nur von den Farbträgeranteilen befreite Ausgangsspannung des Phasendiskriminators dient zur phasenrichtigen Synchronisierung des PAL-Multivibrators, der den PAL-Schalter zur Umpolung des Referenzträgers für den $(R-Y)$- bzw. V-Synchrondemodulator steuert.

Dem Burst-Phasendiskriminator wird außerdem noch eine von der Burstamplitude abhängige Spannung entnommen zur Steuerung des Spannungsverstärkungsfaktors im Farbartsignalverstärker, damit an den Synchrondemodulatoren stets eine konstante Amplitude des Farbartsignales gewährleistet ist, sowie eine Schaltspannung, mit der bei

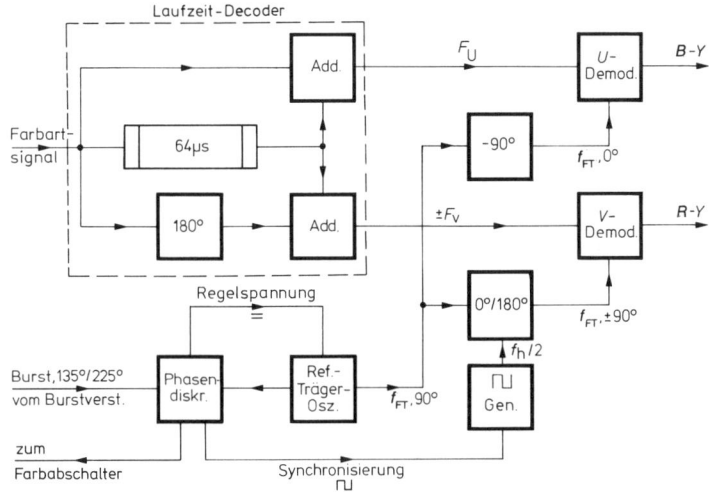

Bild 3.34 Blockschaltbild eines PAL-Decoders

fehlendem Burst der Farbartsignalverstärker gesperrt wird, um ein farbiges Rauschen am Bildschirm zu vermeiden.

Ein Phasenfehler a, den das Farbartsignal auf dem Übertragungsweg in bezug auf den Burst erfährt, erscheint sowohl beim F_U- als auch beim F_V-Signal in gleicher Richtung (Bild 3.35). Da in den Synchrondemodulatoren aber nur eine Bewertung der mit dem

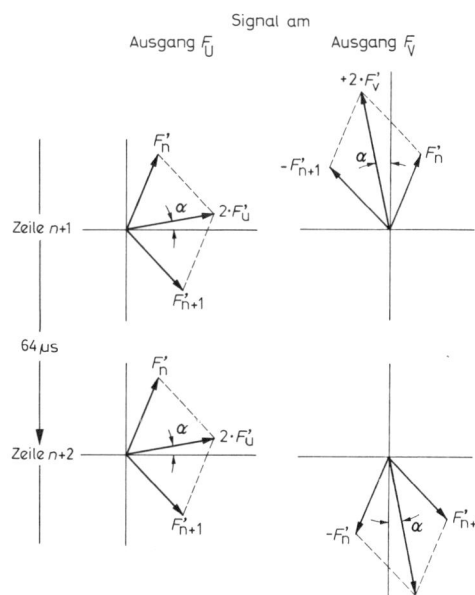

Bild 3.35 Einfluß eines Phasenfehlers im Übertragungsweg auf die Signale beim PAL-Laufzeit-Decoder

jeweiligen Referenzträger in Phase liegenden Komponente des zugeführten Signales stattfindet, erhält man am Ausgang des $(B-Y)$- bzw. U-Demodulators das Signal

$$U' = |F'_U| \cdot \cos a = |F_U| \cdot \cos a \qquad (3.18)$$

und am Ausgang des $(R-Y)$ bzw. V-Demodulators das Signal

$$V' = |F'_V| \cdot \cos a = |F_V| \cdot \cos a. \qquad (3.19)$$

Beide zurückgewonnenen Farbdifferenzsignale, U' und V', sind durch den Phasenfehler a mit demselben Faktor $\cos a$ behaftet, so daß das Verhältnis V'/U' gegenüber dem sendeseitigen Wert V/U gleich geblieben ist und damit auch der Farbton, der im Phasenwinkel φ_F enthalten ist, nicht verfälscht wird.

$$\frac{V'}{U'} = \frac{|F'_V| \cdot \cos a}{|F'_U| \cdot \cos a} = \frac{|F'_V|}{|F'_U|} = \frac{|F_V|}{|F_U|} = \frac{V}{U} = tan\,\varphi. \qquad (3.20)$$

Eine gewisse Entsättigung durch die geringere Amplitude der demodulierten Farbdifferenzsignale gemäß dem Faktor $\cos a$ macht sich wesentlich erst bei größeren Werten des Phasenfehlers a bemerkbar.

Die Wirkungsweise des *PAL-Decoders* läßt sich sehr anschaulich an dem Spektrum des PAL-Signales zeigen. Dazu wird von der Tatsache ausgegangen, daß sich das Spektrum sowohl des Y-Signales als auch der trägerfrequenten U- und V-Signale aus Harmonischen der Zeilenfrequenz zusammensetzt. Siehe dazu Bild 3.36. Das U-Signal wird der 0°-Komponente der Farbträgerschwingung durch Amplitudenmodulation mit Trägerunterdrückung aufgebracht und erscheint damit im Spektrum symmetrisch zum unterdrückten Farbträger bei f_{FT} (d). Die 90°-Komponente der Farbträgerschwingung wird zunächst durch den PAL-Schalter im Rhythmus von $f_h/2$ in der Phase umgepolt. Dies entspricht einer Zwei-Phasenumtastung der Trägerschwingung. Das Spektrum der Schaltfunktion überlagert sich dabei symmetrisch dem unterdrückten Träger. Man erhält neben der Nullstelle bei der Trägerfrequenz f_{FT} noch Nullstellen symmetrisch zur Farbträgerfrequenz im Abstand von geradzahligen Vielfachen der Schaltfrequenz $f_h/2$ (e). Durch Amplitudenmodulation mit Trägerunterdrückung wird das Spektrum des V-Signales der periodisch umgepolten 90°-Komponente der Farbträgerschwingung aufgebracht. Vereinfacht dargestellt erhält man dann das Spektrum des F_V-Signales nach (h).

In der Überlagerung der Spektren des Y-Signales (a) im Bereich der Farbträgerfrequenz f_{FT} sowie des F_U-Signales (d) und des F_V-Signales (h) erkennt man den Viertelzeilen-Offset sowohl der F_U- als auch der F_V-Komponente gegenüber dem Spektrum des Y-Signales.

Die empfängerseitige Aufspaltung des PAL-Spektrums erfolgt im Laufzeit-Decoder. Dieser weist die Funktion eines sogenannten Kammfilters auf, d.h. seine Übertragungsfunktion wiederholt sich periodisch.

Für das Signal am Ausgang „F_U" erhält man durch die Addition von verzögertem und unverzögertem Eingangssignal (siehe Bild 3.37a) die resultierende Übertragungsfunktion

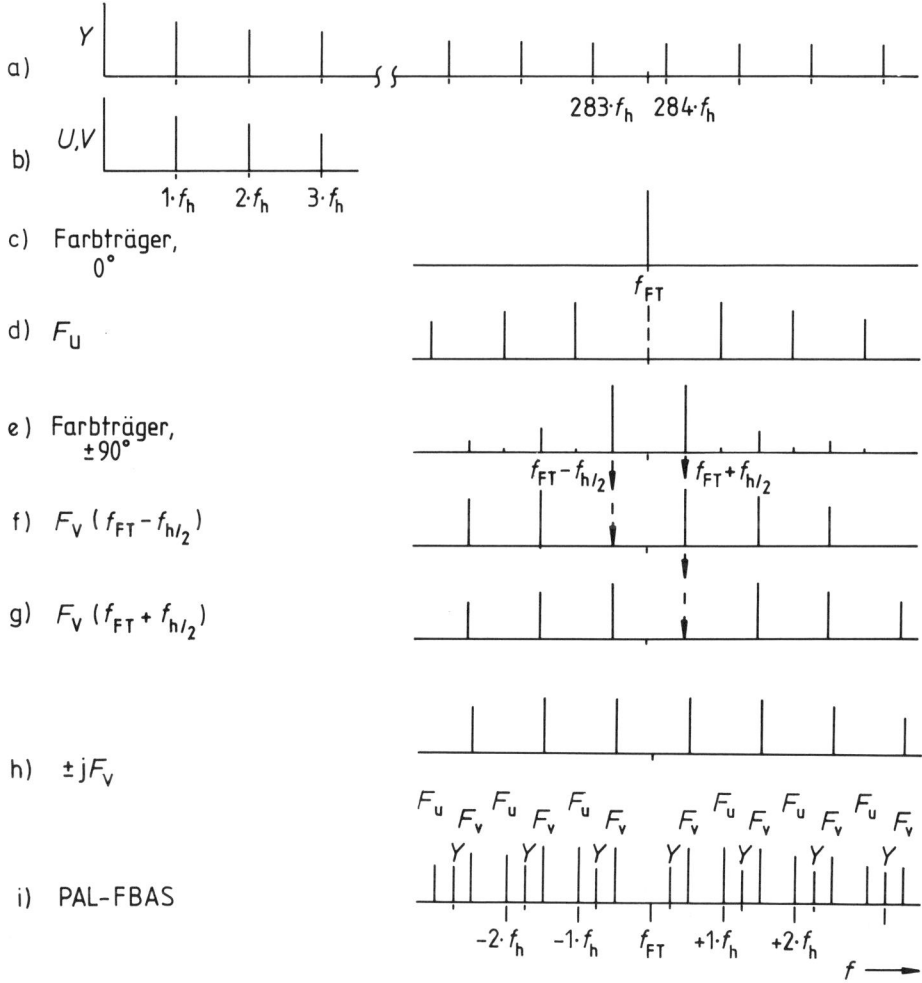

Bild 3.36 Zusammengesetztes Spektrum des PAL-FBAS-Signales im Bereich der Farbträgerfrequenz

$$\underline{H}_{(+)}(f) = \underline{H}_1(f) + \underline{H}_2(f) \tag{3.21}$$
$$= 1 + e^{-j2\pi(f-f_{FT})\cdot\tau}$$
$$= 1 + [\cos 2\pi(f - f_{FT})\cdot\tau - j\sin 2\pi(f - f_{FT})\cdot\tau]$$

mit dem Betrag

$$|\underline{H}_{(+)}(f)| = \sqrt{[1 + \cos 2\pi(f - f_{FT})\cdot\tau]^2 + [\sin 2\pi(f - f_{FT})\cdot\tau]^2}$$
$$= \sqrt{2}\cdot\sqrt{1 + \cos 2\pi(f - f_{FT})\cdot\tau}$$
$$= 2\cdot|\cos\pi\cdot(f - f_{FT})\cdot\tau|. \tag{3.22}$$

Maxima treten auf bei den Frequenzen

$$(f - f_{\text{FT}}) = n \cdot 1/\tau = n \cdot 1/T_{\text{h}} = n \cdot f_{\text{h}} \qquad (3.23)$$

bzw. $f = f_{\text{FT}} + n \cdot f_{\text{h}}$ oder auch $f = f_{\text{FT}} - n \cdot f_{\text{h}}$.

Minima liegen um $f_{\text{h}}/2$ versetzt zwischen den Maxima des Betrags der Übertragungsfunktion.

Für das Signal am Ausgang „F_{V}" erhält man durch Subtraktion von verzögertem und
in der Phase um 180° gedrehtem unverzögertem Eingangssignal (siehe Bild 3.37 b) die
resultierende Übertragungsfunktion

$$\underline{H}_{(-)}(f) = \underline{H}_3(f) + \underline{H}_2(f) \qquad (3.24)$$
$$= -1 + e^{-j2\pi(f-f_{\text{FT}}) \cdot \tau}$$
$$= -1 + [\cos 2\pi \cdot (f - f_{\text{FT}}) \cdot \tau - j \sin 2\pi \cdot (f - f_{\text{FT}}) \cdot \tau]$$

mit dem Betrag

$$|\underline{H}_{(-)}(f)| = \sqrt{[\cos 2\pi(f - f_{\text{FT}}) \cdot \tau - 1]^2 + [\sin 2\pi(f - f_{\text{FT}}) \cdot \tau]^2}$$
$$= \sqrt{2} \cdot \sqrt{1 - \cos 2\pi(f - f_{\text{FT}}) \cdot \tau}$$
$$= 2 \cdot |\sin \pi \cdot (f - f_{\text{FT}}) \cdot \tau|. \qquad (3.25)$$

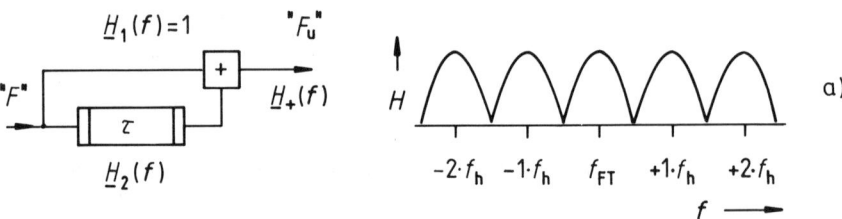

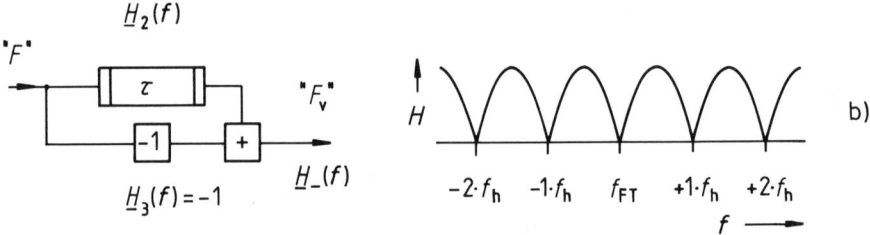

Bild 3.37 Laufzeit-Decoder als Kammfilter: (a) Signalweg und Übertragungsfunktion zum Ausgang F_{U}
(b) Signalweg und Übertragungsfunktion zum Ausgang F_{V}

Maxima treten auf bei den Frequenzen

$$(f - f_{FT}) = \frac{2n + 1}{2} \cdot 1/\tau = \frac{2n + 1}{2} \cdot f_h = (2n + 1) \cdot \frac{f_h}{2} \qquad (3.26)$$

bzw. $f = f_{FT} + (2n + 1) \cdot \dfrac{f_h}{2}$ oder auch $f = f_{FT} - (2n + 1) \cdot \dfrac{f_h}{2}$.

Minima liegen entsprechend dazu wieder um $f_h/2$ versetzt.

Bild 3.38 zeigt nun, wie über die Kammfilter-Übertragungsfunktionen für den „F_U"- und den „F_V"-Ausgang die Trennung zwischen den Spektralkomponenten des F_U- und des F_V-Signales erfolgt. Voraussetzung ist allerdings ein exakter Amplituden- und Phasenabgleich des Laufzeitdecoders [45].

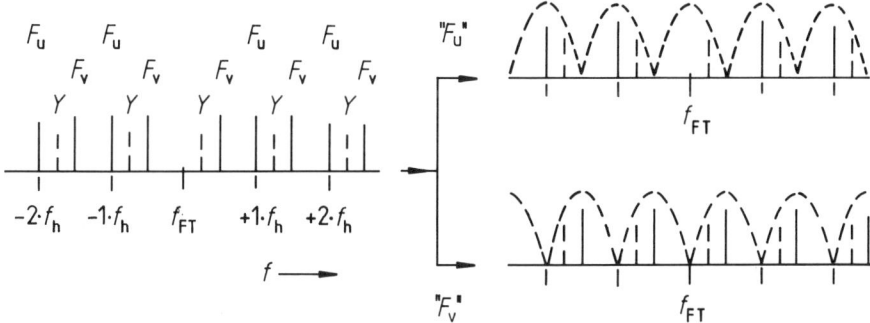

Bild 3.38 Aufspaltung des Farbartsignales in die F_U- und F_V-Komponente und Übersprechen der Leuchtdichtesignal-Komponenten

Man erkennt aber auch, daß sowohl am „F_U"-Ausgang als auch am „F_V"-Ausgang noch Reste von Spektralkomponenten des Y-Signales auftreten. Es handelt sich hier um den Cross-Chrominanz- oder *Cross-Colour*-Effekt. Im Bild sichtbare Störungen treten dann auf, wenn die Bildvorlage zu Spektralkomponenten des Leuchtdichtesignales im Bereich der Farbträgerfrequenz mit entsprechender Amplitude führt. Kritisch sind hier feine vertikale oder schräge Streifenmuster. Durch ein Absenken des Leuchtdichtesignales im Bereich der Farbträgerfrequenz mittels eines schwach wirkenden Bandsperrfilters im PAL-Coder kann der Cross-Colour-Effekt auf der Empfangsseite herabgesetzt werden.

Eine Störung im Leuchtdichtekanal durch den modulierten Farbträger wird als *Cross-Luminance* bezeichnet. Durch die Wahl der Farbträgerfrequenz am oberen Ende des Leuchtdichtesignalspektrums sind diese Störungen zwar schon weitgehend reduziert worden. Zusätzlich aber wird der Frequenzgang im Leuchtdichtekanal durch ein Sperrfilter für das Farbartsignal oberhalb 4 MHz bereits abgesenkt.

Die beschriebenen Übersprecheffekte, Cross-Colour und Cross-Luminance, könnten durch aufwendigere Kammfilter mit schmalerem Durchlaßbereich im PAL-Decoder und durch ein zusätzliches Kammfilter für das Leuchtdichtesignal beseitigt werden.

Eine mögliche Anordnung mit einem *2-Zeilen-Kammfilter* zur Trennung von Leuchtdichte- und Farbartsignal zeigt Bild 3.39. Ein nachgeschaltetes 1-Zeilen-Kammfilter müßte dann noch die Trennung in die F_U- und F_V-Komponenten vornehmen. Nachteil dieser Anordnung ist allerdings, daß das verwendete 2-Zeilen-Kammfilter eine periodische Übertragungsfunktion im Frequenzbereich von Null bis 5 MHz aufweisen müßte, was mit üblichen Ultraschall-Verzögerungsleitungen nicht realisierbar ist.

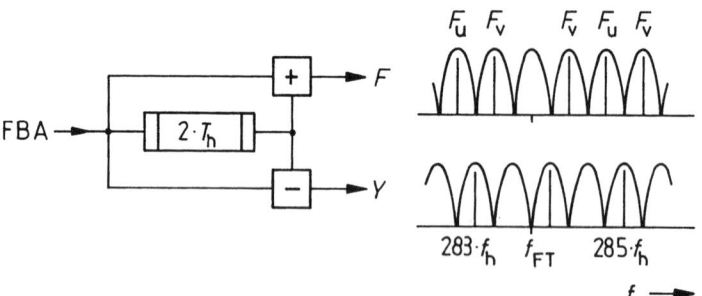

Bild 3.39 Trennung von Leuchtdichte- und Farbartsignal mittels 2-Zeilen-Kammfilter

In der Anordnung nach Bild 3.40 dagegen werden aus dem Spektrum des FBA(S)-Signales die Komponenten des Farbartsignales durch eine Kompensation eliminiert. Der Frequenzbereich des *2-Zeilen-Kammfilters* muß sich somit nur über den Frequenzbereich von etwa 3,1 bis 5 MHz erstrecken.

Durch die Mehrzeilen-Verzögerung des Farbartsignales treten jedoch besonders bei unbewegten horizontalen Linien Mehrfachkonturen im wiedergegebenen Bild auf. Dem ist nur durch sog. *adaptive Kammfilter* zu begegnen, bei denen abhängig vom Bildinhalt eine geeignete Filterung vorgenommen wird [46], [47]. Die digitale Signalverarbeitung eröffnet hier allerdings mehr Möglichkeiten [48], [49].

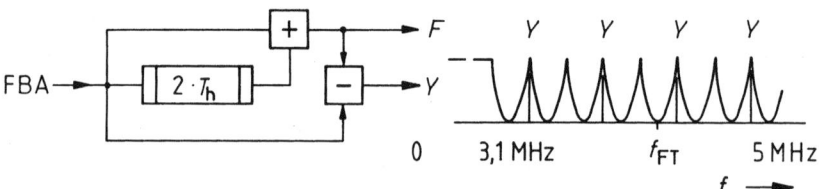

Bild 3.40 Praktische Realisierung der Rückgewinnung des breitbandigen Leuchtdichtesignales

Dies gilt schon für die Realisierung von breitbandigen Kammfiltern durch *digitale Filter*. Die Verzögerungszeit wird dabei durch die Taktfrequenz f_{Takt} bestimmt, mit der das digitale FBA-Signal über das Speicherelement geschoben wird. So lassen sich mit einem Verzögerungsglied und einem Addierer oder Subtrahierer kosinusförmige Übertragungsfunktionen realisieren, die je nach Verzögerungszeit bzw. Taktfrequenz dann, wie in Bild 3.41 dargestellt, mit

(a) $f_{Takt} = 1/T_{BP} = 1/0,1\ \mu s = 10$ MHz als Luminanz-Tiefpaßfilter

oder als Luminanz-Kammfilter (bzw. Chrominanz-Kammfilter) dienen,

mit   (b) $f_{Takt} = 1/T_h = 1/64\ \mu s = f_h = 15,625$ kHz oder
        (c) $f_{Takt} = 1/2T_h = 1/128\ \mu s = f_h/2 = 7,8125$ kHz

und damit entsprechender Periodizität der Übertragungsfunktion.

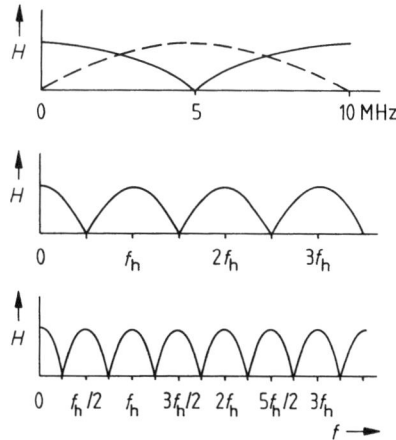

Bild 3.41 Übertragungfunktion eines einfachen
Digitalfilters mit einem Verzögerungsglied und einer Taktfrequenz
von
a) f_{Takt} = 10 MHz
b) f_{Takt} = f_h = 15,625 kHz
c) f_{Takt} = 1/2 · f_h = 7,8125 kHz

3.3.3 SECAM-Verfahren

Etwa gleichzeitig mit dem PAL-Verfahren wurde Anfang der sechziger Jahre in Frankreich unter HENRI DE FRANCE das *SECAM-Verfahren* entwickelt. Es vermeidet die dem
NTSC-Verfahren anhaftende Empfindlichkeit gegenüber Phasenfehlern auf dem Übertragungsweg und deren Auswirkung als Farbtonfehler dadurch, daß dem Farbträger in
jeder Zeile nur eines der beiden Farbdifferenzsignale aufmoduliert wird. Man geht
dabei, wie schon beim PAL-Verfahren, von der Annahme aus, daß sich die Farbinformation von Zeile zu Zeile nicht wesentlich ändert beziehungsweise, daß das menschliche
Auge eine Verringerung der Vertikal-Farbauflösung bis zu einem gewissen Grad nicht als
störend empfindet.

Die für die Farbinformation charakteristischen Farbdifferenzsignale brauchen deshalb
nicht gleichzeitig übertragen zu werden. Dies kann vielmehr in jeweils aufeinanderfolgenden Zeilen nacheinander geschehen. Im Empfänger muß dann das Signal einer Zeile
über eine Verzögerungsleitung für die Dauer von 64 µs gespeichert werden. Die Bezeichnung SECAM, aus „séquentielle à mémoire" abgeleitet, besagt, daß es sich um ein
sequentielles Verfahren mit Signalspeicherung handelt.

Nachdem die beiden Farbdifferenzsignale getrennt und nicht gleichzeitig dem Farbträger
aufgeprägt werden, bleibt die Wahl des Modulationsverfahrens noch frei. Beim
SECAM-Verfahren arbeitet man mit der wenig störanfälligen Frequenzmodulation.
Allerdings treten auch hier Probleme mit der Sichtbarkeit des frequenzmodulierten
Farbträgers auf dem Bildschirm zutage. In verschiedenen Entwicklungsstufen des
Systems versuchte man dem zu begegnen.

B i l d 3.42 zeigt das Blockschaltbild eines SECAM-Coders. Aus den R-, G-, B-Signalen
werden in einer Matrix das Leuchtdichtesignal Y und die beiden Farbdifferenzsignale
gebildet, bei SECAM gemäß den Beziehungen

$$D_B = + 1,5 \cdot (B-Y) \tag{3.27}$$

für das $(B-Y)$-Farbdifferenzsignal und

$$D_R = - 1,9 \cdot (R-Y) \tag{3.28}$$

für das $(R-Y)$-Farbdifferenzsignal. Zeilenweise abwechselnd wird jeweils ein Farbdifferenzsignal nach Bandbegrenzung auf 1,3 MHz und Anhebung der höheren Signalfrequenzen über eine Video-Preemphase auf den FM-Modulator gegeben. Durch die Video-Preemphase (B i l d 3.43) und eine entgegengesetzt wirkende Deemphase nach dem FM-Demolulator auf der Empfangsseite erreicht man einen über das gesamte Signalband gleichmäßigen Signal/Rauschabstand.

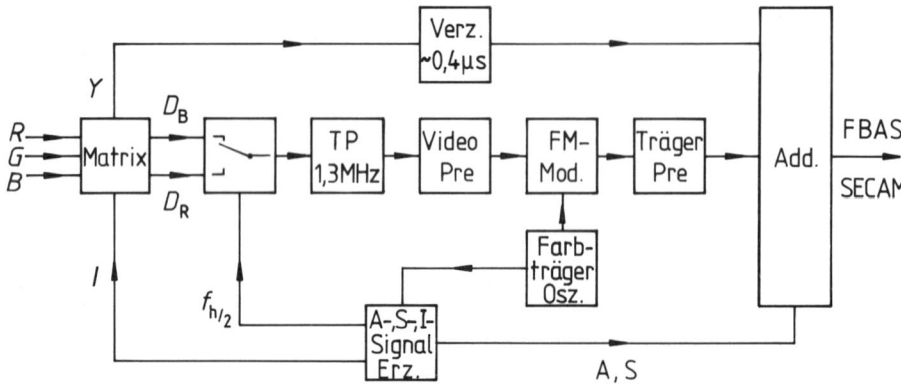

Bild 3.42   Blockschaltbild eines SECAM-Coders

Die Farbträgerfrequenz ist wie beim NTSC- und beim PAL-Verfahren mit der Zeilenfrequenz verkoppelt. Gemäß der letzten Entwicklungsstufe von SECAM, SECAM IIIb oder SECAM III opt., werden die beiden Farbdifferenzsignale mit ihrem Signalwert null auf verschiedene Farbträgerfrequenzen bezogen. Die Störungen durch die frequenzmodulierte Schwingung mitteln sich dadurch von Zeile zu Zeile besser aus. Nach der CCIR-Norm sind für die Standards B, D, G, H, K, K1, L/SECAM folgende Farbträgerfrequenzen festgelegt [2]:

$$\Delta f_{FT,\ B-Y} = f_{0B} = 4,250\,000 \text{ MHz} \pm 2 \text{ kHz} = 272 \cdot f_h \tag{3.29}$$

$$\Delta f_{FT,\ R-Y} = f_{0R} = 4,406\,250 \text{ MHz} \pm 2 \text{ kHz} = 282 \cdot f_h \ . \tag{3.30}$$

Das FM-Modulationsprodukt wird über eine weitere Preemphase im Bereich der Seitenbänder des Farbträgers nach einer bestimmten Frequenzcharakteristik angehoben. Siehe dazu B i l d 3.44. Es wird damit bei unbunten Bildvorlagen, insbesondere im häufig vorkommenden Weiß, die Amplitude des Farbträgers relativ klein gehalten, was zu geringeren Störungen im Leuchtdichtesignal führt. Auf der Empfangsseite erfolgt im Farbträgerkanal durch eine gegensinnig wirkende Deemphase über das sogenannte *Cloche*-Filter (Glocken-Filter) wieder eine Anhebung im Bereich der Farbträgerfrequenz, gleichzeitig aber auch eine Absenkung der Seitenbänder, womit letztendlich wieder der Signal/Störabstand in den demodulierten Farbdifferenzsignalen verbessert wird.

Der Frequenzhub Δf beträgt, bezogen auf den Wert $D = 1$ der modifizierten Farbdifferenzsignale, beim $(B-Y)$-Signal 230 kHz und beim $(R-Y)$-Signal 280 kHz. Der Wert $D = 1$ entspricht der Amplitude des Leuchtdichtesignales zwischen den Werten von Schwarz und Weiß.

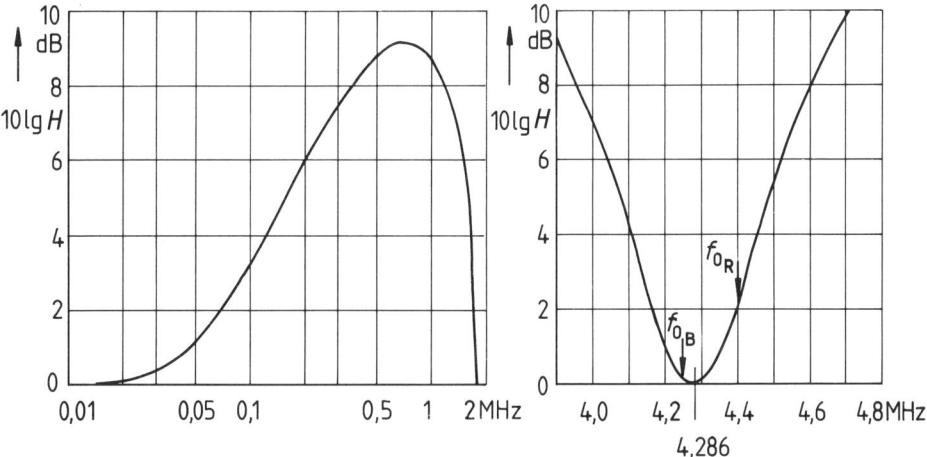

Bild 3.43 Verlauf der Video-Preemphase beim SECAM-Verfahren

Bild 3.44 Verlauf der Farbträger-Preemphase beim SECAM-Verfahren

Geht man von der Normfarbbalkenfolge mit 75% Sättigung aus, die auch in wirklichen Bildvorlagen meist nicht überschritten wird, dann berechnet sich mit dem maximalen Wert des $(B-Y)$-Signales von $\pm\,0{,}89$ eine größte Änderung der Momentanfrequenz des Farbträgers von

$$\Delta f_{\text{FT, B-Y}} = 1{,}5 \cdot 0{,}89 \cdot 0{,}75 \cdot 230 \text{ kHz} = 230 \text{ kHz} \tag{3.31}$$

und mit dem maximalen Wert des $(R-Y)$-Signales von $\pm 0{,}70$ eine größte Frequenzänderung von

$$\Delta f_{\text{FT, R-Y}} = 1{,}9 \cdot 0{,}70 \cdot 0{,}75 \cdot 280 \text{ kHz} = 280 \text{ kHz}. \tag{3.32}$$

Diese Werte liegen innerhalb der maximal zulässigen Momentanfrequenzänderung, wie Bild 3.45 zeigt. Die maximale Frequenzänderung darf bei der Farbträgerfrequenz f_{0_B} die Werte $+506$ kHz und -350 kHz und bei der Farbträgerfrequenz f_{0_R} die Werte $+350$ kHz und -506 kHz nicht wesentlich überschreiten [2].

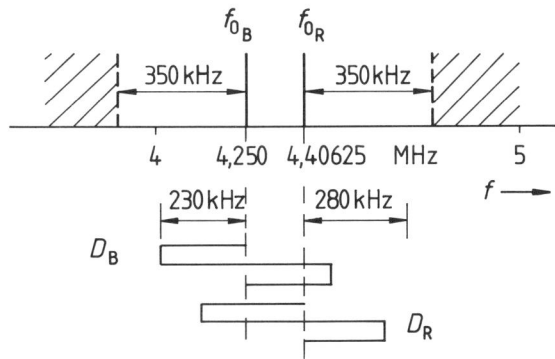

Bild 3.45 Aussteuerbereich der SECAM-Farbträgerfrequenzen

Auf der Empfangsseite (Bild 3.46) erfolgt über eine Art Laufzeit-Decoder die Verteilung des einlaufenden und des von der vorangehenden Zeile gespeicherten modulierten Farbträgers auf die beiden FM-Demodulatoren. Deren Bezugsfrequenzen müssen sehr konstant sein, um eine Verfälschung des Momentanwertes der demodulierten Farbdifferenzsignale zu vermeiden.

Damit im Decoder die Zuordnung des modulierten Farbträgers phasenrichtig auf den entsprechenden FM-Demodulator erfolgt, werden in jedem Halbbild während neun Zeilen der Vertikal-Austastlücke nach dem Vertikal-Synchronimpuls und den Ausgleichsimpulsen sogenannte *Identifikationsimpulse* in Form des modulierten Farbträgers übertragen.

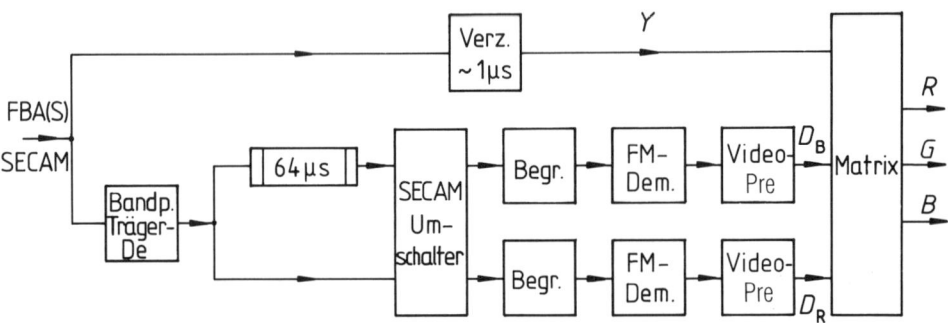

Bild 3.46   Blockschaltbild eines SECAM-Decoders

In einem bestimmten Zyklus über vier Halbbilder wird der Farbträger dabei sägezahnförmig frequenzmoduliert. Den Verlauf der videofrequenten D_R- und D_B-Identifikationssignale bzw. die ihnen zugeordneten Momentanfrequenzen des Farbträgers gibt Bild 3.47 wieder. In Zeile 7 des ersten Halbbildes ändert sich die Frequenz von 4,40625 MHz auf 4,75625 MHz, zugeordnet einem D_R-Signal, in der darauffolgenden Zeile 8 von 4,25000 MHz auf 3,9000 MHz, zugeordnet einem D_B-Signal, und weiter alternierend bis Zeile 15. Das zweite Halbbild beginnt in Zeile 320 mit dem einem D_B-Signal zugeordneten Farbträger usw. Im dritten und vierten Halbbild starten die Zeilen 7 bis 320 mit gegenüber dem ersten und zweiten Halbbild entgegengesetzter Zuordnung.

Mit der Frequenzänderung verbunden ist wegen der trägerfrequenten Preemphase auch eine Amplitudenänderung des durch die Identifikationsimpulse übertragenen Farbträgers, so daß man z.B. innerhalb der Vertikal-Austastlücke des ersten Halbbildes einen Signalverlauf wie in Bild 3.48 dargestellt erhält.

Die Auswertung der Identifikationssignale erfolgt im Empfänger durch Resonanzkreise, die auf 3,9000 MHz bzw. 4,75625 MHz abgestimmt sind. Nach Gleichrichtung der Spannungen an den Schwingkreisen erhält man eine den Farbdifferenzsignalen D_B und D_R zugeordnete Impulsfolge mit halber Zeilenfrequenz, mit der die Schaltfolge des SECAM-Umschalters synchronisiert wird. Als integrierte Schaltkreise werden mittlerweile auch andere Schaltungen zur Rückgewinnung der Identifikationsimpulse verwendet, siehe dazu z.B. [50].

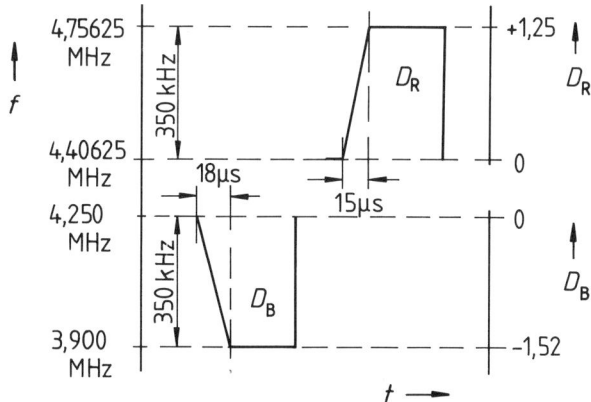

Bild 3.47   Zeitlicher Verlauf und Frequenzlage der Identifikationsimpulse

	für D_B in	für D_R in
im		
1. Halbbild	Zeile 8, 10, 12, 14	Zeile 7, 9, 11, 13, 15
2. Halbbild	Zeile 320, 322, 324, 326, 328	Zeile 321, 323, 325, 327
3. Halbbild	Zeile 7, 9, 11, 13, 15	Zeile 8, 10, 12, 14
4. Halbbild	Zeile 321, 323, 325, 327	Zeile 320, 322, 324, 326, 328

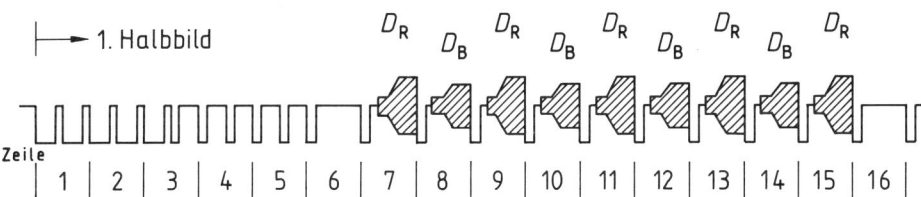

Bild 3.48   Zeitlicher Verlauf des SECAM-FBAS-Signales innerhalb der Vertikal-Austastlücke beim 1. Halbbild

Ta b e l l e 3.4 gibt die für eine EBU-Normfarbbalkenfolge (75% Sättigung) charakteristischen Werte des SECAM-FBAS-Signales wieder.

Tabelle 3.4

Bildvorlage	Y	D_B	D_R	F_{B-Y}	Δf_{B-Y}	F_{R-Y}	Δf_{R-Y}
Weiß	1,00	0	0	0,12	0	0,15	0
Gelb	0,67	−1,00	−0,16	0,26	−230 kHz	0,13	−45,5 kHz
Cyan	0,52	+0,33	+1,00	0,12	+ 77,6 kHz	0,34	+280 kHz
Grün	0,44	−0,66	+0,84	0,20	−152 kHz	0,31	+234 kHz
Purpur	0,31	+0,66	−0,84	0,15	+152 kHz	0,15	−234 kHz
Rot	0,23	−0,33	−1,00	0,15	− 77,6 kHz	0,18	−280 kHz
Blau	0,08	+1,00	+0,16	0,20	+230 kHz	0,18	+ 45,5 kHz
Schwarz	0	0	0	0,12	0	0,15	0

Die Werte für die Farbträgeramplitude F_{B-Y} und F_{R-Y} sowie die gegenüber den Frequenzen f_{0_B} bzw. f_{0_R} vorliegende Frequenzabweichung Δf_{B-Y} und Δf_{R-Y} gelten für den eingeschwungenen Teil der Farbbalkensignale, da an den Farbkanten durch die differenzierende Wirkung der Video-Preemphase die Farbdifferenzsignale D_B und D_R stark angehoben werden.

Das SECAM-Verfahren weist gegenüber PAL einige systembedingte Schwächen auf, da wegen der relativ geringen verfügbaren Übertragungsbandbreite die Frequenzmodulation bereits an ihrer physikalischen Grenze ausgenutzt wird.

3.4 Verbesserte PAL-Verfahren

3.4.1 Schwächen des Standard-PAL-Verfahrens

Wie schon in Abschn. 3.3.2 erwähnt, treten beim PAL-Verfahren durch die Verkämmung der Spektren von Leuchtdichtesignal und Farbartsignal Übersprecheffekte auf, die sich einerseits durch die hochfrequenten Komponenten des Leuchtdichtesignales im Farbartkanal als „Cross-Colour"-Störung unangenehm bemerkbar machen und die andererseits eine „Cross-Luminance"-Störung durch das Farbartsignal im Leuchtdichtekanal hervorrufen.

Es wurde bereits darauf hingewiesen, daß durch schmalbandigere Kammfilter eine Unterdrückung der Leuchtdichtesignalkomponenten im Farbartkanal erreicht werden kann. Schmalbandigere Kammfilter benötigen aber Verzögerungsglieder über mehrere Zeilenperioden. Das hat zur Folge, daß bei Bildvorlagen mit horizontalen Kanten der Signalwert am Ausgang des Kammfilters sich über mehrere Stufen aufbaut und am Bildschirm Mehrfachkonturen sichtbar werden. Man hat deshalb adaptive Mehrzeilen-Kammfilter entwickelt, deren Übertragungsfunktion und damit auch die Sprungantwort je nach Bildvorlage automatisch geändert wird [46], [48], [49]. Es zeigte sich aber, daß trotz beachtlichem Aufwand eine bei allen Bildvorlagen störungsfreie Bildwiedergabe auch nicht erreicht werden kann.

Eine einfache Methode, die zumindest eine teilweise Unterdrückung der Cross-Color-Störung bewirkt, basiert auf einer Reduzierung der Bandbreite im Farbartsignalverstärker auf den Bereich von etwa 3,8 bis 5 MHz. Damit werden Spektralkomponenten des Leuchtdichtesignales bis 3,8 MHz ausgesperrt. Die geringere Bandbreite im Farbartkanal, und somit auch in den Farbdifferenzsignalen, mit nur etwa 0,6 MHz führt zu einem „Verschmieren" der Farbübergänge. Dem begegnet man durch eine „Versteilerung" der Flanken bei den Farbdifferenzsignalen. In einer CTI-Schaltung (Colour Transition Improvement) werden dazu die Farbdifferenzsignale jeweils in einen direkten und einen um die Sprungdauer verzögerten Pfad aufgeteilt und, vom Sprung her gesteuert, wieder addiert [51].

Bei Ausnutzung der vollen Bandbreite bis 5 MHz im Leuchtdichtekanal treten sichtbare „Cross-Luminance"-Störungen durch das Farbartsignal auf. Eine Reduzierung der Bandbreite auf 3,5 MHz beseitigt zwar diese Störung, aber gleichzeitig tritt eine „Unschärfe" im Bild auf. Als Kompromiß wird vielfach ein sog. „Notch-Filter" im Leuchtdichtekanal des Empfängers eingesetzt, das die Verstärkung im Bereich um

4,4, MHz herabsetzt. Nachteilig wirken sich wieder die durch Gruppenlaufzeitfehler entstehenden Überschwinger im Signalverlauf aus.

Verbesserungen beim eingeführten PAL-Verfahren sind nun gefordert hinsichtlich der Reduzierung oder Unterdrückung der Übersprechstörungen und der möglichen Ausnutzung der vollen Leuchtdichtesignalbandbreite von 5 MHz unter der Vorgabe der Kompatibilität möglicher Modifikationen mit dem Standard-PAL-Verfahren.

3.4.2 I-PAL-Verfahren

Eine Kombination aus NTSC, PAL und SECAM stellt das im Institut für Rundfunktechnik (IRT) in München entwickelte *I-PAL-Verfahren* (Improved PAL) dar [9, 52].

Schon beim PAL-Verfahren wurde bei der Phasenfehlerkompensation davon ausgegangen, daß sich der Bildinhalt in zwei aufeinanderfolgenden Zeilen nicht ändert. Beim SECAM-Verfahren führte dieser Gedanke zur zeilenweise alternierenden Übertragung der beiden Farbdifferenzsignale. Eine damit verbundene Reduktion der Vertikalauflösung wird auch beim I-PAL-Verfahren hingenommen, das in jeder Weise zum PAL-Verfahren kompatibel ist, aber die bei PAL bekannten Übersprecheffekte nicht mehr aufweist. Außerdem kann im Empfänger eine größere Bandbreite für das Y-Signal ausgenutzt werden.

Das bei I-PAL übertragene FBAS-Signal unterscheidet sich in aufeinanderfolgenden Zeilen. In der Zeile n wird nur das Leuchtdichtesignal Y mit der vollen Bandbreite von 5 MHz übertragen, dazu der Burst des PAL-Signales aus der Zeile n. In der darauffolgenden Zeile $n + 1$ wird das Leuchtdichtesignal nur mit seinem tieffrequenten Anteil Y_T bis 2,9 MHz übertragen und dazu das Farbartsignal F und der Burst der Zeile $n + 1$ (Bild 3.49a). Es wird angenommen, daß im Farbartsignal die $+F_V$-Komponente enthalten ist. Der zeilenweise alternierende Burst ist aus Kompatibilitätsgründen notwendig. Das Blockschaltbild eines I-PAL-Coders zeigt Bild 3.50.

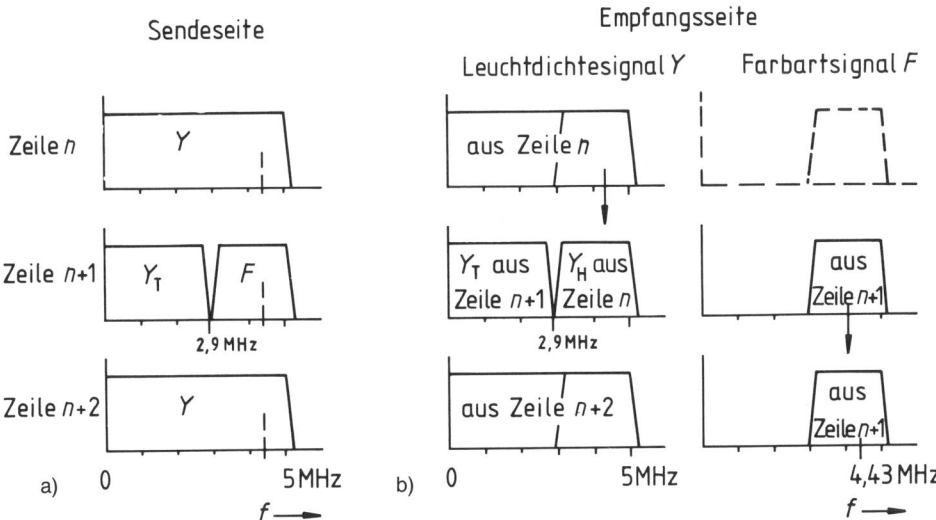

Bild 3.49 Frequenzspektrum beim I-PAL-Verfahren

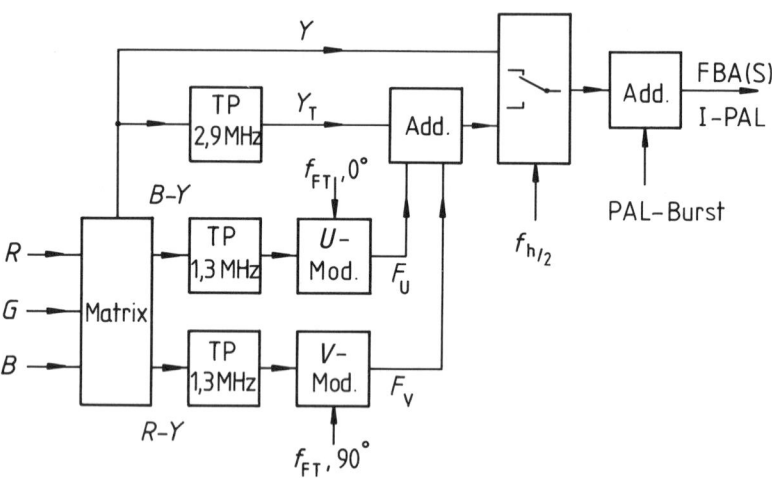

Bild 3.50   Blockschaltbild eines I-PAL-Coders

Auf der Empfangsseite entnimmt man dem Frequenzbereich von 2,9 bis 5 MHz zeilenweise alternierend den hochfrequenten Anteil Y_H des Leuchtdichtesignales oder das
Farbartsignal F. Der hochfrequente Anteil des Y-Signales aus der Zeile n wird gespeichert und in der Zeile $n + 1$ zum übertragenen tieffrequenten Anteil Y_T hinzugefügt,
so daß auch in dieser Zeile ein breitbandiges Leuchtdichtesignal verfügbar ist. Die in
Zeile $n + 1$ übertragene Farbartinformation wird ebenfalls über eine Zeile verzögert und
in der darauffolgenden Zeile $n + 2$ übernommen (Bild 3.49 b).

Verschiedene Verfahren der I-PAL-Decodierung sind nun möglich. Die Speicherung der
Farbartinfomation kann entweder in den beiden Farbdifferenzsignalen geschehen, was
aufwendige Speichereinrichtungen erfordert, oder, wie Bild 3.51 in dem vereinfachten
Blockschaltbild eines I-PAL-Decoders zeigt, mittels einer üblichen Ultraschall-Verzöge-

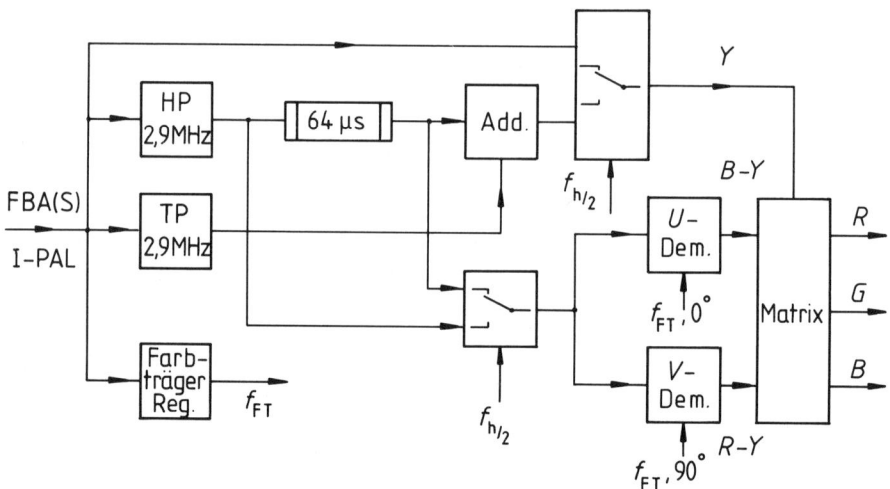

Bild 3.51   Blockschaltbild eines einfachen I-PAL-Decoders

rungsleitung für den Frequenzbereich um 4,4 MHz. Das Farbartsignal *F* wird den beiden Synchrondemodulatoren parallel zugeführt und mit je einem 0°- und einem 90°-Referenzträger nach *U* und *V* demoduliert.

Der normale PAL-Decoder erhält nur jede zweite Zeile ein Farbartsignal, die Phasenfehlerkompensation entfällt damit. Die Verzögerungsleitung im PAL-Decoder bewirkt aber, daß während jeder Zeile sowohl am Ausgang „F_U" als auch am Ausgang „F_V" ein Farbartsignal erscheint, am Ausgang „F_U" stets positiv gerichtet und am Ausgang „F_V" zeilenweise umgepolt (Bild 3.52). Wegen der fehlenden zweiten Komponente bei der Bildung der Summensignale an den Ausgängen „F_U" und „F_V" des Laufzeit-Decoders ist die Farbsättigung allerdings um den Faktor 2 reduziert, was jedoch auf einfache Weise, z. B. mit dem Farbsättigungseinsteller am Fernsehempfänger, ausgeglichen werden kann.

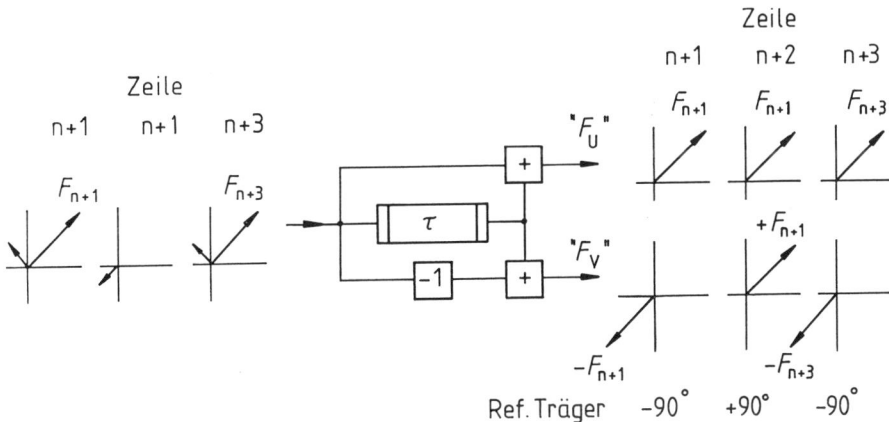

Bild 3.52 Decodierung eines I-PAL-Signales mittels PAL-Decoder

Auf die verlorengegangene Phasenfehlerkompensation glaubte man, nach heutigen Maßstäben der Übertragungstechnik, verzichten zu können. Statische und differentielle Phasenfehler treten nun zwar bei moderner Schaltungstechnik kaum mehr auf, wohl aber bei der Video-Magnetbandaufzeichnung im Studio. Mit einem differentiellen Phasenfehler von 5° pro Aufzeichnung ergeben sich bei Mehrfachkopien nicht mehr tolerierbare Phasenfehler im Endprodukt. So konnte das I-PAL-Verfahren trotz Unterdrückung der Cross-Effekte und Ausnutzung der vollen Luminanzbandbreite keine Anwendung beim Fernseh-Rundfunk finden.

Eine modifizierte Variante des I-PAL-Verfahrens, das *I-PAL-M*-Verfahren, beseitigt auch die Phasenempfindlichkeit beim FBAS-Signal und den Sättigungsverlust bei der kompatiblen Signalverarbeitung im Standard-PAL-Decoder. Gegenüber dem I-PAL-Verfahren wird nun wieder in jeder Zeile das Farbartsignal übertragen, allerdings in jeweils einem Paar von zwei aufeinanderfolgenden Zeilen von den gleichen Farbdifferenzsignalen herrührend (Bild 3.53). Phasenfehler im Übertragungskanal werden sowohl beim I-PAL-M-Decoder als auch beim Standard-PAL-Decoder kompensiert, beziehungsweise in geringe Sättigungsfehler umgewandelt. Die Auflösung der Farbinformation ist gegenüber dem Standard-PAL-Verfahren in vertikaler Richtung reduziert. Das Leuchtdichtesignal wird in jeder Zeile, entweder nur mit dem tieffrequenten Anteil Y_T oder aus Y_T

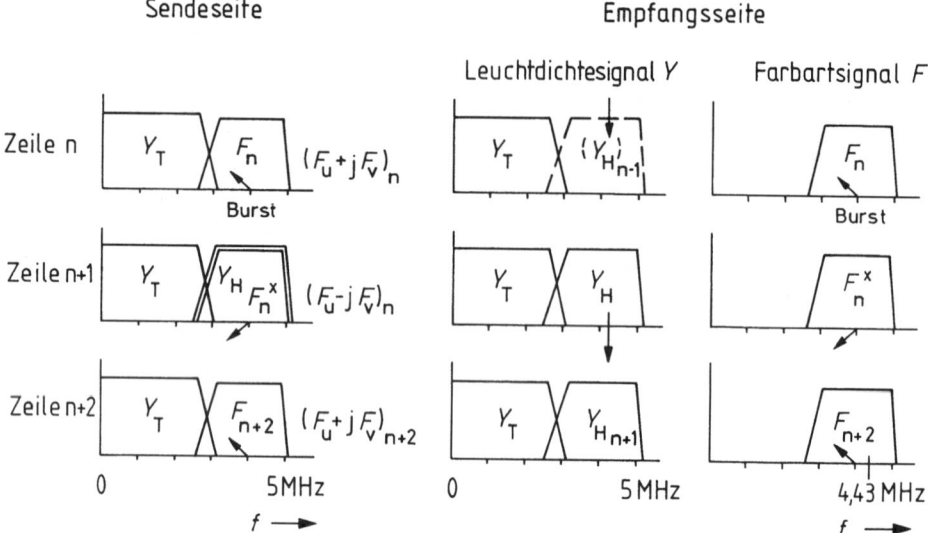

Bild 3.53   Frequenzspektrum beim I-PAL-M-Verfahren

und Y_H zusammengesetzt, mit voller Bandbreite übertragen, so daß zusätzliche Kompensationsmaßnahmen zur Unterdrückung von Cross Luminance notwendig sind [53, 54].

Das Prinzip des I-PAL-M-Coders gibt Bild 3.54 wieder. Das Leuchtdichtesignal wird in einen tieffrequenten Anteil (Y_T) und einen hochfrequenten Anteil (Y_H) aufgespalten. Die Farbdifferenzsignale werden mittels eines relativ flachen Gauß-Filters (3-dB-Abfall bei 2 MHz) und eines einfachen Vertikalfilters wegen der Unterabtastung vorgefiltert. Anschließend erfolgt, synchron zu der Aufschaltung der Leuchtdichtesignalanteile, eine zeilenweise Wiederholung der Farbdifferenzsignale, und zwar so, daß in der Zeile mit dem Y_T-Anteil des Leuchtdichtesignales die Farbdifferenzsignale direkt übertragen

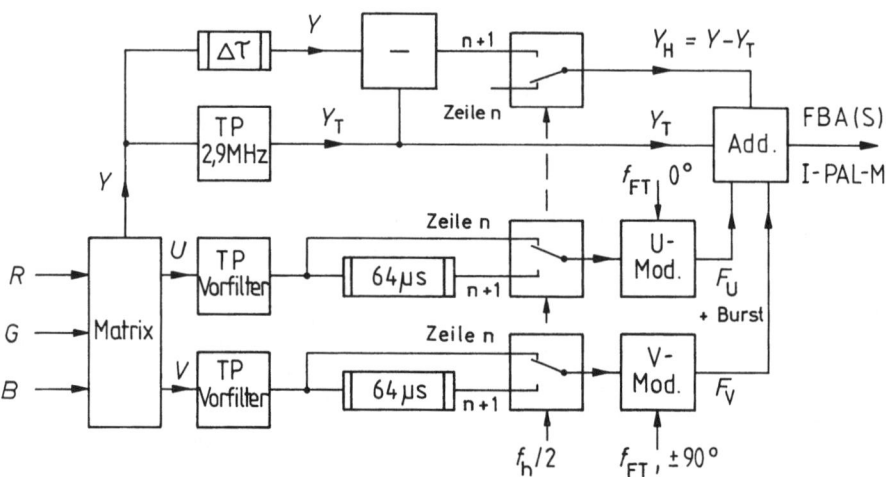

Bild 3.54   Prinzip des I-PAL-M-Coders

werden. Das PAL-Farbartsignal und der Burst werden mit den entsprechenden Leucht-
dichtesignalanteilen zum FBA(S)-Signal zusammengefaßt.

Im I-PAL-M-Decoder (Bild 3.55) erfolgt wiederum eine Abspaltung des Farbartsignales, das nun in der Zeile n direkt und in der Zeile n + 1 nach Verzögerung um die Zeile
über einen „Modifikator" einem Standard-PAL-Decoder zugeführt wird. Aufgabe des
Modifikators ist es, die von der Codierung her in den Zeilen n + 1 enthaltene Cross-
Colour-Störung zu beseitigen.

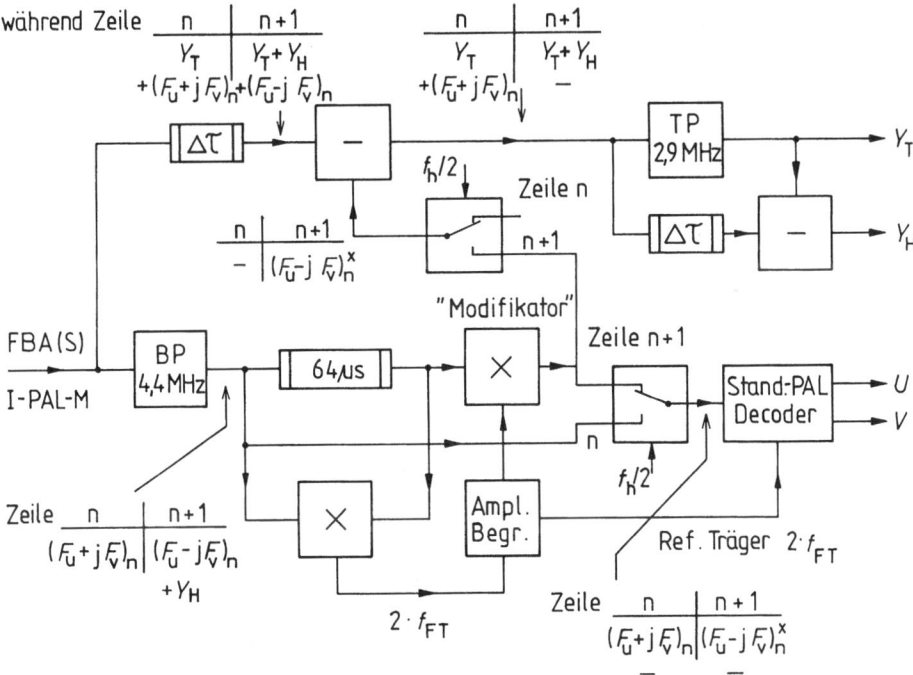

Bild 3.55 Prinzip des I-PAL-M-Decoders mit Angabe der wesentlichen Signale in aufeinanderfolgenden Zeilen

Dazu wird durch Multiplikation des Farbartsignales der Zeile n mit dem der Zeile n + 1
ein Referenzträger mit der zweifachen Farbträgerfrequenz gewonnen, gemäß

$$F_n \times F_{n+1} = F \cdot \cos (\omega_F t + \varphi_F) \times F \cdot \cos (\omega_F t - \varphi_F)$$
$$= 1/2 \cdot F^2 \cdot [\cos 2\omega_F t + \cos 2 \varphi_F] = F_{Ref}. \qquad (3.33)$$

Nach Beseitigung der sättigungsabhängigen Amplitudenänderung durch Amplitudenbegrenzung erfolgt im „Modifikator" bei der einlaufenden Zeile n + 1 eine Multiplikation der verzögerten Zeile n mit dem Referenzträger, was zu dem Ergebnis führt:

$$F_n \times F_{Ref} = F \cdot \cos (\omega_F t + \varphi_F) \times 1/2 \cdot F^2 \cdot [\cos 2\omega_F t + \cos 2\varphi_F]$$
$$= \ldots F \cdot \cos (2\omega_F t - \omega_F t - \varphi_F) = \ldots F \cdot \cos (\omega_F t - \varphi_F), \qquad (3.34)$$

entsprechend dem sendeseitigen Farbartsignal

$$F_n + 1 = (F_U - jF_V)_n = F \cdot \cos(\omega_F t - \varphi_F).$$

Somit stehen sowohl das Farbartsignal der Zeile n (direkt) und das der Zeile n + 1 (über Modifikator) frei von Cross-Colour-Störung zur PAL-Decodierung zur Verfügung.

Das Summensignal FBA(S) wird, nach Laufzeitausgleich für den Bandpaß, einer Subtra-hierstufe zugeführt. Bei der einlaufenden Zeile n liegt nur der Y_T-Anteil vor, es wird nichts subtrahiert. Das zusätzlich überlagerte Farbartsignal $(F_U + jF_V)_n$ kommt nicht zur Auswirkung, weil später der hochfrequente Anteil Y_H aus der vorangehenden Zeile n − 1 verwendet wird. Während der Zeile n + 1 wird vom Summensignal mit $(Y_T + Y_H)$ + $(F_u - jF_V)_n$ das im Modifikator zurückgewonnene Farbartsignal $(F_U - jF_V)_n^*$ subtrahiert. Die markierten Signale an den verschiedenen Stellen des I-PAL-M-Decoders geben dies wieder.

Somit liegt in den betrachteten Zeilen n und n + 2 der tieffrequente Anteil Y_T des Leuchtdichtesignales und in der Zeile n + 1 das breitbandige Leuchtdichtesignal $Y_T + Y_H$ zur Weiterverarbeitung an. Man gewinnt dann zunächst den hochfrequenten Anteil Y_H aus der Zeile n + 1 zurück, um ihn nach weiterer Verzögerung um eine Zeile − zur Anpassung an das Farbartsignal − beziehungsweise um zwei Zeilen mit dem tief-frequenten Anteil Y_T zusammenzuführen.

Das übersprechfreie Leuchtdichtesignal Y wird letztendlich in der Matrixschaltung mit den decodierten, übersprechfreien U- und V-Signalen in die Farbwertsignale R, G und B umgewandelt.

Das I-PAL-M-Verfahren hatte zunächst gute Chancen, in ein verbessertes PAL-System übernommen zu werden. Da die Vorzüge des I-PAL-M-Verfahrens aber erst voll zum Tra-gen kommen, wenn die Produktionsbearbeitung in einem reinen Komponentenstudio erfolgt, waren die in einer Übergangsperiode zu berücksichtigenden PAL-Bearbeitungs-schritte ein unüberwindliches Hemmnis für das I-PAL-M-Verfahren.

3.4.3 Q-PAL-Verfahren

Eine weitere Möglichkeit zur kompatiblen Verbesserung des PAL-Verfahrens wurde am Lehrstuhl für Nachrichtentechnik der Universität Dortmund untersucht und als *Q-PAL-Verfahren* bekannt gemacht [55, 57, 58].

Auch bei diesem Verfahren werden Cross-Colour und Cross-Luminance weitestgehend eliminiert und die Horizontalauflösung des Leuchtdichtesignales gegenüber dem tech-nisch realisierten Standard-PAL-Verfahren erhöht. Es basiert auf einer vertikal-zeitli-chen Vor- und Nachfilterung der hochfrequenten Leuchtdichtesignalanteile und des empfängerseitigen Farbartsignales.

Ausgangspunkt ist das *dreidimensionale Spektrum* des PAL-FBAS-Signales. Zur Erläu-terung sei an dieser Stelle die Entwicklung des dreidimensionalen Spektrums eines Fern-sehbildsignales aufgezeigt, das über die Abtastung der Bildvorlage in horizontaler und vertikaler Richtung und über die Teilbildfolge zustande kommt.

Ausgehend von einer einfachen Bildvorlage mit vertikalen Streifen (schwarz und weiß) erhält man über die horizontale Abtastung eine mit T_h periodische Zeitfunktion und ein mit f_h periodisches Amplitudenspektrum (Bild 3.56). Bei einer höchsten Auflösung in n = 320 schwarze und weiße Streifen, bezogen auf die volle Zeilendauer von T_h = 64 μs, ergibt das im Spektrum eine erste Harmonische bei f = 5 MHz. Anders ausgedrückt werden in einer 1. Dimension des Spektrums die Horizontal-Spektralkomponenten f_x angegeben durch „cycles per picture width" (c/pw), hier im Bereich von f_x = 0 ... 320 c/pw auftretend. Diese Darstellung gibt nur eine Aussage über die Frequenzachse und keine Angabe der Amplituden wieder.

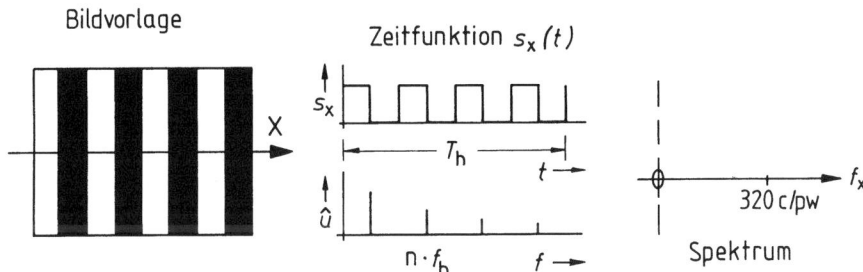

Bild 3.56   Herleitung der x-Komponente des dreidimensionalen Spektrums

Aufgrund der vertikalen Abtastung (hier vereinfacht progressive Abtastung angenommen) einer Folge von horizontal verlaufenden schwarzen und weißen Balken, erhält man eine mit der Teilbilddauer T_v periodische Zeitfunktion, deren Spektrum in der 2. Dimension f_y mit Angabe der „cycles per picture height" (c/ph) angegeben wird (Bild 3.57). Bezogen auf 625 Zeilen über die volle Bildhöhe (Vertikalaustastung hier nicht berücksichtigt) treten Spektralkomponenten im Bereich von f_y = 0 ... 312 1/2 c/ph auf. Die Bildvorlage wird somit über die horizontale und vertikale Abtastung in einzelne Bildpunkte aufgelöst.

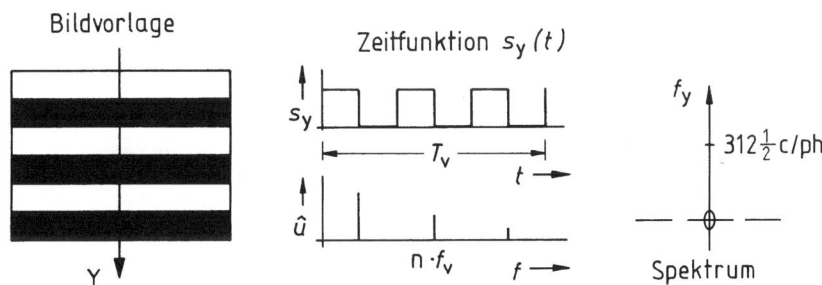

Bild 3.57   Herleitung der y-Komponente des dreidimensionalen Spektrums

Wieder unter der Annahme einer progressiven Abtastung leitet sich für das Bildsignal, bezogen auf einen bestimmten Punkt (x, y) in der Teilbildfolge, eine auf die Teilbilddauer T_v periodische Zeitfunktion ab, bei der eine Wechselfrequenz im Bereich von f_t = 0 ... 25 Hz auftreten kann. Bild 3.58 gibt dies in der 3. Dimension des Spektrums auf der Zeitachse wieder.

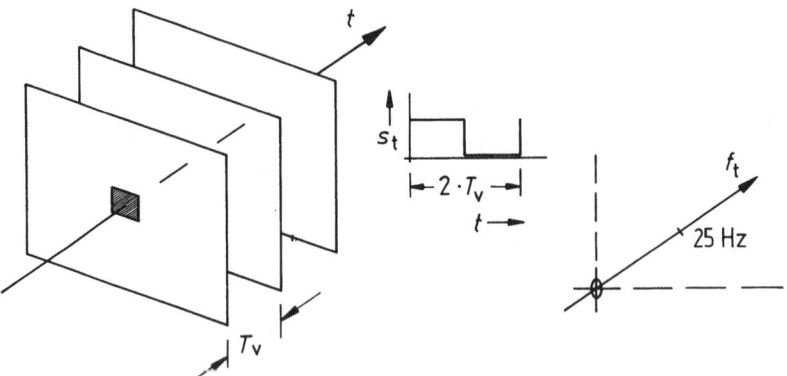

Bild 3.58 *t*-Komponente des dreidimensionalen Spektrums

In einem nächsten Schritt gibt man ein zweidimensionales Spektrum an, z. B. als *y*-*x*-Spektrum (B i l d 3.59). Man entnimmt daraus die maximal mögliche Auflösung der Bildvorlage in horizontaler sowie in vertikaler Richtung. Das Spektrum wiederholt sich theoretisch periodisch im positiven und negativen Bereich der mathematischen Zahlenebene.

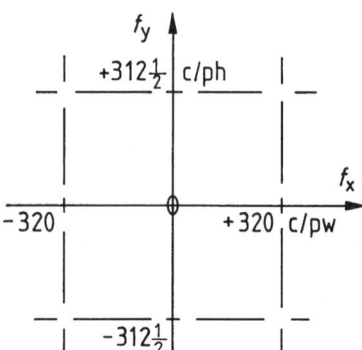

Bild 3.59   Zweidimensionales *y*-*x*-Spektrum

Eine andere, für die vertikal-zeitliche Filterung des Signales maßgebliche Darstellung, bildet das *y*-*t*-Spektrum. Es ist in B i l d 3.60 a zunächst für progressive Abtastung angegeben und dann in B i l d 3.60 b für das Zeilensprungverfahren. Daraus ist zu entnehmen, daß volle vertikale Auflösung nur bei ruhenden Bildvorlagen ($f_t = 0$) möglich ist und andererseits bei $f_t = 25$ Hz die Vertikalauflösung gegen null geht. Dies ist so zu erklären, daß ja der betrachtete Bildpunkt (x, y) in jedem zweiten Teilbild gar nicht abgetastet wird.

Der folgende letzte Schritt faßt nun die drei Teilspektren zu einem dreidimensionalen Spektrum zusammen. B i l d 3.61 zeigt dies zunächst bei progressiver Abtastung mit dem durch die NYQUIST-Frequenzen (Frequenz des schnellstmöglichen Wechsels)

$$f_{N, x} = 320 \text{ c/pw}, \quad f_{N, y} = 312 \, 1/2 \text{ c/ph}, \quad f_{N, t} = 25 \text{ Hz}$$

abgegrenzten Quader.

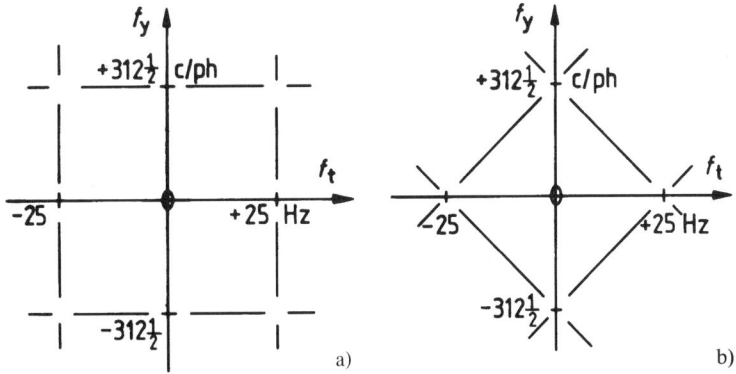

Bild 3.60 Zweidimensionales *y-t*-Spektrum bei a) progressiver Abtastung, b) Zeilensprung-Abtastung

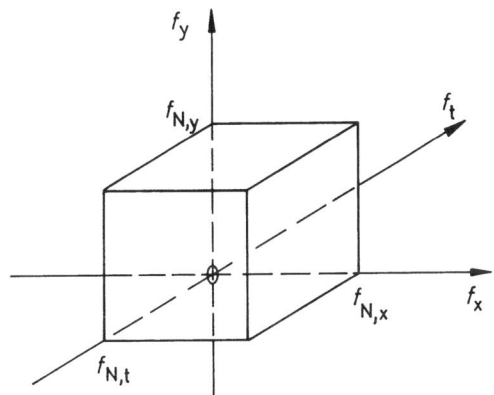

Bild 3.61 Dreidimensionales *x-y-t*-Spektrum bei progressiver Abtastung im Bereich bis zu den NYQUIST-Frequenzen

Das dreidimensionale *x-y-t*-Spektrum beim Zeilensprungverfahren gibt Bild 3.62 wieder. Beim PAL-Verfahren wird nun vom Leuchtdichtesignal der Bereich von $f_x = 0 \ldots$ 320 c/pw und im Frequenzmultiplex (eigentlich „Frequenzlücken-Multiplex") gleichzeitig vom Farbartsignal der Bereich von $f_x = 200 \ldots 320$ c/pw belegt.

Dreidimensionale Filtertechniken zur Vorfilterung beim PAL-Coder und zur Nachfilterung beim PAL-Decoder erlauben eine eindeutige Trennung der Spektralkomponenten [56].

Durch eine vertikal-zeitliche Filterung bereitet man beim Q-PAL-Verfahren im Spektrumsbereich von etwa 3,1 bis 5 MHz, entsprechend $f_x = 200 \ldots 320$ c/pw, die Komponenten des Leuchtdichtesignales und des Farbartsignales getrennt auf. Man setzt dazu Digitalfilter ein, die mit der Zeilenfrequenz (Vertikal-Filterung) bzw. mit der Teilbildfrequenz (zeitliche Filterung) getaktet werden, siehe dazu Bild 3.41.

Das Ergebnis führt zu einem übersprechfreien Leuchtdichte- und Farbartsignal nach dem Q-PAL-Decoder. Selbst ein Standard-PAL-Empfänger zeigt bereits eine merkbare Unterdrückung der Cross-Effekte.

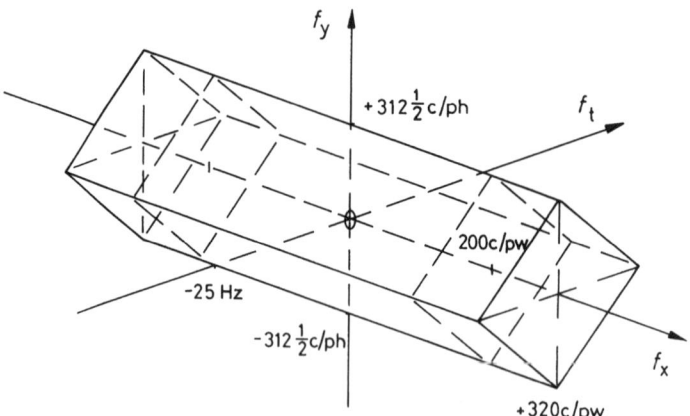

Bild 3.62   Dreidimensionales *x-y-t*-Spektrum bei Zeilensprung-Abtastung

Im Zusammenhang mit der 16:9-Breitbildübertragung wurde das Verfahren noch ergänzt und als *Q-PAL-Plus* angegeben [59].

3.4.4 Color-Plus-Verfahren

Eine weitere, verbesserte Variante des eingeführten PAL-Verfahrens stellt das *Color-Plus-Verfahren* dar. Die Unterdrückung von Cross-Colour- und Cross-Luminance-Störungen erreicht man hier durch eine Kompensation der störenden Signalkomponenten mit zeitlicher Mittelung über zwei aufeinanderfolgende Halbbilder hinweg. Dazu ist sowohl im Coder als auch im Decoder ein digitaler Halbbildspeicher erforderlich. Das Ergebnis ist eine weitgehende Trennung von Leuchtdichtesignal- und Farbartsignalanteilen, und es erlaubt damit die volle Ausnutzung der Videobandbreite für das Leuchtdichtesignal. Wegen der Mittelung von Signalen über zwei Halbbilder wird jedoch die zeitliche Auflösung auf 25 Bewegungsphasen pro Sekunde (12,5 Hz) reduziert.

Das Verfahren ist ideal geeignet für ein Bildsignal, dem eine Filmabtastung zugrunde liegt, weil hier von der Quelle her nur 25 Bewegungsphasen pro Sekunde vorliegen. Bei einem Kamerasignal wird durch eine spezielle vertikal-zeitliche Filterung das Signal dem Verfahren angepaßt [57], [60].

Wie aus dem Blockschaltbild in Bild 3.63 ersichtlich ist, wird das Leuchtdichtesignal auch bei diesem Verfahren in einen tieffrequenten Anteil (Y_T) und einen hochfrequenten Anteil (Y_H) aufgeteilt. Die Übergangsfrequenz liegt bei 3,4 MHz. Der hochfrequente Leuchtdichtesignalanteil Y_H und die Farbdifferenzsignale U und V sind, vom Quellensignal bei Filmabtastung her oder über Halbbildspeicherung, in zwei aufeinanderfolgenden Halbbildern gleich. Das Farbartsignal F jedoch erfährt nach einem Halbbild, exakt nach 312 Zeilen, eine Phasenverschiebung um 180°.

Dies ergibt sich aus der Farbträgerfrequenz f_FT = 4,43361875 MHz bzw. der Farbträgerperiodendauer von T_FT = 0,2255.. μs, die über 312 Zeilen zu einer Verzögerung von 312 · 64 μs = 19968 μs führt, wiederum entsprechend 88 530,5 Farbträgerperioden. Damit liegt nach 312 Zeilen eine Phasenverschiebung des Farbträgers um 180° vor.

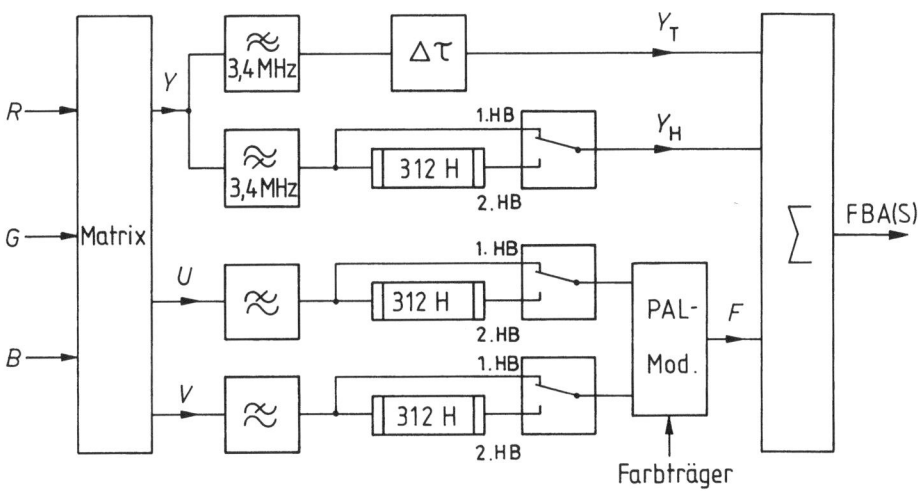

Bild 3.63   Blockschaltbild eines Color-Plus-Coders

Das Spektrum des Farbartsignales einer aus zwei Nachbarzeilen (vom 1. und 2. Halb-bild) gemittelten Zeile weist so, bei gleicher Amplitudenverteilung, in zwei aufeinander-folgenden Halbbildern eine Phasenverschiebung von 180° auf. Das Prinzip der Cross-Colour- und Cross-Luminance-Unterdrückung durch Kompensation über zwei Halbbil-der wird in Bild 3.64 anhand der Signale und der entsprechenden Spektren erläutert.

Das Color-Plus-FBAS-Signal stellt ein PAL-kompatibles Signal dar, es kann von einem Standard-PAL-Decoder in herkömmlicher Weise verarbeitet werden. Allerdings treten hier noch Cross-Colour- und Cross-Luminance-Störungen auf.

Zur Kompensation der Übersprechstörungen im Frequenzbereich von 3,4 bis 5 MHz (Y_H, F) wird im Color-Plus-Decoder eine Mittelung sowohl beim hochfrequenten Leuchtdichtesignal als auch beim Farbartsignal über zwei Halbbilder hinweg vorgenom-men. Durch die Mittelwertbildung entsteht zunächst für das hochfrequente Leuchtdich-tesignal Y_H und für das Farbartsignal F eine Bildfolge mit 312 1/2 Zeilen und 25 Hz Wiederholfrequenz. Mittels einer Teilbildwiederholung wird daraus ein Zeilensprungsi-gnal mit 2 mal 312 1/2 Zeilen und 50 Hz Rasterwechselfrequenz generiert. Das Prinzip-schaltbild des Color-Plus-Decoders gibt Bild 3.65 wieder.

Die Mittelwertbildung beim Farbartsignal kann auch in die Frequenzebene der Farbdif-ferenzsignale verlegt werden. Dazu notwendig ist dann jeweils ein Halbbildspeicher (312 H) im U- und im V-Kanal nach dem PAL-Demodulator.

Das Color-Plus-Verfahren ist, wie bereits erwähnt, ideal für Bildsignale bei Filmabta-stung geeignet. Beim Kamerasignal können in ungünstigen Fällen störende Bewegungs-artefakte auftreten. Es wird deshalb eine bewegungsadaptive Bildsignalverarbeitung vor-genommen. Näheres dazu im folgenden Abschnitt bei der Einbindung des Color-Plus-Verfahrens in das PALplus-System.

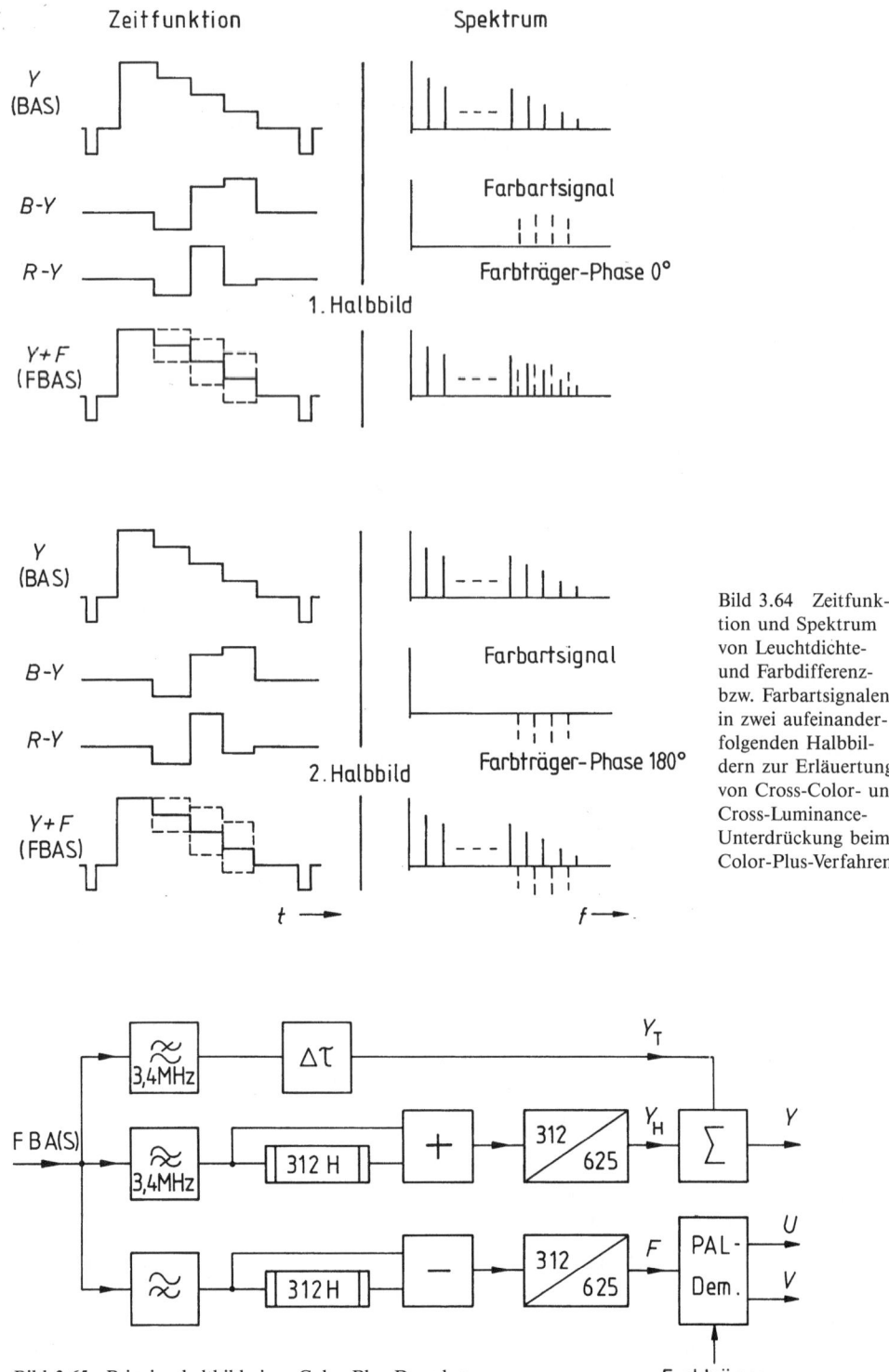

Bild 3.64 Zeitfunktion und Spektrum von Leuchtdichte- und Farbdifferenz- bzw. Farbartsignalen in zwei aufeinander- folgenden Halbbildern zur Erläuertung von Cross-Color- und Cross-Luminance- Unterdrückung beim Color-Plus-Verfahren

Bild 3.65   Prinzipschaltbild eines Color-Plus-Decoders

3.5 PALplus-System

In Zusammenarbeit von namhaften Industriefirmen, einiger europäischer Rundfunkanstalten und dem Institut für Rundfunktechnik wurde aus den vorangehend beschriebenen Ansätzen zur Qualitätsverbesserung beim PAL-Verfahren ein neuer Fernsehstandard entwickelt und auf der Internationalen Funkausstellung 1991 unter dem Begriff *PALplus* der Öffentlichkeit vorgestellt. Als Vorgabe war dabei selbstverständlich die volle Kompatibilität mit dem eingeführten PAL-System zu berücksichtigen, sowohl empfängerseitig als auch weitestgehend auf der Senderseite und bei den hochfrequenten Übertragungskanälen [61, 62, 63].

3.5.1 Merkmale des PALplus-Standards

Der PALplus-Standard beinhaltet neue Eigenschaften sowohl bei der Bild- als auch bei der Tonsignalübertragung. Gegenüber dem eingeführten Standard-PAL-Verfahren bringt das voll kompatible PALplus-System nun folgende Veränderungen bzw. Verbesserungen:

- Einführung des 16:9-Bildformates
- Unterdrückung der Cross-Colour- und Cross-Luminance-Störungen und damit volle Ausnutzung der 5-MHz-Bandbreite für das Leuchtdichtesignal
- hohe Tonqualität durch digitale Tonsignalübertragung
- Entzerrung von Echostörungen.

Kompatibilität mit dem eingeführten PAL-System ist gewährleistet. So ist das PALplus-Signal in bestehenden 7- bzw. 8-MHz-HF-Kanälen genauso wie in PAL-Satellitenkanälen übertragbar. Das Breitbildformat wird auf dem herkömmlichen 4:3-Bildschirm mit den bereits von der Filmübertragung her bekannten schwarzen Streifen am oberen und unteren Bildrand wiedergegeben. Neben der vorgesehenen digitalen Tonsignalübertragung wird auch weiterhin ein analoges FM-Tonsignal übertragen.

Die mögliche Entzerrung von Echostörungen ist als zusätzliches technisches Merkmal im PALplus-System vorgesehen. Eine definierte technische Realisierung ist derzeit noch nicht festgelegt.

3.5.2 Kompatible Übertragung im 16:9-Bildformat

Bei der Einführung eines kompatiblen Breitbild-Übertragungsverfahrens standen zunächst verschiedene Verfahren zur Diskussion:

- das Letterbox-Verfahren
- das Side-Panel-Verfahren
- das Pan-and-Scan-Verfahren.

Beim *Letterbox-Verfahren* wird die 16:9-Bildvorlage so aufbereitet, daß durch Herausnahme von Zeilen aus dem aktiven Raster ein 16:9-Breitbild mit verminderter Bildhöhe auf dem 4:3-Bildschirm wiedergegeben werden kann. Das Bild erscheint damit als in die Breite gezogenes Rechteck, was zu dem Vergleich mit einem „Briefkasteneinwurf" geführt hat. Am oberen und unteren Bildrand treten dabei breite schwarze Streifen auf.

Das Prinzip des *Letterbox-Verfahrens* zeigt B i l d 3.66. Die Reduzierung der Bildhöhe erfolgt durch Herausnahme jeder vierten Zeile aus dem aktiven 576-Zeilen-Raster. Die verbleibenden 432 Zeilen werden entsprechend zusammengeschoben, womit die aktive Bildhöhe sich auf drei Viertel des ursprünglichen Wertes verringert. Dieses sogenannte „Kernbild" (oder auch „Letterbox-Bild" wird in herkömmlicher Weise durch Leuchtdichte- und Farbartsignal übertragen. Die Leuchtdichteinformation der herausgenommenen 144 Zeilen wird am oberen und unteren Bildrand in je 72 „Helper-Zeilen" so übertragen, daß sie für den Standard-PAL-Empfänger unsichtbar bleibt. Der PAL-plus-Empfänger jedoch verarbeitet die Zusatzinformation in den „Vertikal-Helfern" und rekonstruiert zusammen mit der Information in den 432 Zeilen des Kernbildes das ursprüngliche Farbbild mit 576 sichtbaren Zeilen im 16:9-Breitbildformat.

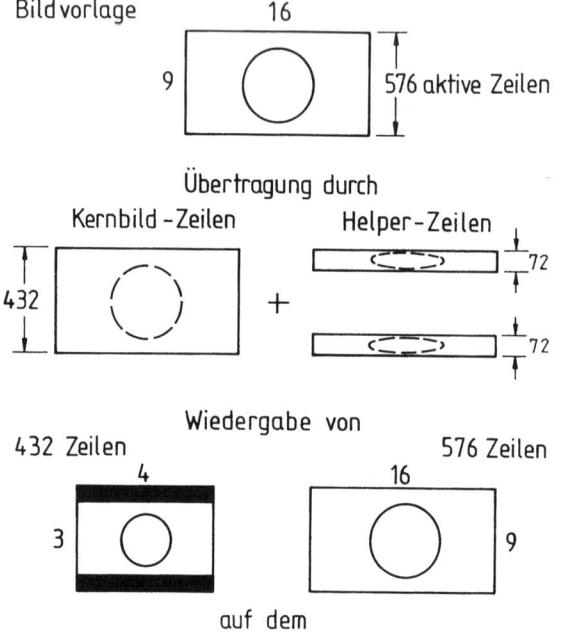

Bild 3.66   Aufteilung des 16:9-Bildes beim Letterbox-Verfahren in Kernbild- und Helper-Zeilen

Eine andere Möglichkeit wäre das *Side-Panel-Verfahren*. Dabei wird von dem 16:9-Breitbild ein 4:3-Ausschnitt von der Bildmitte nach dem herkömmlichen Standard übertragen und zusätzlich für den 16:9-Empfänger die Bildinformation der Seitenstreifen (Side-Panels) nach einer besonderen Aufbereitung, z. B. als Digitalsignal in der Vertikal-Austastlücke, unsichtbar auf dem 4:3-Bildschirm. Bei der praktischen Erprobung zeigte sich jedoch ein sichtbares Störmuster an den Schnittstellen zwischen dem 4:3-Ausschnitt und den Side-Panels.

Wird der 4:3-Bildausschnitt variabel, je nach Bildszene, aus dem Breitbild herausgenommen und als Hauptinformation übertragen, dann spricht man vom *Pan-and-Scan-Verfahren*.

In diesem Fall wird die Verantwortung für den 4:3-Bildausschnitt dem Kameramann übertragen und beansprucht so zusätzlich dessen Aufmerksamkeit.

Beim PALplus-System hat man sich für das *Letter-Box-Verfahren* entschieden. Die reversible Zeileninterpolation wird nach vereinfachter Darstellung gemäß B i l d 3.67 vorgenommen. Die 576 aktiven Zeilen werden dazu in jeweils vier Zeilen, hier mit A, B, C, D bezeichnet, zusammengefaßt. Durch eine 4:3-Vertikalfilterung werden daraus drei Zeilen, A', B', C' nach der in B i l d 3.67 angegebenen Zusammensetzung abgeleitet, deren Information in herkömmlicher Weise durch Leuchtdichte- und Farbartsignal übertragen wird. Die angegebene Gewichtung in den Zeilen bezieht sich auf den Signalinhalt in übereinanderliegenden Bildpunkten.

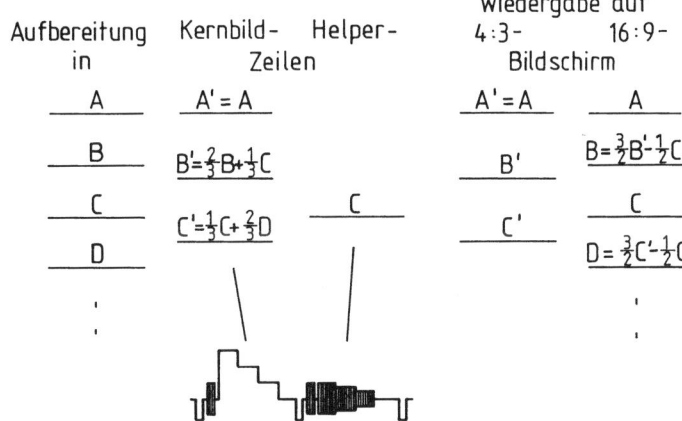

Bild 3.67 Reversible Zeileninterpolation beim Letterbox-
Verfahren in Gruppen von
jeweils vier Zeilen

Die vertikale Unterabtastung hat gewisse Interferenzstörungen zur Folge, die aber durch ein besonderes Verfahren mit vertikaler Bandaufspaltung in Tiefpaß- und Hochpaßanteile weitgehend eliminiert werden.

Die jeweils dritte Zeile, C, wird zusätzlich als sogenannter „Vertikal-Helfer" so übertragen, daß sie für den Standard-PAL-4:3-Empfänger unsichtbar bleibt.

Dazu wird das Leuchtdichtesignal dieser Zeile nach Vorverarbeitung einem Hilfsträger, für den die Farbträgerschwingung verwendet wird, durch Restseitenband-Amplitudenmodulation aufgebracht und mit reduzierter Amplitude um den Schwarzwert herum in den jeweils 72 Zeilen am oberen und unteren Bildrand übertragen. Durch die Trägermodulation wird das resultierende Spektrum der Vertikal-Helfer-Signale von niederfrequenten Anteilen befreit, die sonst bei älteren Fernsehempfängern zu Synchronisationsstörungen führen könnten. Die Amplitude des Vertikal-Helfer-Signals wird auf 300 mV Spitze-Spitze-Wert symmetrisch um den Schwarzwert, entsprechend der Burst-Amplitude, festgelegt.

Kompatibilitätsuntersuchungen haben ergeben, daß die Sichtbarkeit der Vertikal-Helfer in den schwarzen Letterbox Streifen ausreichend gering ist.

3.5.3 PALplus-Coder und -Decoder

Das Prinzipschaltbild des PALplus-Coders gibt B i l d 3.68 wieder. Ausgehend von den analogen Komponentensignalen *Y, U* und *V* erfolgt als erstes die Analog-Digital-Wandlung der Signale, weil der gesamte Signalverarbeitungsprozeß im PALplus-Coder in der

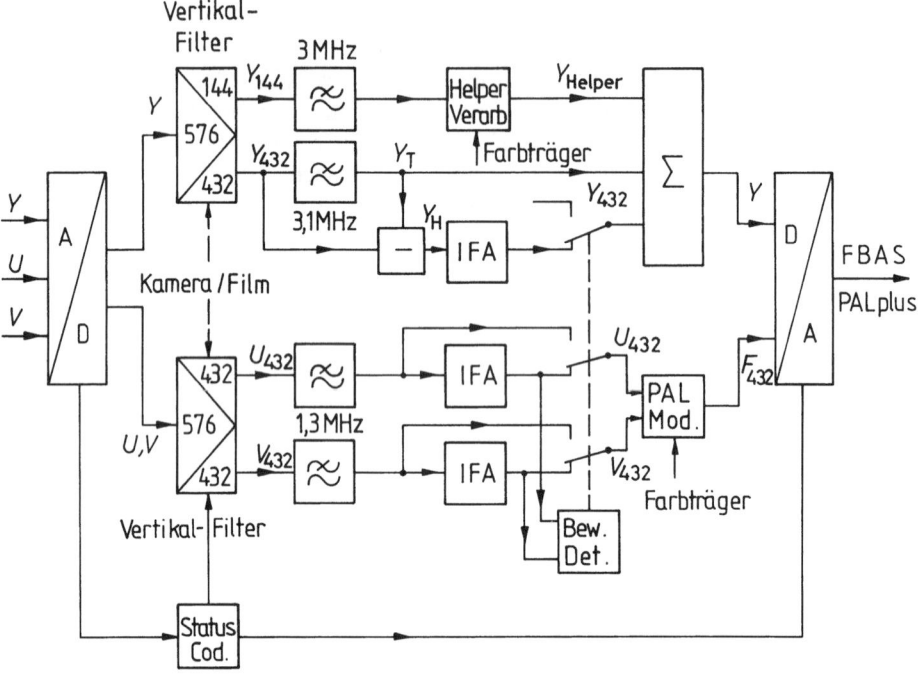

Bild 3.68   Prinzipschaltbild eines PALplus-Coders

Digital-Ebene abläuft. Tatsächlich wird dem PALplus-Coder in einem digitalen Komponentenstudio das Digital-Serielle-Komponenten-Signal (DSC) mit einer Summenbitrate
von 270 Mbit/s zugeführt und in einem Demultiplexer in die digitalen Komponentensignale Y_{576} sowie C_B und C_R aufgeteilt, siehe dazu auch Bild 3.71. Auf das Digital-Serielle-Komponenten-Signal wird ausführlich in den Abschnitten 5.2 und 5.3 eingegangen.

Die Zeilen-Konvertierung von den 576 aktiven Zeilen in die 432 Kernbild-Zeilen und die
144 Helper-Zeilen findet in Verbindung mit einem sogenannten „Quadrature Mirror Filter" (QMF) statt. Dabei erfolgt eine Aufspaltung des vertikalen Frequenzbandes in einen
tieffrequenten Anteil $Y_{V,T}$ und einen hochfrequenten Anteil $Y_{V,H}$ (Bild 3.69). Die Aufspaltung muß absolut komplementär erfolgen, d. h. die Summe der beiden Teilspektren
muß bei jeder Vertikalfrequenz sich zu eins ergänzen.

Zur besseren Zuordnung des Vertikalspektrums auf die Gegebenheiten der Letterbox-
Konvertierung werden in Bild 3.69 die Spektralkomponenten nicht mit der Dimension
„c/ph" angegeben, sondern auf die 576 aktiven Zeilen des Rasterbildes bezogen in
„l/ph" (lines per picture height). Die vertikale Aufspaltung in den $Y_{V,T}$-Anteil, der den
Hauptanteil des Vertikalspektrums mit den groben Strukturen beinhaltet, und in den
$Y_{V,H}$-Anteil, der dazu ergänzend die vertikalen Feinstrukturen aufweist, erfolgt durch
eine dreifache Überabtastung und nachfolgende Unterabtastung mit dem Faktor vier.
Durch die Überabtastung mit dem Faktor drei werden im zeitlichen Verlauf zwischen
zwei ursprünglichen Abtastwerten zwei neue Werte durch lineare Interpolation eingefügt. Bei der anschließenden Unterabtastung wird nur wieder jeder vierte Abtastwert
übernommen.

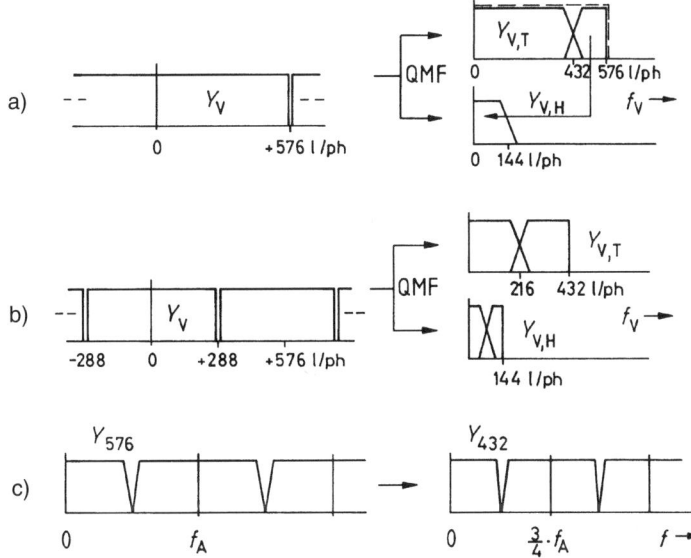

Bild 3.69   Aufspaltung des vertikalen Spektrums bei der Zeilen-Konvertierung von 576 aktiven Zeilen auf 432 Kernbild-Zeilen und 144 Helper-Zeilen

Auf der Empfangsseite läuft der Vorgang in umgekehrter Richtung ab. Die sich bei der sendeseitigen Bandaufspaltung ergebenden Überlappungsbereiche, die Alias-Störungen hervorrufen könnten, werden durch die komplementäre Ergänzung der Teilbänder auf der Empfangsseite eliminiert.

Bei der vertikalen Bandaufspaltung wird unterschieden in die Vollbild-Verarbeitung (a)) bei einem Quellensignal vom Filmabtaster und in die Halbbild-Verarbeitung (b)) bei einem Kamerasignal. Die Umschaltung von „Kamera-" auf „Film-Betrieb" oder umgekehrt wird von der Signalquelle über ein Datensignal (in den Ancillary Data), das in der Status-Information in der Zeile 23 auch zum Empfänger übertragen wird, automatisch gesteuert. Die Konvertierung des Spektrums der 576 aktiven Zeilen in das Spektrum der 432 Kernbild-Zeilen durch 3-fache Überabtastung und anschließende 4-fache Unterabtastung ist im Ergebnis in Bild 3.69c dargestellt [64, 65, 66].

Bei den Farbdifferenzsignalen U und V (im digitalen Bereich C_B und C_R) findet nur eine Umsetzung der Zeilenzahl von 576 aktiven Zeilen auf die 432 Zeilen des Kernbildsignales statt.

Das gesamte Kernbild- oder Letterbox-Signal, aus den Anteilen Y_{432} sowie U (U_{432} und V (V_{432}), wird nun einer Vorverarbeitung nach dem Prinzip des bewegungsadaptiven Color-Plus-Verfahrens (Motion Adaptive Colour Plus) unterzogen. Dazu gehört die Mittelwertbildung (Intra Frame Averaging, IFA) und die Ableitung einer Information über die Änderung des Bildinhaltes mittels eines Bewegungsdetektors aus den Farbdifferenzsignalen. Ohne Bewegung zwischen zwei zusammengehörigen Halbbildern wird der Mittelwert (durch IFA) des hochfrequenten Leuchtdichtesignales Y_H (oberhalb von 3,1 MHz) und der beiden Farbdifferenzsignale gebildet und jeweils übertragen. Die Bewegungsentscheidung findet in Teilbereichen des Bildes statt.

Ab einem gewissen Schwellenwert vom Bewegungsdetektor wird von der Mittelwertbildung im Leuchtdichtesignal Y_H weggeschaltet und der hochfrequente Anteil $Y_{432,H}$ nicht weitergegeben. Die Farbdifferenzsignale werden dann auch nicht der Mittelwertbildung unterzogen und mit der vollen 50-Hz-Bewegungsauflösung übertragen.

Die Farbdifferenzsignale werden in jedem Fall im PAL-Modulator in herkömmliche Weise in das Farbartsignal F umgesetzt. Auch wird ein PAL-Burst erzeugt.

Der vertikal hochfrequente Anteil des Leuchtdichtesignales, die Helper-Information Y_{144}, wird zunächst mittels eines Tiefpasses horizontalfrequent auf 3 MHz bandbegrenzt, damit nach der Modulation auf den Farbträger keine Spektralanteile unter 1 MHz auftreten können, die u. U. im Empfänger zu einer Störung der Synchronisation führen würden.

Das Leuchtdichtesignal Y_{144} wird, um die Sichtbarkeit des Helper-Signales im Standard-PAL-Empfänger in den schwarzen Balken am oberen und unteren Bildrand zu vermindern, einer speziellen Signalverarbeitung unterzogen (Bild 3.70). Dazu wird das Signal über eine nichtlineare Amplituden-Vorverzerrung nach höheren Signalwerten hin komprimiert und bei 70% BA-Wert auf eine maximale Spannung von 350 mV begrenzt. Geringe Signalamplituden werden dadurch besser über das Rauschen angehoben.

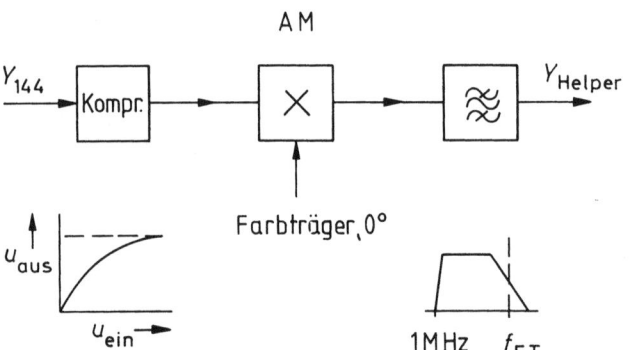

Bild 3.70 Umsetzung des Leuchtdichtesignales der Helper-Zeilen

Anschließend wird dieses Signal einer Farbträgerschwingung mit 0°-Phase in der Amplitude aufmoduliert, mit Trägerunterdrückung und Seitenband-Filterung mittels eines NYQUIST-Filters, so daß das Modulationsprodukt einer Einseitenband-AM zustande kommt. Durch die schon vor dem Modulator vorgenommene Tiefpaß-Bandbegrenzung des Y_{144}-Signales auf 3 MHz reicht das Seitenband nur bis etwa 1 MHz herunter.

Das modulierte Helper-Signal wird symmetrisch zum Schwarzwert übertragen, mit einer maximalen Spannung entsprechend dem Burst-Pegel.

Im Gegensatz zu der Darstellung in Bild 3.68 erfolgt die Modulation des Farbträgers beim digitalen PALplus-Coder von den Farbdifferenzsignalen C_B und C_R, die eine unterschiedliche Matrizierung gegenüber den analogen Farbdifferenzsignalen U und V aufweisen:

$$U = 0,49 \cdot (B-Y), \quad V = 0,88 \cdot (R-Y)$$

bzw.

$$C_B = 0,564 \cdot (B-Y), \quad C_R = 0,713 \cdot (R-Y).$$

Es ist deshalb noch eine Skalierung notwendig.

Wie schon erwähnt, wird in dem Datensignal der Zeile 23 eine Information über das Quellensignal (Kamera oder Film) übertragen. Dazu kommen noch weitere Daten, worauf im folgenden Abschnitt unter dem Begriff „Statusbit-Signalisierung" noch näher eingegangen wird.

Die für den PALplus-Coder notwendigen Funktionsgruppen kann man in einem vereinfachten Blockschaltbild gemäß Bild 3.71 zusammenfassen [67, 68, 69].

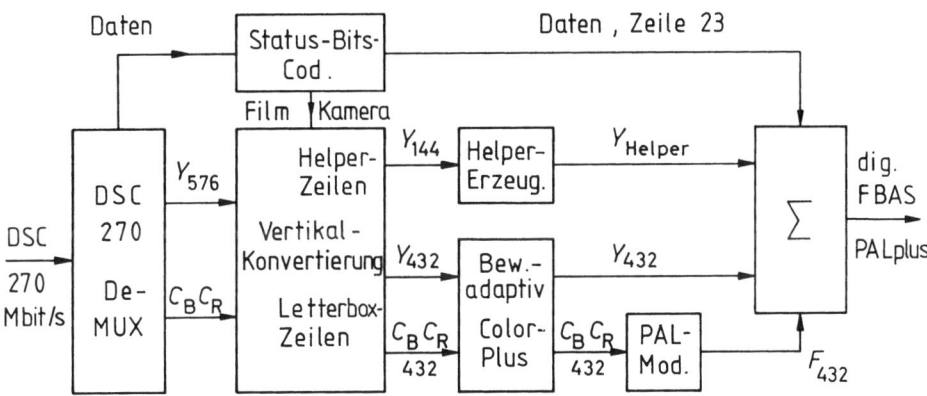

Bild 3.71   Funktionsschaltbild eines PALplus-Coders

Bei der Decodierung des PALplus-Signales läuft die im Coder vorgenommene Signalverarbeitung wieder rückgängig ab. Das bedeutet, daß, nach Abtrennung und Auswertung der Statusbit-Information auf Zeile 23, das Farbartsignal F_{432} und das Helper-Signal Y_{Helper} demoduliert werden und die Farbdifferenzsignale „U_{432}" und „V_{432}" zusammen mit dem hochfrequenten Anteil Y_h des Kernbildsignales Y_{432} dem bewegungsadaptiven Color-Plus-Decodierprozeß unterworfen werden. Aus Bild 3.72 ist dies zu ersehen. Das Helper-Signal Y_{Helper} wird mittels des im Empfänger regenerierten Farbträgers (0°-Phase) synchron demoduliert. Bei der Demodulation des PALplus-Farbsignales kann man auf den PAL-Laufzeit-Decoder verzichten und, wie bei NTSC, das Farbartsignal mit einem Referenzträger in 0°-Phasenlage bzw. mit dem geschalteten ±90°-Referenzträger synchron demodulieren. Bei der digitalen Aufbereitung des PALplus-FBAS-Signales aus dem Quellensignal vom digitalen Komponentenstudio treten praktisch keine statischen oder differentiellen Phasenfehler auf. In dem inversen Letterbox-Filter erfolgt die Rückumsetzung der durch Kernbildsignal und Helper-Signal übertragenen Zeilen in das ursprüngliche 576-Zeilen-Raster mit dem 16:9-Bildformat. Auch hier findet wieder eine Unterscheidung in die Betriebsart „Kamera-" oder „Film-Betrieb" statt, die in den Statusbits übertragen wird.

Die Demodulation und Decodierung des PALplus-Signales im Empfänger wird in der praktischen Realisierung mit digitalen Signalen vorgenommen. Man verwendet dazu Signalprozessoren (Serial Video Processor, SVP), die auf die verschiedenen Aufgaben programmiert sind. Ein vereinfachtes Blockschaltbild nach Bild 3.73 zeigt die Funktionsgruppen in einem digitalen PALplus-Decoder.

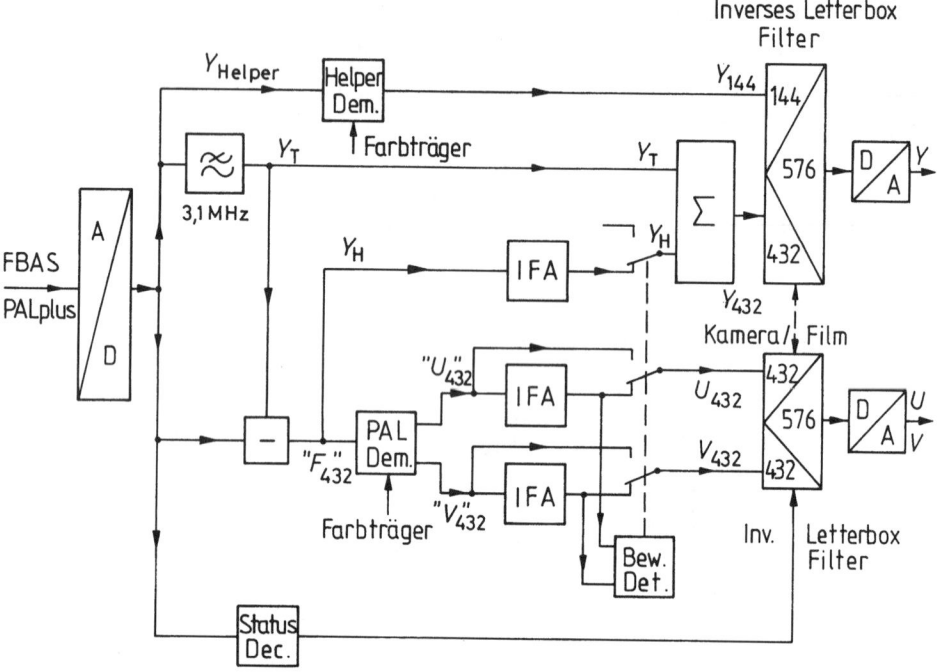

Bild 3.72 Prinzipschaltbild eines PALplus-Decoders

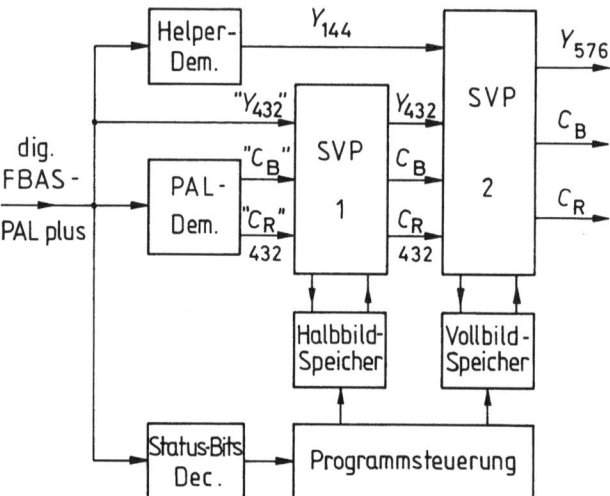

Bild 3.73 Funktionsschaltbild eines
PALplus-Decoders

Aufgabe des Signalprozessors SVP 1 ist die bewegungsadaptive Color-Plus-Decodie-rung, d.h. die Mittelwertbildung für die Bereinigung des hochfrequenten Anteils Y_H des Leuchtdichtesignales „Y_{432}" und der beiden Farbdifferenzsignale U_{432} und V_{432} („C_B" und „C_R"). Im Signalprozessor SVP 2 wird die inverse Vertikalkonvertierung, d.h. die Umsetzung der Letterbox- und Helper-Signale in das 576-Zeilen-Raster vorge-nommen [70].

3.5.4 Statusbits-Information

Die Signalverarbeitung im PALplus-Coder und -Decoder erfolgt abhängig von dem
Quellensignal (Kamera oder Filmabtaster) und sie wird auch davon abhängig sein, ob
16:9-Bildmaterial oder noch 4:3-Bildmaterial vorliegt. Darüber hinaus treten bei der
Letterbox-Übertragung Probleme mit den Untertiteln zum Bild auf. So wird es erforderlich, einige Informationen aus dem Studio an die Empfänger weiterzugeben.

Festgelegt wurden nun innerhalb eines Datenwortes mit 14 bit vier Funktionsgruppen,
die folgende Information beinhalten:

Gruppe 1 *Bildformat*
Es wird unterschieden:
Vollformat 4:3, Letterbox 16:9, Letterbox 14:9, Vollformat 16:9 und einige Varianten
davon.
Diese Information wird mit 3 bit, geschützt durch ein Paritätsbit, übertragen.

Gruppe 2 *Verbesserte Dienste*
Hierin wird übertragen:
Kamera-Mode oder Film-Mode, Standard-PAL oder bewegungsadaptives Color-Plus,
Helper-Signal PALplus übertragen oder nicht.
Die Codierung erfolgt mit 4 bit, wobei nur 3 bit ausgenutzt werden.

Gruppe 3 *Untertitel*
Man überträgt mit 3 bit, ob Untertitel im Teletext übertragen werden oder nicht, und ob
sie innerhalb oder außerhalb des aktiven Bildes liegen.

Gruppe 4 (3 bit) ist noch nicht mit Information belegt.

Die Daten werden übertragen in der ersten Hälfte der Zeile 23, die gemäß dem CCIR-
Standard 624 noch zur Vertikalaustastlücke gehört (Bild 3.74). Aus den Erfahrungen
mit der Datenzeile 16 (siehe Abschnitt 9.3) wurde der gegen Rauschen, Echos und Fre-
quenzgangstörungen sehr robuste *Bi-Phase-Code* gewählt. Die Bitdauer beträgt $T_{\text{Bit}} =$
1,2 µs für jeweils zwei Bi-Phase-Elemente mit je 600 ns, basierend auf einem 5-MHz-
Systemtakt (Bild 3.75).

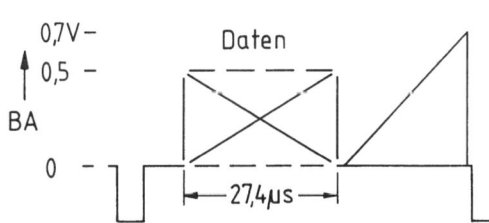

Bild 3.74 Statusbits-Information
in Zeile 23

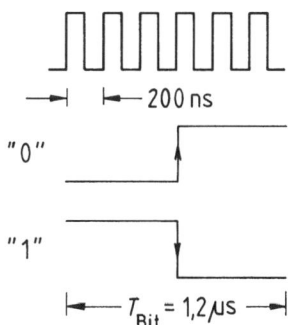

Bild 3.75 Bi-Phase-Codierung der
Statusbits

Die Statusbits-Daten beginnen mit einer

   Run-In-Folge mit 29 Taktelementen, entsprechend 29 × 0,2 µs,

gefolgt von dem

   Start-Code mit 24 Taktelementen, entsprechend 24 × 0,2 µs.

Es schließen sich die eigentlichen 14 Informationsbits an, mit 14 × 1,2 µs, woraus sich für das Datenpaket eine Gesamtdauer von 27,4 µs ergibt [71].

3.5.5 Referenzsignale

Erst nach offizieller Veröffentlichung der PALplus-Systemspezifikation im Juni 1994 wurde bekannt, daß von den im 270 Mbit/s-Eingangsdatenstrom ankommenden 576 aktiven Zeilen nach Verarbeitung im PALplus-Coder nur 574 aktive Zeilen in das PAL-plus-Signal übernommen werden. Es sind dies die Zeilen 24 bis 310 und 336 bis 622, wobei sich nun gegenüber den bisherigen Ausführungen die Kernbild- oder Letterbox-Zeilen auf 2 mal 215, d.h. ingesamt 430 verringern.

Die Zeile 23 ist gegenüber der Darstellung in Bild 3.74 in der zweiten Hälfte nicht mehr mit Bildinhalt belegt. Sie enthält vielmehr einen Helper-Referenz-Burst, in dem über etwa 11 µs eine Folge von 48 Farbträgerschwingungen mit einer Spitze-Spitze-Amplitude von 300 mV und der Phasenlage 180° übertragen wird (Bild 3.76a). Dieser Amplitudenwert gilt auch als Maximalwert für die Helper-Signale. Er muß aber auch in einer definierten Beziehung zum Weißwert des Leuchtdichtesignales in den Kernbild-Zeilen stehen, weshalb zusätzlich in der nun von Bildinhalt freigehaltenen ersten Hälfte der Zeile 623 ein 10 µs breiter Impuls als Weiß-Referenzwert eingebracht wird (Bild 3.76b).

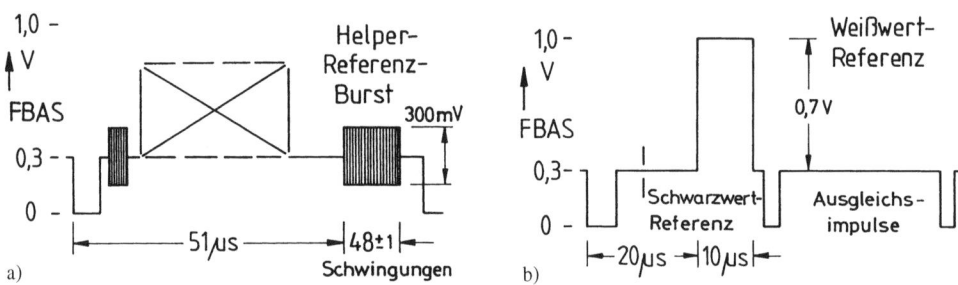

Bild 3.76   a) Helper-Referenz-Burst in Zeile 23, b) Weiß-Referenzsignal in Zeile 623

3.5.6 Digitale Tonsignalübertragung

Innerhalb des PALplus-Systems ist auch die digitale Tonsignalübertragung vorgesehen. In der Einführungsphase (ab 1995) kommt dieses Merkmal aber noch nicht zum Tragen, weil noch eine gewisse Koordinierung mit anderen Diensten mit digitaler Tonsignalübertragung erfolgen muß.

In einigen Ländern Europas wurde im Zusammenhang mit der Zweiton-Übertragung das NICAM-Verfahren eingeführt (siehe Abschnitt 1.4.3). Dabei wird auf einem zweiten HF-Tonträger im Abstand von 5,85 MHz zum Bildträger ein Stereo-Tonsignal mit einer Gesamtbitrate von 728 kbit/s durch 4-PSK übertragen. Der Aufbereitung des digitalen Tonsignales liegt eine Codierung mit 14 bit/Abtastwert zugrunde. Am Institut für Rundfunktechnik (IRT) in München wird seit einiger Zeit an einem Verfahren gearbeitet, mit dem auf den ersten HF-Tonträger neben dem analogen Tonsignal (Ton 1 oder L + R) ein zusätzliches digitales Stereo-Tonsignal, das durch 16-QAM auf einen Hilfsträger bei der Frequenz $4 \cdot f_h = 62,5$ kHz moduliert wird, durch Frequenzmodulation aufgebracht wird. Der Hilfsträger ist mit der Zeilenfrequenz sowohl frequenz- als auch phasenmäßig verkoppelt, so daß sich im Empfänger eine einfache Hilfsträger-Regenerierung aus dem Zeilensynchronsignal ableiten läßt. Das übertragene digitale Tonsignal ist nach dem MUSICAM-Verfahren (Masking Pattern Universal Subband Integrated Coding and Multiplexing) [72] aufbereitet und weist eine Bitrate von 192 kbit/s auf. Das 16-QAM-Modulationsprodukt belegt ein Frequenzband von etwa 20 bis 105 kHz [73].

4 Übertragung von analogen Farbbildsignalen im Zeitmultiplex

Die im vorangehenden Abschnitt beschriebenen Verfahren zur Farbbildübertragung gingen aus der Forderung nach Kompatibilität mit der bereits eingeführten Schwarzweiß-Bildübertragung hervor. Anders liegt die Situation bei einer Übertragung der Komponenten des Farbbildsignales im Zeitmultiplex, wo von vornherein ein neues System zugrunde gelegt werden konnte. Im Laufe der vergangenen Jahre wurden dazu Entwicklungen durchgeführt, deren Ziel stets eine Verbesserung der Farbbildwiedergabe, auch bei ungünstigen Übertragungsbedingungen, war und darüber hinaus auch eine Verbesserung der Tonqualität bei gleichzeitig mehreren Tonkanälen. Insbesondere sollten die Interferenzstörungen zwischen dem Leuchtdichtesignal und dem Farbartsignal (Cross Colour und Cross Luminance) sowie die verminderte Bandbreite im Leuchtdichtekanal und damit die reduzierte Bildschärfe des Farbfernsehempfängers eliminiert werden.

4.1 Timeplex-Verfahren

Erstaunlich ist, daß bereits 1970 von W. BRUCH, dem Erfinder des PAL-Verfahrens, eine zeitliche Komprimierung des Farbartsignales vorgeschlagen wurde, um es gemeinsam mit dem Leuchtdichtesignal innerhalb einer Zeile zu übertragen. Wegen des hohen technischen Aufwandes und wegen nicht genügender Kompatibilität konnte sich dieses Verfahren aber nicht durchsetzen. Erst Ende der siebziger Jahre wurde dieser Gedanke am Institut für Nachrichtentechnik der Technischen Universität Braunschweig unter Prof. SCHÖNFELDER wieder aufgegriffen und in ein Zeitmultiplex-Verfahren umgesetzt, dem man die Bezeichnung *Timeplex* gab [6].

Gegenüber dem im Frequenzmultiplex zusammengesetzten NTSC- oder PAL-FBAS-Signal (Bild 4.1a), wo einem Farbträger im oberen Bereich des Spektrums des Leuchtdichtesignales die Farbartinformation über die beiden Farbdifferenzsignale durch Quadraturmodulation gleichzeitig aufgebracht ist, werden beim Timeplex-Signal der Leuchtdichteanteil und die beiden Farbdifferenzsignale, alternierend von Zeile zu Zeile durch $B-Y$ und $R-Y$, zeitlich nacheinander übertragen. Für das Farbdifferenzsignal verbliebe eigentlich nur ein Teil der Horizontal-Austastlücke. Durch eine geringfügige Verkürzung des Leuchtdichtesignales auf 50 µs und eine Verringerung der Breite des Horizontal-Synchronimpulses auf 1,5 µs erhält man, unter Berücksichtigung einer Klemmlücke von etwa 2,5 µs, ein Zeitintervall von 10 µs für ein zeitkomprimiertes Farbdifferenzsignal. Bei einer Zeitdauer von 50 µs für das nicht komprimierte Farbdifferenzsignal einer Zeile und einer Video-Bandbreite von 5 MHz im System kann die Bandbreite des angebotenen Farbdifferenzsignales 1 MHz betragen (Bild 4.1b) [6, 74, 75].

Durch die zeitlich getrennte Übertragung von Leuchtdichte und Farbartkomponenten wird jegliches Übersprechen vermieden. Es treten keine Cross Colour- oder Cross Luminance-Effekte auf. Das Leuchtdichtesignal kann auf der Empfangsseite mit der vollen Bandbreite verarbeitet werden, weil beim Timeplex-Verfahren dem Y-Signal keine Farbartkomponenten überlagert sind. Eine Frequenzbandbegrenzung im Übertragungskanal wirkt sich gleichermaßen auf die Leuchtdichte- und Farbdifferenzsignale aus.

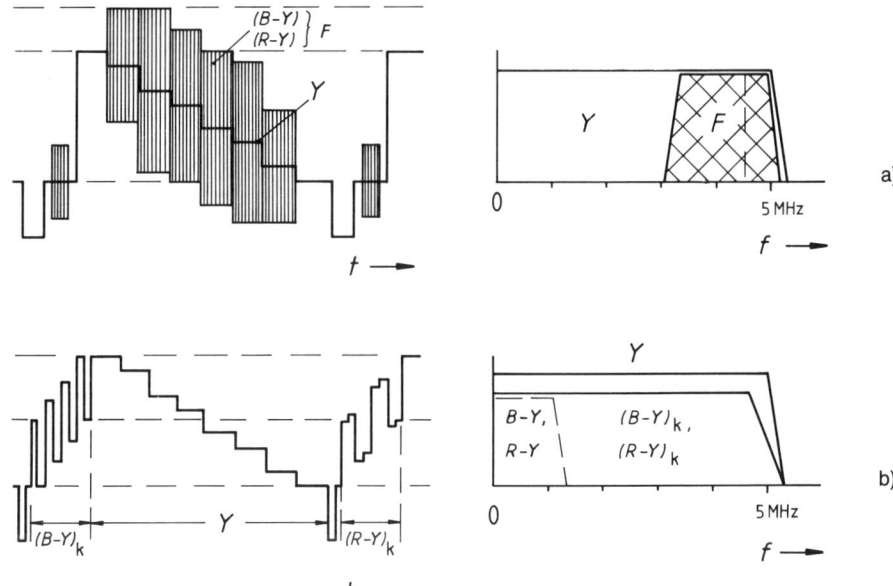

Bild 4.1 Farbbildsignal in der Zeitfunktion und im Spektrum bei Übertragung der Leuchtdichte- und Farbartinformation im a) Frequenzmultiplex, b) Zeitmultiplex

In Verbindung mit einer Tonsignalübertragung durch Frequenzmodulation eines oder zweier Tonträger wird vom *A-Timeplex*-Verfahren und in einer anderen Variante mit digital codiertem Tonsignal im Zeitmultiplex zum Y- und $(B-Y)$- bzw. $(R-Y)$-Signal vom *B-Timeplex*-Verfahren gesprochen [75].

Das Timeplex-Verfahren hat zunächst nur bei der Video-Magnetband-Aufzeichnung und im Zusammenhang mit einer Schmalband-Version eines analogen Bildfernsprechsystems Interesse gefunden. Es wurde aber durch die weitere Entwicklung in Richtung teilweiser oder voller digitaler Signalübertragung überholt.

4.2 MAC-Verfahren

Ganz anders verlief die Entwicklung zehn Jahre später bei einem Zeitmultiplex-Verfahren, das unter dem Namen *MAC, Multiplexed Analogue Components*, in Großbritannien von der IBA (Independent Broadcasting Authority) vorgestellt wurde. Ausgangspunkt war diesmal ein möglichst für ganz Europa einheitlich festzulegendes Übertragungsverfahren für die Direktempfangs-Fernsehsatelliten mit hochwertiger Mehrkanal-Tonübertragung. Bei den vorgesehenen vier bzw. acht Tonkanälen schied ein Mehrträger-Tonverfahren wegen der möglichen Intermodulation im Satelliten-Transponder von vornherein aus.

Die Übertragung von Fernsehsignalen über Fernmelde- oder Direktempfangssatelliten erfolgt durch Frequenzmodulation. Nach dem FM-Demodulator ist dabei dem Videosignal ein dreieckförmiges Rauschspannungsspektrum überlagert, was bedeutet, daß die Rauschleistungsdichte im Videoband nach höheren Frequenzen hin quadratisch ansteigt

(Bild 4.2). Beim PAL-Verfahren liegt das Farbartsignal somit in einem Bereich relativ hoher Rauschleistungsdichte. Durch die Synchrondemodulation im PAL-Decoder werden die höherfrequenten Rauschkomponenten in den Frequenzbereich von null bis etwa 1 MHz umgesetzt. Sie werden damit am Bildschirm stärker sichtbar.

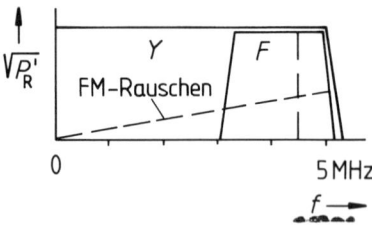

Bild 4.2   Rauschspannungsspektrum nach dem FM-Demodulator im Frequenzbereich des Videosignales

Dieser Nachteil des PAL-Verfahrens und die Übersprecheffekte sollten bei einem neu eingeführten Verfahren auf der Satellitenstrecke vermieden werden.

Im Januar 1983 wurde von der IBA und der BBC auf einem großen MAC-Kongreß das neue Verfahren im Vergleich zu PAL in einer aufwendigen Demonstration der technischen Fachwelt vorgestellt. Es handelte sich dabei um das *C-MAC*-Verfahren mit digitalem Begleitton.

4.2.1 Signalabtastung und Zeitkompression

Grundlage des MAC-Verfahrens ist die Zusammenfassung der analogen Leuchtdichte- und Farbdifferenzsignale im Zeitmultiplex innerhalb einer Zeile. Dazu ist eine zeitliche Kompression der Signale erforderlich. Dies geschieht aus dem aktiven Teil einer Zeile mit 52 µs beim Leuchtdichtesignal mit dem Faktor 1,5:1 auf etwa 34,4 µs und bei den Farbdifferenzsignalen mit dem Faktor 3:1 auf etwa 17,2 µs. Die genauen Zeitwerte ergeben sich aus der Taktfrequenz des Abtastsystems, die auf der „Digitalen Studionorm" (CCIR-Empfehlung 601) [76] basiert. Dazu kommen das zeitkomprimierte digitale Tonsignal sowie digitale Synchronsignale (Bild 4.3).

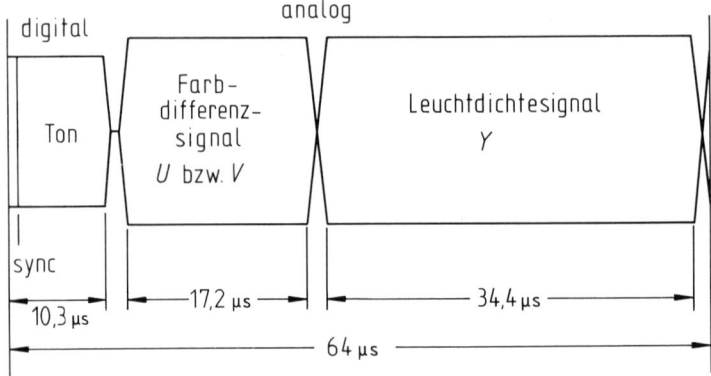

Bild 4.3   Zeitlicher Ablauf des MAC-Signales während einer Zeile

Die Zeitkompression der analogen Signale erfolgt über eine Abtastung, Zwischenspei-
cherung der Abtastwerte (analog oder digital) und Auslesen des Speichers mit entsprechend um den Faktor 1,5 bzw. 3 höherer Taktfrequenz. Mit der Zeitkompression verbunden ist eine um den Faktor 1,5 bzw. 3 höhere Bandbreite der zeitkomprimierten Signale.

Den Vorgang der Signalabtastung, schematisiert am Beispiel einer Farbbalkenfolge,
zeigt Bild 4.4a für das Leuchtdichtesignal und Bild 4.4b für ein Farbdifferenzsignal
in der Zeit- und Frequenzebene. Als Abtastfrequenz wird gemäß der digitalen Studio-

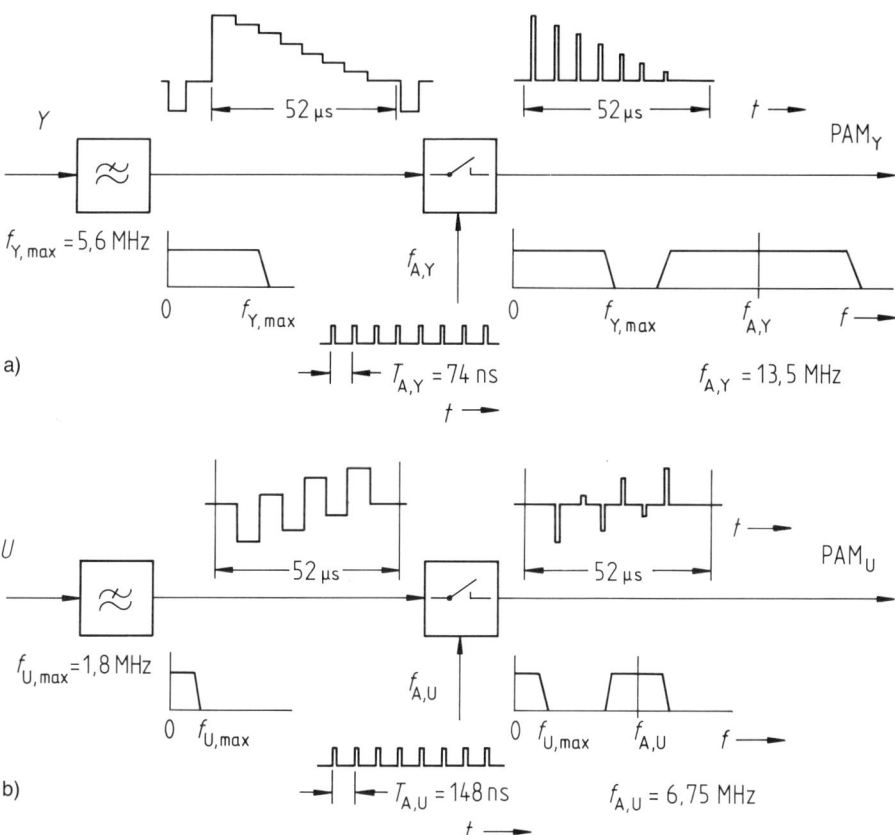

Bild 4.4   Abtastung des Leuchtdichtesignales (a) bzw. eines Farbdifferenzsignales (b) im Zeit- und Frequenzbereich

norm beim Leuchtdichtesignal $f_{A,Y} = 13,5$ MHz und beim Farbdifferenzsignal $f_{A,U} = f_{A,V} = 6,75$ MHz gewählt. Auch beim MAC-Verfahren werden reduzierte Farbdifferenzsignale in einer Skalierung übertragen, die den Aussteuerbereich der Farbdifferenz-
signale dem des Leuchtdichtesignales anpaßt. Es gelten die Beziehungen

$$U = 0,73 \cdot (B-Y) \tag{4.1}$$

und

$$V = 0,93 \cdot (R-Y) . \tag{4.2}$$

Die maximale Amplitude der reduzierten Farbdifferenzsignale beträgt damit bei einer Bildvorlage entsprechend 77% elektrischer Sättigung (siehe EBU-Normfarbbalken, Abschnitt 3.2) 0,5 V. Ein Spannungswert von 1 V zwischen Schwarz und Weiß für das Leuchtdichtesignal wird so durch den Spitze-Spitze-Spannungswert der Farbdifferenzsignale nicht überschritten, solange die Farbsättigung unter 77% bleibt. Durch die zeilensequentielle Übertragung der Farbdifferenzsignale bleibt die bei höherer Farbsättigung durch Begrenzungseffekte mögliche Entsättigung oder Farbtonverschiebung auf wenige Farben beschränkt.

Das Signalfrequenzband wird vor der Abtastung beim Leuchtdichtesignal auf 5,6 MHz begrenzt, womit gegenüber einem 5-MHz-System noch eine etwas bessere Horizontalauflösung erreicht wird. Die Farbdifferenzsignale werden auf 1,8 MHz bandbegrenzt.

Die Abtastung erfolgt mit schmalen Impulsen im Abstand von $T_{A,Y} = 74$ ns beim Leuchtdichtesignal und von $T_{A,U} = T_{A,V} = 148$ ns bei den Farbdifferenzsignalen. Gemäß der digitalen Studionorm entfallen auf den aktiven Teil einer Fernsehzeile beim Leuchtdichtesignal 720 Abtastwerte und bei den Farbdifferenzsignalen jeweils 360 Abtastwerte.

Das Spektrum der Abtastsignale, wegen des Vorgangs einer Pulsamplitudenmodulation (PAM) als Modulationsprodukt bezeichnet, hat eine Basisbandkomponente im Frequenzbereich von 0 bis 5,6 MHz und im weiteren Seitenbänder zu den Harmonischen der Abtastfrequenz [77].

Die Abtastwerte des Leuchtdichtesignales bzw. der Farbdifferenzsignale werden nun zeilenweise mit dem Abtasttakt $f_{A,Y}$ bzw. $f_{A,U} = f_{A,V}$ in einen Analogsignalspeicher, oder nach A/D-Wandlung in einen Digitalspeicher eingelesen (Bild 4.5).

Gegenüber den nach der CCIR-Empfehlung 601 festgelegten Abtastwerten für eine aktive Zeile mit der Dauer von 53,33 µs wird hier ein geringer Abschlag vorgenommen, wegen der für die Signalübergänge notwendigen Zeitabschnitte im Multiplexsignal, so daß für das MAC-Signal je Zeile 697 Abtastwerte des Leuchtdichtesignales Y und 349 Abtastwerte eines Farbdifferenzsignales U bzw. V abzuspeichern sind.

Das Auslesen der Speicher erfolgt sowohl für das Y-Signal als auch für das U- bzw. V-Signal mit einem Abtasttakt $f_A = 20{,}25$ MHz, was beim Y-Signal eine Zeitkompression um den Faktor 1,5 und beim U- bzw. V-Signal um den Faktor 3 bedeutet. Mit einer Periodendauer des Auslesetaktes von $T_A = 49{,}38$ ns erhält man dann für das zeitkomprimierte Y-Signal eine Dauer von

$$T_{Y,k} = 697 \cdot 49{,}38 \text{ ns} = 34{,}4 \text{ µs}$$

und für das zeitkomprimierte U- bzw. V-Signal einen Wert von

$$T_{U,k} = T_{V,k} = 349 \cdot 49{,}38 \text{ ns} = 17{,}2 \text{ µs.}$$

Im Spektrum der zeitkomprimierten Abtastsignale erscheint wieder ein Basisband, das nun beim Y-Signal um den Faktor 1,5 gedehnt im Bereich von 0 bis 8,4 MHz liegt und beim U- bzw. V-Signal um den Faktor 3 gedehnt im Bereich von 0 bis 5,4 MHz. Darüber hinaus treten Seitenbänder zu den Harmonischen der Auslese-Abtastfrequenz f_A auf. Über jeweils einen Tiefpaß mit der Bandbreite von 8,4 MHz beim Leuchtdichtesignal

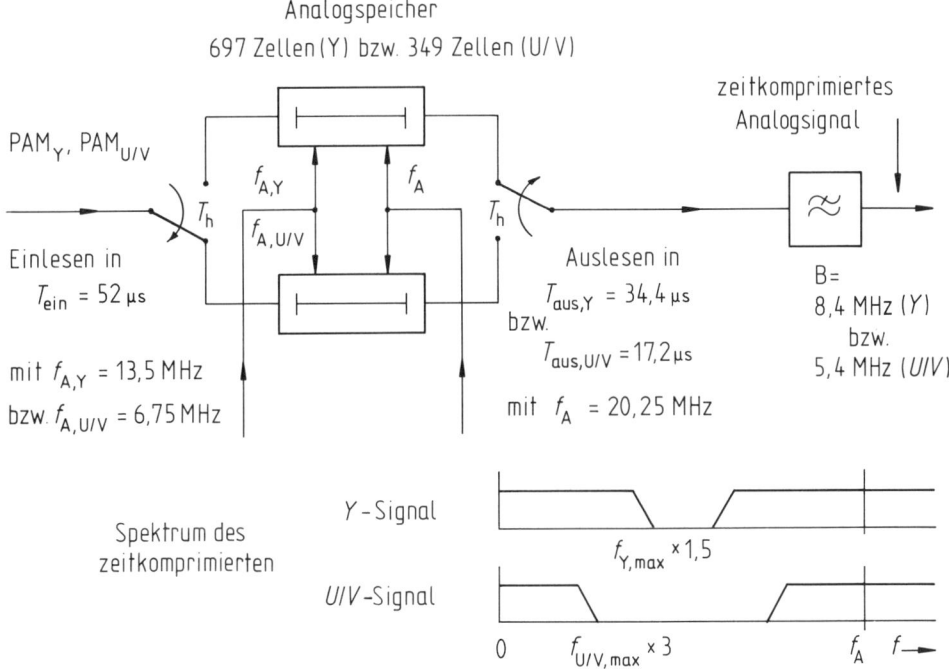

Bild 4.5 Zeitkompression des Leuchtdichte- bzw. Farbdifferenzsignales mit zugehörigem Spektrum

und einer Bandbreite von 5,4 MHz beim Farbdifferenzsignal wird ein zeitkontinuier-
liches aber zeitkomprimiertes Signal gewonnen.

Alternierend von Zeile zu Zeile werden in den mit Bildinhalt belegten Zeilen 23 bis 310
im ersten Halbbild und in den Zeilen 335 bis 622 im zweiten Halbbild in den ungeradzahligen Zeilen das *U*-Signal und das *Y*-Signal und in den geradzahligen Zeilen das *V*-Signal
und das *Y*-Signal im Zeitmultiplex übertragen. Dazu kommt jeweils noch ein Digitalsignal mit der Synchronisierinformation und dem Mehrkanal-Ton.

Das MAC-Videosignal über eine Zeile, für die zunächst zugrunde gelegte Variante C-
MAC, zeigt B i l d 4.6. Die darin angegebenen Zeitabschnitte haben folgende Bedeutung:

a:	206 Taktperioden,	206 bit, für Zeilensynchronisation und Ton/Daten
b:	4 Taktperioden,	Übergang am Ende des Datenbursts
c:	15 Taktperioden,	für Klemmung und als Nullreferenz für die Farbdifferenzsignale
T_1:	10 Taktperioden,	mit 5 Taktperioden für gewichteten Übergang zum Farbdifferenz-signal
e:	349 Taktperioden,	für das komprimierte Farbdifferenzsignal
T_2:	5 Taktperioden,	für gewichteten Übergang vom Farbdifferenz- zum Leuchtdichte-signal
h:	697 Taktperioden,	für das komprimierte Leuchtdichtesignal
T_3:	6 Taktperioden,	für gewichteten Übergang vom Leuchtdichtesignal zur Nullreferenz
k:	4 Taktperioden,	Übergang am Beginn des Datenbursts

1296 Taktperioden, d. h. $1296 \cdot 49{,}38$ ns $= 64$ µs

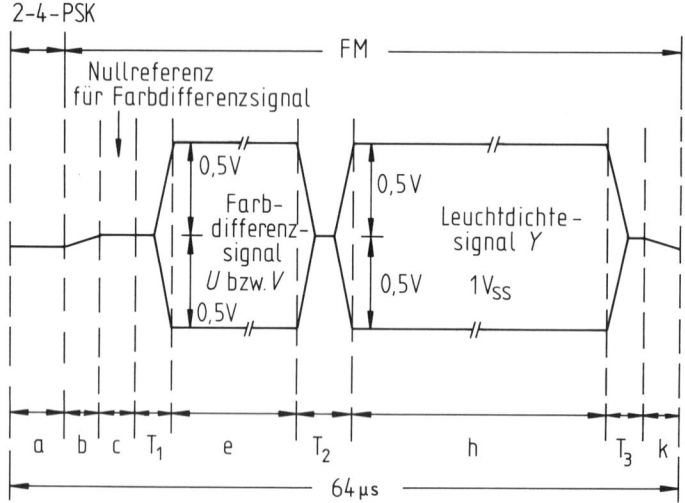

Bild 4.6 Zeitkomprimiertes Videosignal einer Zeile bei C-MAC

4.2.2 Digitales Synchron- und Tonsignal

Im MAC-Signal wird die Zeilen- und Bildsynchronisation in digitaler Form übertragen. Zur Zeilensynchronisation wird zu Beginn des Datenbursts jeder Zeile ein 6-bit-Synchronwort übertragen als

$$W_1: 001011$$

bzw.

$$W_2 = \overline{W_1}: 110100.$$

Die Zuordnung der Zeilensynchronworte zu den einzelnen Zeilen in aufeinanderfolgenden Teilbildern gibt Tabelle 4.1 wieder.

Am Ende eines jeden Vollbildes ändert sich die alternierende Reihenfolge von W_1 und W_2, womit der Beginn eines neuen Vollbildes markiert wird. Außerdem überträgt man in der Zeile 625 noch ein Bild-Synchronwort mit 64 bit, das zusammen mit einer vorangehenden 32-bit-Takteinlauf-Bitfolge (Clock run in) in aufeinanderfolgenden Vollbildern invertiert wird. Die Takteinlauf- und Bild-Synchronisations-Folge setzt sich zusammen aus den Hexadezimal-Codewörtern

55	55	55	55	65 AE F3 15 3F 41 C2 46,
Clock-run-in				Bildsynchronisationswort

den geradzahligen Teilbildnummern vorausgehend und in invertierter Form vor ungeradzahligen Teilbildnummern.

Eine detaillierte Beschreibung des Datenrahmens findet sich außer in den CCIR- bzw. EBU-Empfehlungen [78, 79] u. a. in [80, 81, 82, 83].

Tabelle 4.1 Zuordnung der Zeilensynchronworte

Ungeradzahlige Teilbild-Nr.		geradzahlige Teilbild-Nr.	
Zeile	Synchronwort	Zeile	Synchronwort
1	W_2	1	W_1
2	W_1	2	W_2
3	W_2	3	W_1
4	W_1	4	W_2
...	...	...	...
...	...	...	...
621	W_2	621	W_1
622	W_1	622	W_2
623	W_1	623	W_2
624	W_2	624	W_1
625	W_2	625	W_1

4.2.3 C-MAC-Verfahren

Beim C-MAC-Verfahren wird das zeitkomprimierte Videosignal durch Frequenzmodulation des hochfrequenten Trägers übertragen. Der Datenburst aber wird dem Träger durch eine Phasenumtastung (2-4-PSK) aufgebracht. Durch eine Phasendifferenzcodierung bewirkt eine logische „1" im Datensignal eine Phasenänderung des Trägers um $+90°$ und eine logische „0" eine Phasenänderung um $-90°$. Die notwendige HF-Bandbreite beträgt bei 2-4-PSK etwa das 1,4-fache der Bitfolgefrequenz, womit etwa die Bandbreite des Satellitenkanals von 27 MHz belegt wird. Vom FM-Modulationsprodukt des MAC-Videosignals mit einem Spitze-Spitze-Frequenzhub von 13,5 MHz bei der neutralen Frequenz im Videoband werden die 27 MHz voll ausgenutzt.

Das C-MAC-Verfahren, in Verbindung mit einer Paket-Multiplextechnik bei der Toninformation als C-MAC-Paket, erlaubt die Übertragung von maximal acht hochwertigen digitalen Tonsignalen. Diese werden entsprechend aufbereitet, mit zusätzlichen Daten ergänzt und zu einem kontinuierlichen 3-Mbit/s-Signal (genau 3,0791 Mbit/s) zusammengefaßt, das durch Zeitkompression auf etwa 10 μs (198 bit) zusammen mit einem Einlauf-Bit (Run-in) und einem digitalen 6-bit-Zeilensynchronwort in Datenbursts mit einer Bitrate von 20,25 Mbit/s dem analogen Zeitmultiplexsignal noch hinzugefügt wird. Am Ende des Datenbursts ist noch ein Reservebit vorgesehen, womit je Zeile insgesamt 206 bit für Synchronisation und Ton bzw. Daten belegt werden.

Das Blockschaltbild eines C-MAC-Coders zeigt B i l d 4.7. Nicht eingezeichnet ist ein zusätzliches Vertikal-Vorfilter für die beiden Farbdifferenzsignale, um unerwünschte Alias-Komponenten bei der Signalabtastung zu unterdrücken [9, 84].

Dem MAC-Videosignal wird zusätzlich ein 25-Hz-Dreiecksignal überlagert, das im FM-Modulator einen Frequenzhub von ± 300 kHz erzeugt und für eine gleichmäßige Energieverteilung innerhalb des FM-Spektrums sorgt. Die ansteigende Flanke des Energieverwischungssignales liegt im Zeitabschnitt b und die abfallende Flanke im Zeitabschnitt k des C-MAC-Videosignales (siehe Bild 4.6). Außerdem wird das Videosignal vor dem FM-Modulator über eine Preemphase nach höheren Frequenzen hin angehoben, um durch eine entgegengesetzt wirkende Deemphase nach dem FM-Demodulator das

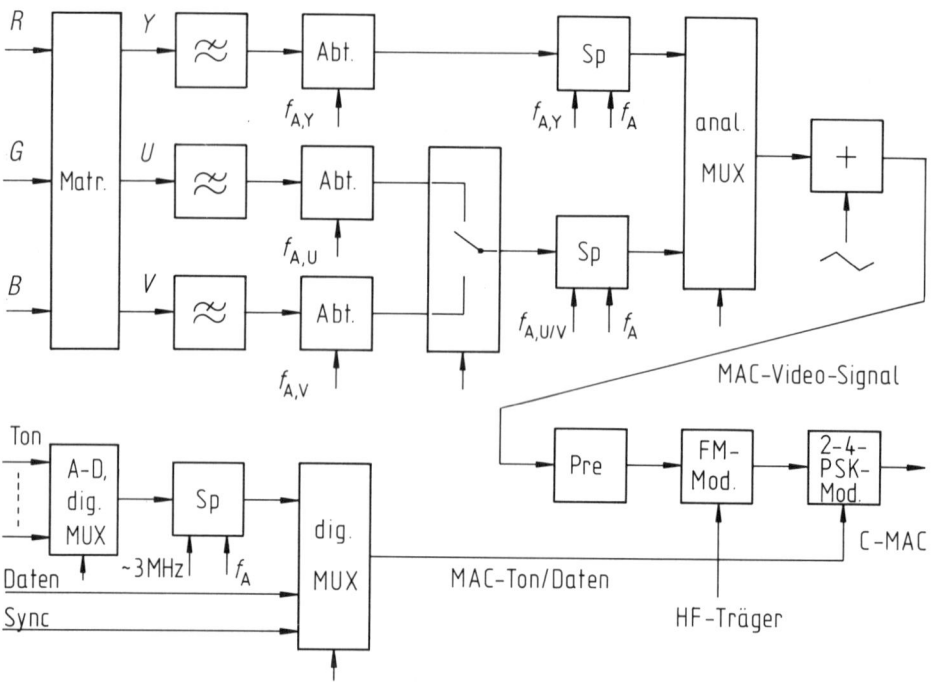

Bild 4.7   Vereinfachtes Blockschaltbild eines C-MAC-Coders

ansteigende Rauschspektrum abzusenken und damit den Video-Signal/Rauschabstand zu verbessern.

Das Blockschaltbild eines C-MAC-Decoders ist in Bild 4.8 wiedergegeben. Die Demodulation des Videoanteils im Signal erfolgt inkohärent mit einem herkömmlichen FM-Demodulator, während das Datensignal durch eine Synchrondemodulation zurückgewonnen wird. Im Videosignalweg unterdrückt die Klemmung des Signales während jeder Zeile auf die übertragene Unbunt-Referenz auch das überlagerte Energieverwischungssignal. Nach der Deemphase gelangt das Signal auf den Demultiplexer, von wo aus getrennt das Leuchtdichte- und die Farbdifferenzsignale in Zwischenspeicher zur Zeitexpansion eingelesen werden. Mit dem eigentlichen Abtasttakt $f_{A,Y}$ ausgelesen, erscheint das Y-Signal wieder in seinem ursprünglichen Frequenzbereich von 0 bis 5,6 MHz. Ein Vertikal-Nachfilter im Farbdifferenzsignalweg unterdrückt störende Alias-Komponenten und dient, in Verbindung mit einem Demultiplexer, gleichzeitig zur Aufspaltung in die U- und V-Komponenten. Tiefpaßfilter begrenzen die Farbdifferenzsignale auf den Frequenzbereich von 0 bis 1,8 MHz. Die umfangreiche Taktrückgewinnung und -aufbereitung sind in diesem Blockschaltbild nicht eingezeichnet.

Das C-MAC-Verfahren wurde entwickelt unter Zugrundelegung des Satelliten-Übertragungskanals mit 27 MHz Bandbreite. In terrestrischen Übertragungskanälen steht diese Bandbreite, außer auf FM-Richtfunkstrecken, nicht zur Verfügung. Für die Kabelverteilnetze stand zunächst eine neu zu schaffende Kanalbreite von 10,5 MHz zur Diskussion (drei 7-MHz-Kanäle werden dabei zu zwei 10,5-MHz-Kanälen zusammengefaßt). Zwischenzeitlich wurde eine neue Kanalbreite von 12 MHz festgelegt. Damit könnte das

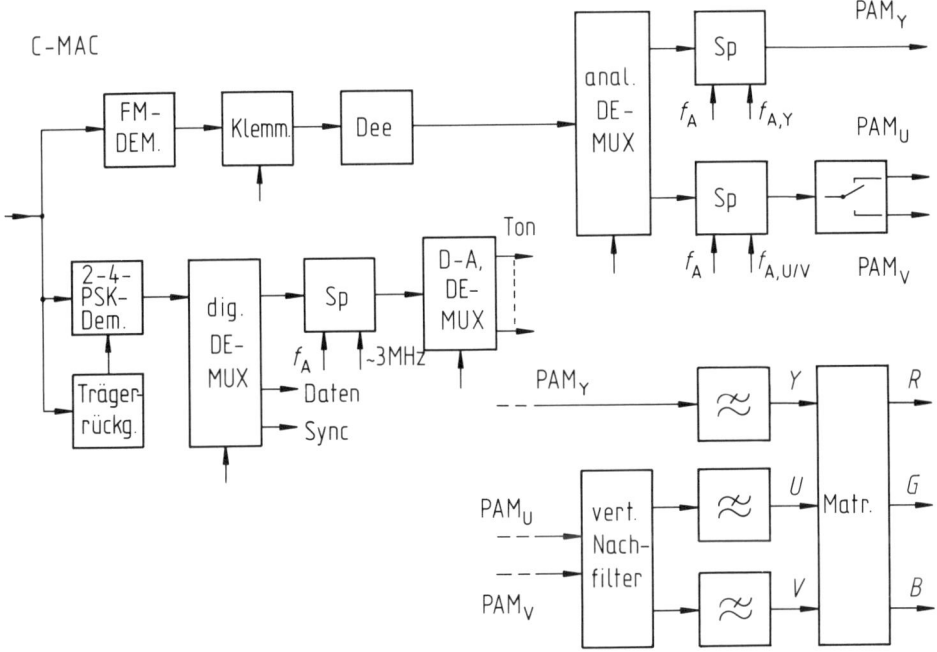

Bild 4.8 Vereinfachtes Blockschaltbild eines C-MAC-Decoders

MAC-Videosignal durch Restseitenband-Amplitudenmodulation eines Kanalträgers ohne Probleme übertragen werden. Für das digitale Ton/Daten-Signal mit 20,25 Mbit/s trifft dies jedoch nicht zu.

Sehr bald schon wurde deshalb vom französischen Forschungsinstitut CCETT (Centre Commun d'Etudes de Télédiffusion et Télécommunications) die Aufteilung des gesamten Mehrkanal-Tonsignales in zwei getrennte Unterrahmen mit 82 getrennt adressierbaren „Paketen" vorgeschlagen und 1983 auch von der EBU akzeptiert. Es entstand so das C-MAC/Paket-Verfahren [6, 80].

4.2.4 D- und D2-MAC-Verfahren

Eine andere Entwicklung ging in Richtung einer geänderten Basisbandcodierung der Ton/Daten-Signale. Die Reduzierung der Übertragungsgeschwindigkeit auf den halben Wert durch eine vierstufige Quaternärcodierung schied wegen der zu hohen Störanfälligkeit gegenüber Echostörungen in Kabelverteilanlagen aus. Man wählte vielmehr die weniger anfällige Duobinär-Codierung. Dabei wird eine logische „0" stets als „0" weitergegeben, eine logische „1" aber entweder als „+1" oder als „−1". Charakteristisch für diesen Code, der als eine Variante der Partial-Response-Verfahren die Signalzustände in zwei aufeinanderfolgenden Bit verarbeitet, ist, daß ein Wechsel von „+1" nach „−1" oder umgekehrt stets nur über eine dazwischenliegende „0" erfolgt. Damit wird das

Spektrum des Datensignales bis zur ersten Nullstelle auf den Wert $B = 1/2 \cdot T_{Bit}$ begrenzt, bei einer Bitrate des Binärsignales von 20,25 Mbit/s also auf $B = 10,125\,\text{MHz}$, was praktisch eine Übertragungsbandbreite von etwa 7 bis 8 MHz erfordert.

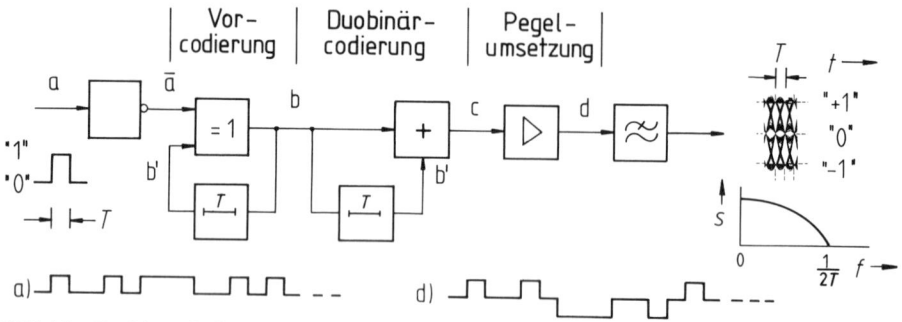

Bild 4.9 Duobinär-Codierung beim Datensignal

Bild 4.9 zeigt das Prinzip eines Duobinär-Codierers mit einer Vorcodierung, mit der die sonst unvermeidliche Fehlerfortpflanzung eliminiert wird. Der Inverter am Eingang bewirkt, daß die binäre „0" im Duobinärsignal den Mittenpegel „0" einnimmt. Über ein Tiefpaßfilter wird eine Impulsformung und Begrenzung des Spektrums vorgenommen.

Das Codierprinzip sei am Beispiel eines kurzen binären Datensignales demonstriert.

Signal

a   0 1 0 0 1 0 1 1 1 0 0 1 0 1 0

ā   1 0 1 1 0 1 0 0 0 1 1 0 1 0 1

   mit $b_k = \bar{a}_k + b_k' = \bar{a}_k + b_{k-1}$

b'   0 1 1 0 1 1 0 0 0 0 1 0 0 1 1 (0)

b   (0) 1 1 0 1 1 0 0 0 0 1 0 0 1 1 0

   mit $c = b + b'$

c   1 2 1 1 2 1 0 0 0 1 1 0 1 2 1

   mit $d = c - 1$

d   0 +1 0 0 +1 0 -1 -1 -1 0 0 -1 0 +1 0

Das über den Tiefpaß bandbegrenzte Duobinär-Datensignal wird nun im Basisband im Zeitmultiplex dem zeitkomprimierten MAC-Videosignal hinzugefügt. Die Logikzustände „+1", „0" und „−1" werden den Spannungen 0,9 V, dem Klemmpegel 0,5 V und dem Wert 0,1 V zugeordnet. Das komplette Basisbandsignal wird dann durch Frequenzmodulation oder, unter der Annahme von terrestrischen 12-MHz-Kanälen durch Restseitenband-Amplitudenmodulation, dem hochfrequenten Träger aufgebracht. Man spricht nun vom „D-MAC-Verfahren".

Ein weiterer Schritt ist der Übergang zum *D2-MAC-Verfahren*. Es wird von den 82 Paketen des Ton/Datensignales mit maximal acht Tonkanälen nur ein Unterrahmen mit vier Tonkanälen übertragen, in dem dafür vorgegebenen Zeitschlitz des MAC-Signales mit der gegenüber D-MAC nur halben Bitrate von 10,125 Mbit/s. Mit der beibehaltenen Duobinärcodierung beträgt nun die Breite des Spektrums bis zur ersten Nullstelle nur noch etwa 5 MHz. Damit ließe sich das D2-MAC-Signal durch Restseitenband-Amplitudenmodulation sogar in bestehenden 7-MHz-Kanälen übertragen. Die Kanalbandbreite von 7 MHz, verbunden mit der maximal übertragbaren Videofrequenz von 5 MHz, hätte allerdings zur Folge, daß die Bandbreite des Videosignales nach der Zeitexpansion nur noch 3,3 MHz betragen könnte.

Die Zusammensetzung des Basisbandsignales einer Zeile bei D- bzw. D2-MAC zeigt Bild 4.10. Für die Zuordnung der bezeichneten Zeitabschnitte a bis k gilt bei D- bzw. D2-MAC folgendes:

D −	a:	206 Taktperioden,	206 bit für Zeilensynchronisation und Ton/Daten
D2 −	a:	209 Taktperioden,	105 bit für Zeilensynchronisation und Ton/Daten
für	b:	4 Taktperioden,	Ausschwingen des Datenbursts
D −	c:	15 Taktperioden,	für Klemmung (0,5 V)
	T_1:	10 Taktperioden,	gewichteter Übergang zum Farbdifferenzsignal
und	e:	349 Taktperioden,	für das komprimierte Farbdifferenzsignal
D2 −	T_2:	5 Taktperioden,	für gewichteten Übergang vom Farbdifferenz- zum Leuchtdichtesignal
geltend	h:	697 Taktperioden,	für komprimiertes Leuchtdichtesignal
	T_3:	6 Taktperioden,	gewichteter Übergang vom Leuchtdichtesignal zum Klemmpegel
D −	k:	4 Taktperioden,	Einschwingen des Datenbursts
D2 −	k:	1 Taktperiode,	Übergang zum einschwingenden Datensignal

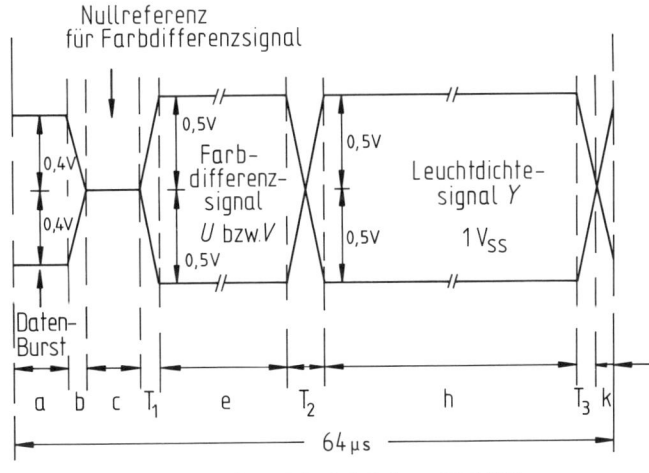

Bild 4.10   Zeitkomprimiertes Videosignal und Datenburst einer Zeile bei D- bzw. D2-MAC

Einen sehr anschaulichen Vergleich von einem PAL-Farbbalkensignal einer Zeile mit dem D2-MAC-Farbbalkensignal gibt Bild 4.11 wieder [85].

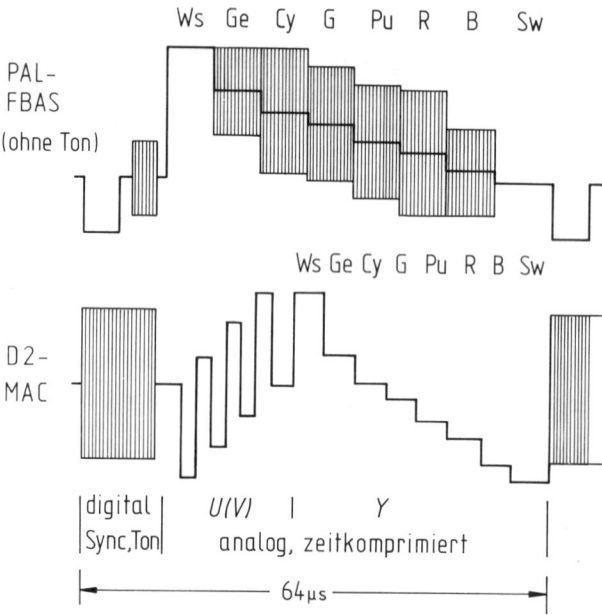

Bild 4.11   Vergleich von PAL-FBAS-Signal und D2-MAC-Signal einer EBU-Normfarbbalkenfolge

Die komponentenweise Verarbeitung und Übertragung des Fernsehsignales bringt gegenüber dem bisherigen Verfahren eine merkliche Verbesserung der Bildqualität. Mit im Vordergrund steht jedoch beim MAC-Verfahren auch die hohe Qualität der Tonwiedergabe, die durch die digitale Tonsignalübertragung erreicht wird. Die Codierung und Bündelung der Tonsignale in der Paket-Multiplextechnik erlaubt eine Vielzahl von Varianten der Tonsignalübertragung.

So wird übergeordnet unterschieden in

HQ-Ton (High Quality),
bei Mono und Stereo, Frequenzbereich 40 Hz ⋯ 15 kHz, mit einer Abtastfrequenz von 32 kHz

oder

MQ-Ton (Medium Quality),
bei Mono-Übertragung, Frequenzbereich 40 Hz ⋯ 7 kHz, mit einer Abtastfrequenz von 16 kHz.

Die Tonsignale werden zunächst linear quantisiert und mit 14 bit codiert. Bei unveränderter Übertragung der codierten Abtastwerte spricht man von „14-bit-Linear-Codierung" (L). Es ist aber auch vorgesehen, neben dem Vorzeichen der Abtastwerte nur 9 signifikante Bit zu übertragen, indem bei der sog. „10-bit-NICAM-Codierung" (Near-

Instantaneous Companded Audio Multiplex) (I) in einem Block 32 oder 18 Abtastwerte zusammengefaßt werden, d. h. bei 32 kHz Abtastfrequenz über eine Zeit von 1 ms oder 562,5 μs, und dabei die Schwelle ermittelt wird, die keiner der Abtastwerte mehr überschreitet. Diese Schwelle wird dann durch einen Skalenfaktor beschrieben, der durch entsprechend gesicherte Mehrfachübertragung dem empfangsseitigen Decoder mitgeteilt wird. Die dabei bewirkte Datenreduktion beträgt immer noch 30%.

Bei der digitalen Tonsignalübertragung können verschiedene Fehlerschutzverfahren, wie Paritätsprüfung über mehrere Bits (1) oder HAMMING-Codierung (2) zur Anwendung kommen, so daß sich für das D2-MAC/Paket-Verfahren folgende Tonübertragungsvarianten ergeben:

Paritätsprüfung für 6 MSB (Most Significant Bits) bei 10-bit-NICAM mit einer Kapazität von z. B. 4 HiFi-Mono-Kanälen (HQI 1)

Paritätsprüfung für 11 MSB bei 14-bit-Linear-Codierung mit einer Kapazität von z. B. 3 HiFi-Mono-Kanälen (HQL 1)

(11,6)-HAMMING-Codierung für 6 MSB bei 10-bit-NICAM mit einer Kapazität von z. B. 3 HiFi-Mono-Kanälen (HQI 2)

(16,11)-HAMMING Codierung für 11 MSB bei 14-bit-Linear-Codierung mit einer Kapazität von z. B. 2 HiFi-Mono-Kanälen (HQL 2).

Weitere detaillierte Einzelheiten zur Tonsignalcodierung und -übertragung finden sich z. B. in [83].

Das Blockschaltbild eines D- bzw. D2-MAC-Coders unterscheidet sich von dem des C-MAC-Coders in Bild 4.7 dadurch, daß das digitale MAC-Ton-Daten-Signal nach Duobinärcodierung und Impulsformung dem analogen Multiplexer zugeführt wird. Das gesamte Basisbandsignal, mit dem überlagerten dreieckförmigen 25-Hz-Energieverwischungssignal, durchläuft dann die MAC-Preemphase und gelangt zum FM-Modulator. Der 2-4-PSK-Modulator entfällt.

Im D- bzw. D2-MAC-Decoder entfällt gegenüber dem Blockschaltbild des C-MAC-Decoders in Bild 4.8 ebenfalls die 2-4-PSK-Demodulation mit der Trägerrückgewinnung. Es erfolgt nur eine FM-Demodulation. Die digitalen Ton-Daten-Signale werden dem analogen Demultiplexer entnommen und entsprechend weiter verarbeitet. Wesentlich dabei ist die Rückgewinnung des 20,25-MHz- bzw. 10,125-MHz-Systemtaktes aus dem übertragenen Datensignal.

Bild 4.12 zeigt nochmals in einer vereinfachten Darstellung das Prinzip eines D- bzw. D2-MAC-Coders und eines D- bzw. D2-MAC-Decoders.

Anfang 1988 bestand noch keine Klarheit darüber, welches der beschriebenen MAC-Verfahren in Europa oder in einzelnen Ländern eingeführt werden soll. Obwohl schon Ende 1982 von der britischen Regierung beschlossen wurde, das MAC-Verfahren für die Satellitenübertragung einzusetzen, stehen sich dort die Rundfunkorganisationen als Befürworter des C-MAC-Verfahrens und die Industrie, die wegen der terrestrischen Verteilmöglichkeiten für D- bzw. D2-MAC plädiert, mit ihren Vorstellungen noch gegenüber. Mitte 1987 wurde nach langem Zögern in Großbritannien C-MAC als Übertragungsstandard für den Satelliten-Direktempfang wieder verworfen und die Entscheidung zugunsten von D-MAC gefällt [86].

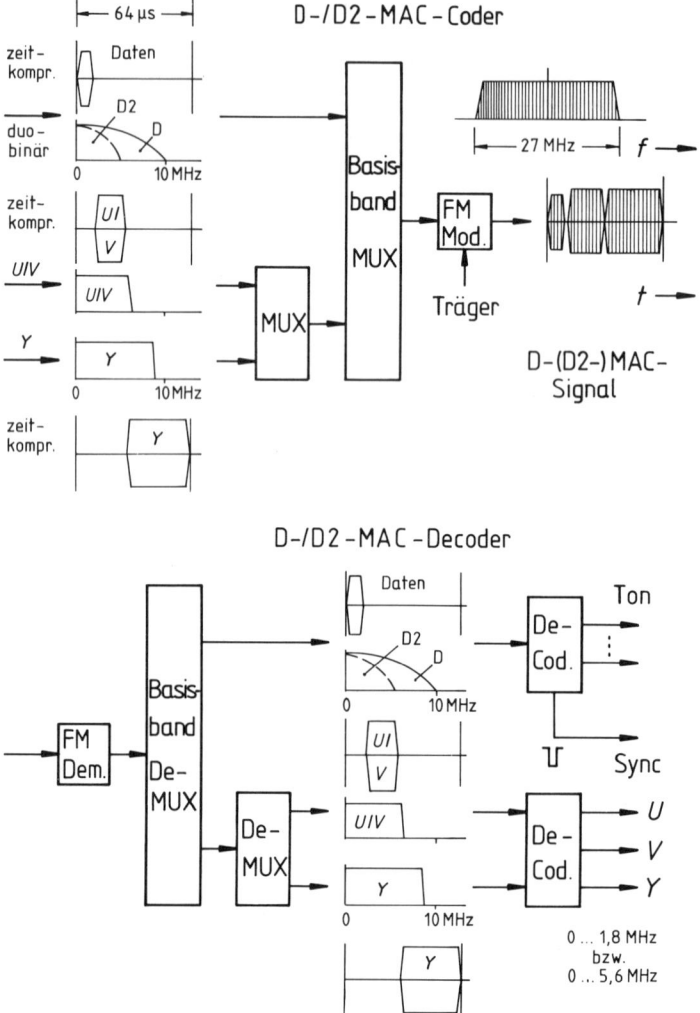

Bild 4.12 Prinzipschaltbild eines D- bzw. D2-MAC-Coders und eines D- bzw. D2-MAC-Decoders

Die Bundesrepublik Deutschland und Frankreich haben im Juni 1985 erklärt, Fernseh-signale über ihre Direktempfangssatelliten TV-Sat und TDF in D2-MAC auszustrahlen. Anfängliche Bedenken wegen der Lieferbarkeit von D2-MAC-Decodern seitens der Rundfunkanstalten konnten durch die Bereitstellung von integrierten Decodern in Ver-bindung mit dem DIGIT-2000-Konzept der Fa. INTERMETALL [87, 88] beseitigt wer-den.

Nach dem erfolgreichen Start des deutschen Direktempfangssatelliten TV-Sat 2 im Juli 1989 wurden erstmals in Europa Fernsehprogrammsignale in D2-MAC über die Trans-ponder des TV-Sat 2 abgestrahlt. Die Ausstrahlung von D2-MAC-codierten Fernseh-signalen wurde in Deutschland zum Jahresende 1994 eingestellt und die Transponder des TV-Sat2 wurden abgeschaltet.

4.2.5 Übertragung im 16:9-Bildformat

Ausgelöst durch die Einführung des 16:9-Bildformates beim PALplus-System wurden Überlegungen angestellt, auch bei D2-MAC die Breitbildübertragung zu integrieren. Es zeigte sich, daß dies ohne technische Umstellungen auf der Sendeseite möglich ist, bei voller Kompatibilität mit dem 4:3-Empfänger, allerdings unter Inkaufnahme eines Auflösungsverlustes gegenüber der Bildvorlage bei der Breitbildübertragung.

Bild 4.13a gibt zunächst die Verhältnisse bei herkömmlicher 4:3-Bildformat-Übertragung wieder. Ausgehend von 575 aktiven Zeilen, erhält man bei gleicher Auflösung horizontal und vertikal

$$575 \cdot 4/3 = 767 \text{ Bildpunkte/Zeile bzw. } 383,5 \text{ c/pw, in } 52 \text{ μs, entsprechend}$$
einer maximalen Bildpunktfrequenz $f_{B,\,max} = 7,37$ MHz.

Mit einem angenommenen KELL-Faktor von 0,75 führt das zu einer Bandbreite des Leuchtdichtesignales $B_y = 5,6$ MHz. Durch die Zeitkompression des Y-Signales um den Faktor 2/3 erhöht sich die Bandbreite auf $B_{Y,\,k} = 8,4$ MHz, was auch der Bandbreite des Übertragskanales B_K entspricht. Nach Zeitexpansion mit dem Faktor 3/2 reduziert sich die Bandbreite wieder auf $B_Y = 5,6$ MHz.

In Bild 4.13b wird von der Übertragung einer 16:9-Bildvorlage ausgegangen. Wiederum bei gleicher Auflösung horizontal und vertikal erhält man nun

$$575 \cdot 16/9 = 1022 \text{ Bildpunkte/Zeile bzw. } 511 \text{ c/pw, in } 52 \text{ μs, entsprechend}$$
einer maximalen Bildpunktfrequenz $f_{B,\,max} = 9,83$ MHz.

Bei gleichem KELL-Faktor wie oben wird $B_Y = 7,4$ MHz und durch die Zeitkompression $B_{Y,\,k} = 11$MHz.

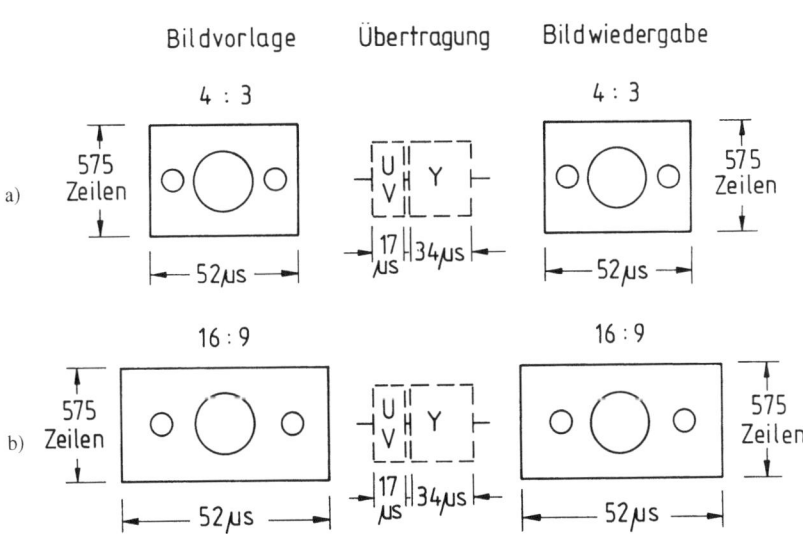

Bild 4.13 Übertragung der Bildvorlage durch Zeitkompression von Leuchtdichte- und Farbdifferenzsignalen beim MAC-Verfahren bei a) Standard-Bildseitenverhältnis 4:3, b) Breitbild-Seitenverhältnis 16:9

Nachdem der Übertragungskanal das zeitkomprimierte Leuchtdichtesignal aber auf $B_K = 8,4$ MHz begrenzt, kann, nach Zeitexpansion die Bandbreite des wiedergegebenen Signales nur $B_Y = 5,6$ MHz betragen, was wiederum einer horizontalen Auflösung von nur 767 Bildpunkten in der aktiven Zeile entspricht. Dies bedeutet aber gegenüber dem 4:3-Bildformat eine Verbreiterung der Bildpunkte in horizontaler Richtung.

Bei der Wiedergabe des 16:9-Bildes auf einem 4:3-Bildschirm muß die Vertikalablenkamplitude reduziert werden, was auch zu einer Reduzierung der Vertikalauflösung, bezogen auf die volle Bildhöhe, führt.

Das D2-MAC-Verfahren hat aber trotz möglicher 16:9-Breitbildübertragung keine große Akzeptanz erfahren, weil eigene Decoder auf der Empfangsseite erforderlich sind und die Verbesserung der Bildqualität für den Fernsehzuschauer nicht so überzeugend wirkt.

4.2.6 Trägerfrequente Übertragung des D-/D2-MAC-Signales durch Restseitenband-Amplitudenmodulation

Das MAC-Signal war anfangs nur für die Satelliten-Übertragung gedacht. Über die Kopfstationen von Breitbandkabel-Systemen werden auch von Satelliten empfangene Fernsehsignale verteilt. Dazu ist es erforderlich, das im Satellitenkanal durch Frequenzmodulation übertragene Signal zunächst vom HF-Träger zu demodulieren und über Restseitenband-Amplitudenmodulation einem Kanalträger im Breitbandkabel-System wieder aufzumodulieren. Die bisher im VHF-Bereich benutzten Kabelkanäle weisen eine HF-Bandbreite von 7 MHz auf (CCIR-Standard B). Das D2-MAC-Signal aber benötigt für den Videoanteil eine Bandbreite bis 8,4 MHz und für den Digitalsignalanteil (Synchronisation und Ton) mindestens etwa 3,5 MHz (bei D-MAC doppelt so viel).

Es wurden deshalb für die Kabelübertragung im sogenannten „Hyperband" (Erweiterter Sonderkanalbereich) von 302 bis 446 MHz neue Kanäle mit 12 MHz Bandbreite zur Verfügung gestellt. Darüber kann nun ein D- bzw. D2-MAC-Signal durch Restseitenband-Amplitudenmodulation übertragen werden. Wie aus Bild 4.14 ersichtlich, wird schon auf der Senderseite die NYQUIST-Filterung vorgenommen, damit beim Empfänger keine Absenkung des Bildträgers erfolgt, was zu einem günstigeren HF-Signal/Rauschabstand führt.

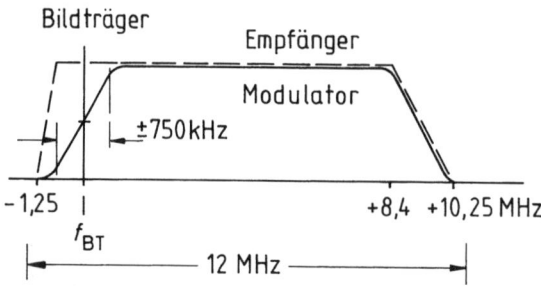

Bild 4.14   Übertragung des D-/D2-MAC-Signales durch Restseitenband-Amplituden-modulation in einem 12-MHz-Kanal

5 Aufbereitung von digitalen Farbbildsignalen im Zeitmultiplex

Bis vor einigen Jahren noch war die Aufbereitung und Übertragung von Fernsehsignalen als Digitalsignal im wesentlichen auf den Studiobereich oder im Fernsehempfänger auf eine Platine beschränkt. Der Grund dafür liegt in der notwendigen hohen Bandbreite, die zur Übertragung eines digitalen Fernsehsignales erforderlich ist. Die digitale Signalverarbeitung bei Videosignalen eröffnet jedoch vielfältige Möglichkeiten der „Bearbeitung", sei es in Speicher- oder Effekt-Einrichtungen. Im Verteil- und Zubringernetz zwischen den Fernsehstudios allerdings ist die digitale Signalübertragung über Lichtwellenleiter und auf Richtfunkstrecken bereits längst übliche Technik. Die geringere Störanfälligkeit des Digitalsignales erlaubt hier eine hochqualitative Bild- und Tonsignalübertragung.

5.1 Prinzip der Pulscodemodulation, Zeitmultiplex

Die Grundlage der digitalen Signalaufbereitung bildet die *Pulscodemodulation* (PCM). Das Prinzip der Signalwandlung über die Pulscodemodulation wird am Beispiel eines einfachen BA-Signales gezeigt (Bild 5.1). Nach Tiefpaß-Bandbegrenzung auf die höchste zu übertragende Signalfrequenzkomponente mit $f_{S\,max}$ werden dem Signal im Takt der Abtastfrequenz f_A kurze Proben entnommen, die jeweils bis zum nächsten Abtastwert in einer Halte-Schaltung gespeichert werden. Bei Videosignalen entfällt die Halte-Schaltung meistens schon wegen der hohen Abtastfrequenz und mit dem beim Video-Analog-Digital-Wandler angewandten Codierprinzip. Die Abtastfrequenz muß gemäß dem Abtasttheorem mindestens doppelt so hoch sein wie die höchste Signalfrequenz.

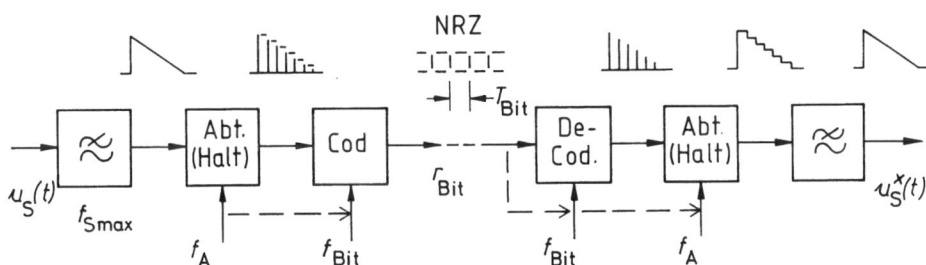

Bild 5.1 Prinzip der Signalwandlung bei der Pulscodemodulation

Die Abtastproben werden dann einem Analog-Digital-Wandler (Cod) zugeführt und in binäre Codeworte umgewandelt. Bei kommerziellen Video-Analog-Digital-Wandlern sind der Abtastteil und die Codierung in die N parallelen Digitalsignale funktionell in einem integrierten Schaltkreis zusammengefaßt. Die Codierung erfolgt bei Videosignalen üblicherweise mit $N = 8$ oder $N = 10$ bit pro Abtastwert. Ein nachfolgender Parallel-Serien-Wandler, der in Bild 5.1 in den Codierer (Cod) mit einbezogen ist und dem der Bit-Takt f_{Bit} zugeführt wird, erzeugt das serielle Datensignal mit der Bitrate r_{Bit} im NRZ-Code (Non Return to Zero, d.h. der logische Pegel geht nicht von „1" auf „0" zurück innerhalb von T_{Bit}).

Für den Bit-Takt gilt die Beziehung

$$f_{Bit} = \frac{N}{bit} \cdot f_A.$$

(5.1)

Die serielle Bitrate beträgt

$$r_{Bit} = N \cdot f_A, \text{ in } \frac{bit}{s}.$$

(5.2)

Die binären Codeworte werden aufeinanderfolgend übertragen, wobei in bestimmten Abständen eine Markierung über den Codewortbeginn einzufügen ist. Der Synchronanteil des analogen BAS-Signales wird meist nur in vereinfachter Form codiert.

Empfangsseitig übernimmt der Digital-Analog-Wandler (Decod) über einen Serien-Parallel-Wandler das ankommende Digitalsignal. Der dazu notwendige Bit-Takt f_{Bit} wird aus dem übertragenen Digitalsignal abgeleitet. Ebenso wird die Abtastfrequenz f_A durch Frequenzteilung aus dem Bit-Takt gewonnen. Eine Abtast-Halte-Schaltung übernimmt vom Digital-Analog-Wandler die decodierten quantisierten Abtastwerte und hält sie jeweils über eine Abtastperiodendauer fest. Man erhält so eine Treppenspannung, die im wesentlichen nur die Signalkomponente beinhaltet. Bei Video-Digital-Analog-Wandlern entfällt jedoch wieder die Halte-Schaltung und es werden die etwa eine halbe Abtastperiodendauer breiten Signalproben direkt auf den Tiefpaß zur Signalrückgewinnung gegeben. In der Treppenspannung und auch schon in den breiten Impulsen aus dem Analog-Digital-Wandler weist die Signalkomponente den sogenannten „si-Frequenzgang" auf, der in Verbindung mit dem nachfolgenden Tiefpaß kompensiert werden muß [77].

Das zurückgewonnene Signal $u_S{}^*(t)$ unterscheidet sich vom Sendesignal $u_S(t)$ durch die Quantisierungsverzerrung. Diese bleibt jedoch bei Codierung mit $N = 8$ bit oder 10 bit pro Abtastwert, entsprechend einer Anzahl von 256 oder 1024 Quantisierungsstufen, sehr gering und wird, insbesondere bei der 10-bit-Codierung, vom Auge nicht wahrgenommen.

Wie schon erwähnt, gibt der eigentliche Video-Analog-Digital-Wandler das Digitalsignal zunächst auf N parallelen Ausgängen ab (Bild 5.2). Der logische Zustand an diesen Ausgängen bleibt über eine Abtastperiodendauer erhalten. Bei der nachfolgenden Parallel-Serien-Wandlung werden in die Abtastperiode T_A dann entsprechend N Bits mit der Zeitdauer von jeweils T_{Bit} eingebracht. Es gilt die Beziehung

$$T_A = \frac{N}{bit} \cdot T_{Bit}.$$

(5.3)

Bei der Codierung von Farbbildsignalen unterscheidet man die

geschlossene Codierung eines FBAS-Signales

oder die

Komponenten-Codierung
bei $R-G-B$-Signalen bzw. $Y-(B-Y)-(R-Y)$-Signalen.

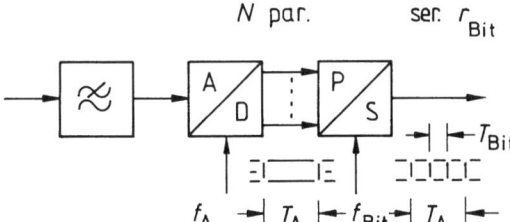

Bild 5.2 Parallel-Serien-Wandlung der
N-bit-Codeworte

Die Codierung eines NTSC-, PAL- oder SECAM-FBAS-Signales mit der in Europa übli-chen Bandbreite erfordert eine Abtastfrequenz von mindestens 10 MHz. Wegen mögli-cher Interferenzstörungen mit dem Farbträger wählt man als Abtastfrequenz ein ganz-zahliges Vielfaches der Farbträgerfrequenz, d. h. mindestens die dreifache Farbträgerfre-quenz von etwa 13,3 MHz. Bei PAL-FBAS-Signalen erweist sich wegen der Viererse-quenz der Burstphasenlage und wegen einer einfachen digitalen Signalverarbeitung die vierfache Farbträgerfrequenz mit 17,734475 MHz als zweckmäßig. Mit einer Codewort-länge von $N = 8$ bit ergibt das eine Bitrate von etwa 142 Mbit/s, siehe dazu Bild 5.3.

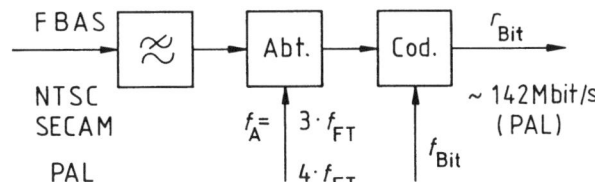

Bild 5.3 Prinzip der geschlossenen
Codierung eines FBAS-Signales

Die geschlossene Codierung findet vor allem dort Anwendung, wo das analoge FBAS-Signal weiter digital verarbeitet werden soll, z.B. in einem Farbfernsehempfänger mit digitaler PAL-Decodierung und digitalen Filtern. Das digitale Codesignal wird dazu parallel auf N Leitungen vom Coder übernommen.

Zur Übertragung eines seriellen digitalen FBAS-Signales, dem noch der Begleitton sowie eine PCM-Rahmenkennung beizufügen sind, wird ein sehr breitbandiger Übertragungs-kanal notwendig. Die kommerziellen digitalen Weitverkehrssysteme sind an festgelegte Bitraten gebunden. Diese betragen z. B. in der dritten Hierarchiestufe 34,368 Mbit/s und in der vierten Hierarchiestufe 139,264 Mbit/s. Eine Anpassung des digitalen Fernseh-signales bedingt eine entsprechende Redundanz- und Irrelevanzreduktion [89].

Bei der Komponenten-Codierung werden an der Signalquelle parallel die Farbwert-signale R, G und B oder das Leuchtdichtesignal Y und die Farbdifferenzsignale $(B-Y)$ und $(R-Y)$ analog-digital-gewandelt und als Digitalsignale in einem Multiplexer zusam-mengefaßt. Am Beispiel von $R-G-B$-Komponentensignalen ist dies in Bild 5.4 demonstriert. Die Abtastfrequenz f_A muß in jedem Kanal das Abtasttheorem erfüllen. In bestimmten Abständen, z. B. in der Vertikal-Austastlücke, wird eine sogenannte Rah-mensynchronisierung eingefügt.

Zur Übertragung der digitalen Komponentensignale sind entweder N parallele Leitun-gen, mit mindestens noch einer zusätzlichen Taktleitung, erforderlich oder es erfolgt

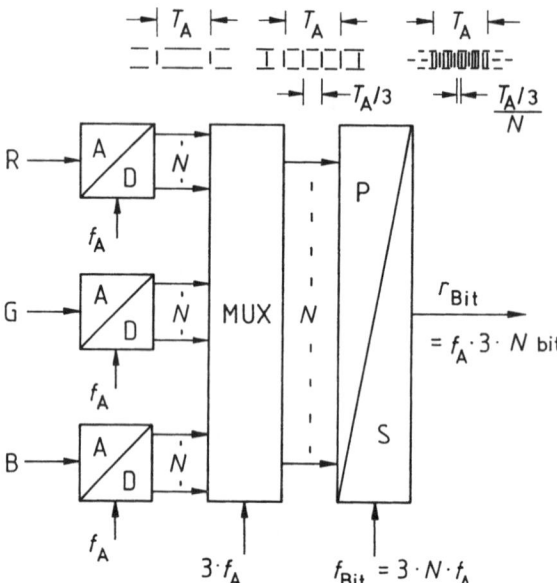

Bild 5.4 Zeitmultiplex der digitalen
RGB-Quellensignale

noch eine Parallel-Serien-Wandlung, wie in Bild 5.4 angegeben. Die Summenbitrate ergibt sich dann zu

$$r_{Bit} = 3 \cdot N \cdot f_A \text{ bit/s.} \tag{5.4}$$

Die Komponenten-Codierung findet üblicherweise im Studio statt.

5.2 Digitale Studionorm UIT-R (CCIR) 601

Im Jahre 1981 verabschiedete das CCIR (Comité Consultatif International des Radio-communications), seit Dezember 1992 durch die Neuorganisation der Internationalen Fernmeldeunion UIT (Union Internationale des Télécommunications) umbenannt in UIT-R, die Empfehlung 601 für die Komponenten-Codierung von Videosignalen im Studiobereich (Digitale Studionorm) für Fernsehsysteme mit 525 Zeilen, 60 Hz und 625 Zeilen, 50 Hz [76].

Die CCIR-Empfehlung 601 definiert im 4:2:2-Standard für 625-Zeilen-Systeme folgende Parameter:

Codierte Signale: Y, C_R, C_B,

wobei diese Signale aus den gammakorrigierten Signalen Y, $(R-Y)$, $(B-Y)$ gewonnen werden, mit

$$C_R = 0{,}713 \cdot (R-Y) = 0{,}500 \cdot R - 0{,}419 \cdot G - 0{,}081 \cdot B$$

$$und \ C_B = 0{,}564 \cdot (B-Y) = -0{,}169 \cdot R - 0{,}331 \cdot G + 0{,}500 \cdot B.$$

Anzahl der Abtastwerte über die gesamte Zeilendauer:

– beim Leuchtdichtesignal Y 864
– bei jedem Farbdifferenzsignal C_R, C_B 432

Abtaststruktur: orthogonal,
in Zeile, Halbbild, Vollbild
C_R- und C_B-Abtastwerte bei 1., 3., ...Y-Abtastwerten

Abtastfrequenz:

– beim Leuchtdichtesignal   13,5 MHz
– bei jedem Farbdifferenzsignal   6,75 MHz.

Die Abtastfrequenz von 13,5 MHz entspricht der 864-fachen Horizontalfrequenz bei dem 625-Zeilen/50-Hz-System.

Codierung: bei gleichmäßiger Quantisierung
mit 8 bit bzw. 10 bit pro Abtastwert
für Leuchtdichtesignal und Farbdifferenzsignale

Anzahl der Abtastwerte über die digitale aktive Zeile (53,33 µs):

– beim Leuchtdichtesignal Y 720
– bei jedem Farbdifferenzsignal C_R, C_B 360

Leuchtdichtesignal-Codierung: mit 220 Quantisierungsstufen, wobei Wert 16 gleich dem Schwarzwert und Wert 235 gleich dem Weißwert ist

Farbdifferenzsignal-Codierung: mit 224 Quantisierungsstufen, wobei Wert 128 gleich dem Unbuntwert ist

Die Symbole C_B und C_R werden für die Farbdifferenzsignale benutzt, deren Matrizierung so vorgenommen wird, daß der Spitze-Spitze-Wert gleich dem maximalen Wert des Leuchtedichtsignales wird.

Tabelle 5.1 gibt dies mit auf- bzw. abgerundeten Werten wieder.

Tabelle 5.1

Bildvorlage	Y	$B-Y$	$R-Y$	C_B	C_R
Weiß	1,00	0	0	0	0
Gelb	0,89	−0,89	+0,11	−0,50	+0,08
Cyan	0,70	+0,30	−0,70	+0,17	−0,50
Grün	0,59	−0,59	−0,59	−0,33	−0,42
Purpur	0,41	+0,59	+0,59	+0,33	+0,42
Rot	0,30	−0,30	+0,70	−0,17	+0,50
Blau	0,11	+0,89	−0,11	+0,50	−0,08
Schwarz	0	0	0	0	0

Die Bandbreite des Y-Signales beträgt mindestens 5,75 MHz. Für die Farbdifferenz-signale C_B und C_R gilt entsprechend ein Wert von 2,85 MHz.

Die Forderungen an das bandbegrenzende Tiefpaßfilter vor der Signalabtastung liegen demgemäß bei sehr geringer Dämpfungsschwankung im Durchlaßbereich (max. $\pm 0,05$ dB) und bei einer Mindestsperrdämpfung von 40 dB ab 8 MHz (beim Y-Signal) bzw. ab 4 MHz (bei C_B und C_R) [76].

5.3 Digitales Zeitmultiplexsignal nach UIT-R (CCIR) 656

Die codierten Abtastwerte von Leuchtdichtesignal und den beiden Farbdifferenzsignalen werden in einem Digitalsignal-Multiplexer zusammengefaßt und im Zeitmultiplex in der Folge

$$C_B, \ Y, \ C_R, \ Y, \ C_B, \ Y, \ C_R \ \text{usw.}$$

parallel auf $N = 8$ bzw. 10 Leiterpaaren mit 27 MWorten/s und einem Leiterpaar für den 27-MHz-Takt übertragen oder seriell über ein Koaxialkabel mit einer Bitrate $r_{Bit} = 216$ Mbit/s (bei 8-bit-Codierung) bzw. $r_{Bit} = 270$ Mbit/s (bei 10-bit-Codierung) mit „Hilfsdaten", auch digitale Tonsignale, während der H- und V-Austastlücken. Siehe dazu Bild 5.5.

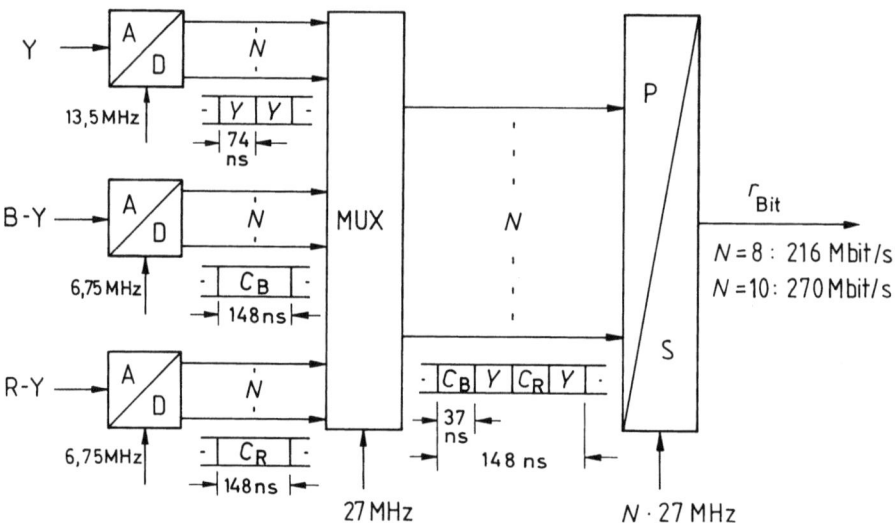

Bild 5.5   Zeitmultiplex der digitalen Y-, $(B-Y)$- und $(R-Y)$-Signale nach UIT-R (CCIR) 601 und 656

Die serielle Summenbitrate r_{Bit} berechnet sich aus

$$r_{Bit} = 13,5 \ \text{MHz} \cdot 8 \ \text{bit} + 2 \cdot 6,75 \ \text{MHz} \cdot 8 \ \text{bit} = 216 \ \text{Mbit/s}$$

bzw.

$$r_{Bit} = 13,5 \ \text{MHz} \cdot 10 \ \text{bit} + 2 \cdot 6,75 \ \text{MHz} \cdot 10 \ \text{bit} = 270 \ \text{Mbit/s}.$$

Aus der Praxis mit digitalen Videosignalen nach CCIR 601 hat sich gezeigt, daß in besonderen Bildvorlagen, z. B. Weißflächen, bei einer 8-bit-Codierung noch Quantisierungsrauschen zu erkennen ist. Die 10-bit-Codierung wird deshalb zukünftig dominieren.

Das serielle Datensignal muß so codiert sein, daß es gleichspannungsfrei ist, und daß aus dem Datenstrom der Bit-Takt abgeleitet werden kann. Man erreicht das durch „Verwürfeln" des Datenstromes (Scrambling) mit einer Pseudozufallssequenz und durch sog. NRZI-Codierung (Non Return to Zero Inverse). Dabei wird eine logische „0" als Gleichspannungswert (z. B. $+5$ V oder Null) und die logische „1" als Gleichspannungssprung codiert.

Nach der CCIR-Norm 656 soll das übertragene Digitalsignal am Leitungsanfang eine Spitze-Spitze-Spannung zwischen 400 mV und 700 mV an einem 75-Ω-Widerstand aufweisen [90, 91, 92, 93].

Unter Berücksichtigung der Austastlücken, d. h. bei Übertragung nur der aktiven Bildpunkte, ergäbe sich eine aktive Summenbitrate für das 625-Zeilen-System aus

720 BP/akt.Zeile $\cdot$ 576 akt.Zeilen $\cdot$ 8 bit/BP $\cdot$ 1/40 ms $=$ 82,944 Mbit/s
für das Y-Signal

und

2 $\cdot$ 360 BP/akt.Zeile $\cdot$ 576 akt.Zeilen $\cdot$ 8 bit/BP $\cdot$ 1/40 ms $=$ 2 $\cdot$ 41,472 Mbit/s $=$ 82,944 Mbit/s für die C_B- und C_R-Signale

von insgesamt

165,888 Mbit/s.

Durch eine gewisse Redundanz- und Irrelevanzreduktion läßt sich ohne merkbaren Qualitätsverlust die Bitrate soweit reduzieren, daß selbst mit zusätzlichem Fehlerschutz und einem digitalen Begleitton die Gesamtbitrate auf einen für digitale Übertragungssysteme festgelegten Wert gebracht werden kann [94, 95] von z. B.

139,264 Mbit/s bei der 4. Hierarchiestufe von PCM-Systemen

oder

155,520 Mbit/s bei STM-1 (Synchrones Transportmodul) bei der Synchronen Digitalen Hierarchie (SDH) [96].

6 Hochauflösendes Fernsehverfahren: HDTV

Die im Abschnitt 1.3 angeführten Überlegungen zu einem HDTV-Signal bezogen sich im wesentlichen auf die Parameter der Bildabtastung und das sich dabei ergebende Helligkeitssignal. Tatsächlich muß natürlich von den Farbwertsignalen R, G, B ausgegangen werden bzw. von dem daraus abgeleiteten Leuchtdichtesignal Y und von noch festzulegenden Farbdifferenz- oder *Chrominanzsignalen.*

6.1 Parameter des HDTV-Verfahrens

Neben den für Europa festgelegten Standardwerten, wie

- 1250 Zeilen, davon 1152 aktive Zeilen
- Bildwechselfrequenz 50 Hz
- zunächst progressive Abtastung
- Bildseitenverhältnis 16:9,

wurden im Projekt *Eureka EU 95* pro aktive Zeile noch festgelegt:

- 1920 Abtastwerte für das Leuchtdichtesignal und
- 960 Abtastwerte für das Chrominanzsignal.

Das Chrominanzsignal wird gebildet aus den beiden Komponenten

- Chrominanz-Breitbandsignal (Wideband) C_W und
- Chrominanz-Schmalbandsignal (Narrowband) C_N,

die wiederum gemäß den Matrixgleichungen

$$C_W = 0{,}63 \cdot R \; - \; 0{,}47 \cdot G \; - \; 0{,}16 \cdot B \qquad (6.1)$$
$$C_N = -0{,}03 \cdot R \; - \; 0{,}38 \cdot G \; + \; 0{,}41 \cdot B \qquad (6.2)$$

aus den Farbwertsignalen abgeleitet werden.

Ähnlich wie beim NTSC-Verfahren mit den I- und Q-Signalen, die auf Achsen maximaler und minimaler Farbempfindung basieren, wurden für das hochauflösende Fernsehverfahren von der Internationalen Beleuchtungskommission (IBK, auch CIE bzw. ICI) 1976 zwei Achsen in der Farbtafel festgelegt, für ein Breitband-Chrominanzsignal C_W, etwa auf der Verbindungslinie von Cyan nach Rot und ein Schmalband-Chrominanzsignal C_N, etwa mit der Achse von Blau über den Weißpunkt nach Gelb (Bild 6.1). Beide Chrominanzsignale zusammen übertragen alle Farben in dem durch die Primärfarben Rot, Grün und Blau begrenzten Dreieck.

In dem durch die Normlichtart D 65 bestimmten Weißpunkt sind die Farbwertanteile $R = G = B$ untereinander gleich und die Chrominanzsignale $C_W = C_N = 0$. Die beim PAL-Verfahren übertragenen Farbdifferenzsignale U und V sind zum Vergleich in Bild 6.1 gestrichelt eingezeichnet [9].
Das Leuchtdichtesignal wird nach wie vor gemäß der Matrizierung

$$Y = 0{,}30 \cdot R \; + \; 0{,}59 \cdot G \; + \; 0{,}11 \cdot B \qquad (6.3)$$

übertragen.

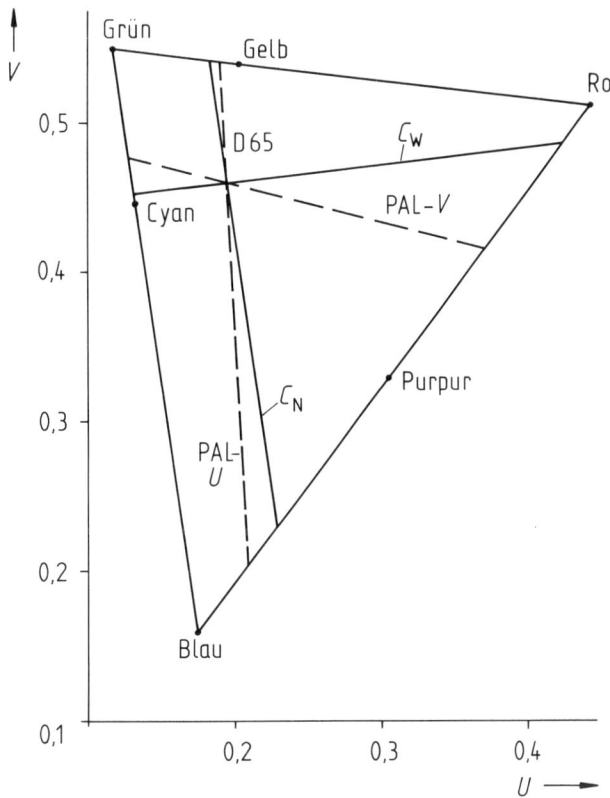

Bild 6.1 IBK-Farbtafel mit den durch die Chrominanzsignale C_W und C_N übertragbaren Farben innerhalb des durch die Eckpunkte Rot, Grün und Blau eingeschlossenen Dreiecks

Die Bandbreite des Leuchtdichtesignales wird aus technischen Gründen auf 25 MHz beschränkt. Die Chrominanzsignale werden mit unterschiedlicher Bandbreite auf 7 MHz beim Breitbandsignal C_W und auf 5,5 MHz beim Schmalbandsignal C_N begrenzt.

In dem Projekt Eureka 95 sind für den HDTV-Produktionsstandard drei Qualitätsstufen vorgesehen:

> der übergeordnete *HDP*-Standard (High Definition Progressive),
> ein nachgeordneter *HDQ*-Standard (High Definition Quincunx) und
> der untergeordnete *HDI*-Standard (High Definition Interlace),
> bei dem mit dem Zeilensprungverfahren gearbeitet wird.

Beim *HDP*-Standard wird von einem orthogonalen Raster mit 1920 Bildpunkten pro aktiver Zeile und 1152 aktiven Zeilen ausgegangen. Die Abtastwerte für das Leuchtdichtesignal und das Chrominanzsignal liegen aufeinander bzw. untereinander, wie aus Bild 6.2a zu entnehmen ist.

Die Auflösungsgrenzen liegen für das Leuchtdichtesignal bei 960 c/pw horizontal und 576 c/ph vertikal, im aktiven Bildteil, und für das Chrominanzsignal bei 480 c/pw und 288 c/ph (Bild 6.2b).

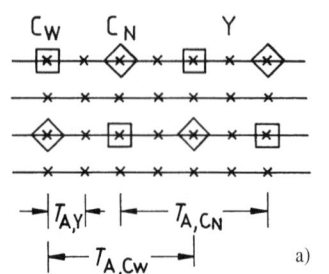

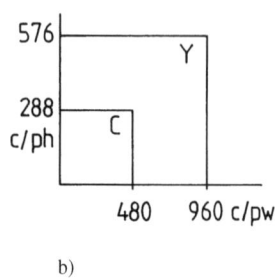

Bild 6.2 HDTV-Produktionsstandard High Definition Progressive
(HDP): a) Abtastraster und b) Auflösungsgrenzen für Luminanz und
Chrominanz

Die Abtastfrequenz beträgt $f_{A, Y}$ = 144 MHz bei 1920 Abtastpunkten für das Leuchtdichtesignal bzw. $f_{A, C}$ = 36 MHz bei 480 Abtastpunkten für das Chrominanzsignal
C_W bzw. C_N.

Die Abtastperiodendauer für das Leuchtdichtesignal beträgt etwa $T_{A, Y}$ = 7 ns. Das
Chrominanzsignal setzt sich aus alternativ in der Zeile entnommenen Abtastwerten des
C_W-Signales und des C_N-Signales zusammen.

Die Abtastperiodendauer hat den Wert $T_{A, Cw}$ = $T_{A, Cn}$ = 28 ns.

Die Dauer der aktiven Zeile ergibt sich zu $T_{h, akt}$ = 1920 · 6,944 ns = 2 · 480 · 13,888 ns
= 13,33 µs. Mit einer Zeilenwechselfrequenz oder Horizontalfrequenz von f_h =
1250 · 50 Hz = 62,6 kHz liegt die Zeilendauer bei T_h = 16 µs.

Bei Codierung der Abtastwerte mit N = 8 bit pro Abtastwert berechnet sich eine
Gesamtbitrate für das serielle Multiplexsignal von

$$r_{Bit} = 144 \cdot 10^6 \text{ Hz} \cdot 8 \text{ bit} + 2 \cdot 36 \cdot 10^6 \text{ Hz} \cdot 8 \text{ bit} = 1,728 \text{ Gbit/s}.$$

Beim nachgeordneten *HDQ*-Standard reduziert sich die Datenrate bereits beträchtlich,
weil hier die Abtastwerte für das Leuchtdichtesignal in *Quincunx*-Anordnung von Zeile
zu Zeile versetzt nur bei jedem zweiten ursprünglichen Abtastort genommen werden
(Bild 6.3a).

Es kann nicht mehr gleichzeitig volle horizontale und vertikale Auflösung für das
Leuchtdichtesignal vorliegen, d. h. die Diagonalauflösung wird reduziert, siehe dazu
Bild 6.3b. Das menschliche Auge ist jedoch weniger empfindlich auf Diagonalauflösung als auf Horizontal- oder Vertikalauflösung. Die Auflösung für das Chrominanzsignal bleibt unberührt.

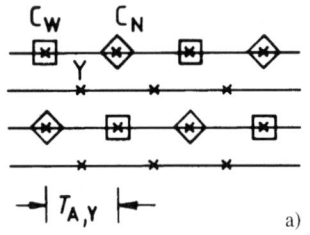

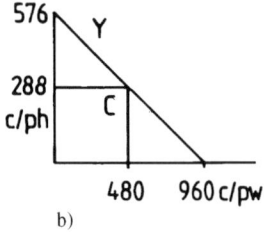

Bild 6.3 HDTV-Produktionsstandard High Definition Quincunx
(HDQ): a) Abtastraster und b) Auflösungsgrenzen für Luminanz und
Chrominanz

Die Abtastfrequenzen betragen nun $f_{A, Y}$ = 72 MHz bei 960 Abtastpunkten für das Leuchtdichtesignal und unverändert $f_{A, C}$ = 36 MHz bei 480 Abtastpunkten für das Chrominanzsignal C_W bzw. C_N. Die Abtastperiodendauer beim Leuchtdichtesignal liegt jetzt bei etwa $T_{A, Y}$ = 14 ns.

Die Gesamtbitrate für das serielle Datensignal wird in diesem Fall

$$r_{Bit} = 72 \cdot 10^6 \text{ Hz} \cdot 8 \text{ bit} + 2 \cdot 36 \cdot 10^6 \text{ Hz} \cdot 8 \text{ bit} = 1{,}152 \text{ Gbit/s.}$$

Dem untergeordneten *HDI*-Standard mit Zeilensprung liegt wieder ein orthogonales Abtastraster zugrunde. Die 1250 Zeilen sind jetzt aber auf zwei Halbraster mit je 625 Zeilen aufgeteilt. Bei einer Halbbildwechselfrequenz von f_v = 50 Hz beträgt nun die Horizontalfrequenz f_h = 31,25 kHz bzw. die Zeilendauer T_h = 32 µs.

Die Abtastung der Bildpunkte erfolgt mit $f_{A, Y}$ = 72 MHz für das Leuchtdichtesignal, mit nun wieder 1920 Abtastwerten im Abstand $T_{A, Y}$ = 14 ns, bzw. mit $f_{A, C}$ = 36 MHz für das Chrominanzsignal im zeitlichen Abstand $T_{A, Cw}$ = $T_{A, Cn}$ = 28 ns (Bild 6.4).

Die Auflösungsgrenzen betragen 960 c/pw in der Horizontalen und, wegen des Zeilensprungverfahrens reduziert, etwa 365 c/ph in der Vertikalen.

Die Bitrate des seriellen Multiplexsignales beträgt jetzt wie beim *HDQ*-Verfahren ebenfalls r_{Bit} = 1,152 Gbit/s [97].

Die aktive Summenbitrate beim digitalen HDTV-Signal berechnet sich mit dem

HDP-Standard zu r_{Bit} = 1,327 Gbit/s
HDQ-Standard r_{Bit} = 884,736 Mbit/s
HDI-Standard r_{Bit} = 884,736 Mbit/s.

Ein vielfach benutzter weiterer Standard, die „HDTV-*Referenzqualität*", bezieht sich auf reduzierte Horizontalauflösung mit − gegenüber der CCIR-601-Qualität verdoppelter Zahl − nun 1440 Abtastwerten pro aktive Zeile für das Leuchtdichtesignal und Zeilensprungverfahren. Die Netto-Bitrate ist hier 663,532 Mbit/s.

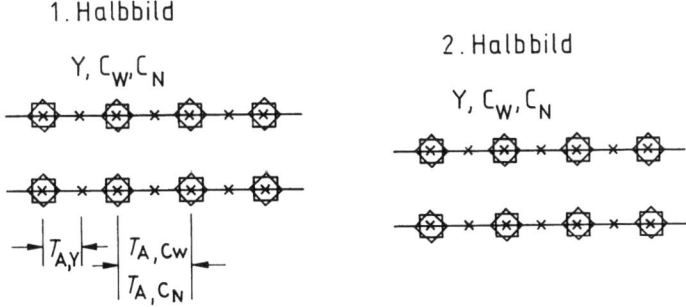

Bild 6.4 Abtastraster für Luminanz und Chrominanz beim HDTV-Zeilensprung-Standard High Definition Interlace (HDI)

6.2 Übertragung eines HDTV-Signales nach dem MUSE-Verfahren

Das von der HDTV-Kamera oder vom Filmabtaster gelieferte Signal weist eine maximale Videofrequenz beim Leuchtdichtesignal auf von

$$f_{B, max} = 76,8 \text{ MHz beim HDP-Standard bzw.}$$
$$f_{B, max} = 38,4 \text{ MHz beim HDQ- oder HDI-Standard.}$$

Mit Berücksichtigung eines KELL-Faktors von etwa 0,65 erhält man die Bandbreite des Leuchtdichtesignales dann mit

$$B_{Video} = 50 \text{ MHz bzw. } 25 \text{ MHz.}$$

Die Übertragung eines HDTV-Signales im Frequenzmultiplex ist zwar Anfang der achtziger Jahre in Japan diskutiert worden (Half-Line-Offset-PAL-Verfahren), es kam jedoch wegen der notwendigen hohen Übertragungsbandbreite nicht zur Einführung [9].

Ein anderer Weg führte über eine Bandbreitereduktion durch Unterabtastung zur Zeitmultiplex-Übertragung vom Luminanz und Chrominanz.

Bereits im Jahr 1988 übertrug die NHK (Nippon Hoso Kyokai) anläßlich der Olympischen Sommerspiele in Seoul über einen Direktempfangssatelliten einen Teil ihrer Berichte nach der japanischen HDTV-Norm über einen 8-MHz-Videokanal. Zur Anwendung kam dabei das von der NHK entwickelte *MUSE-Verfahren* (Multiple Sub-Nyquist-Sampling Encoding).

Das Grundprinzip des MUSE-Verfahrens basiert auf der Austauschbarkeit von Bandbreite und Übertagungsdauer. So kann z. B. ein Videosignal mit 5 MHz Bandbreite als Teilbild in einer 1/25 s über einen 5-MHz-Kanal übertragen werden oder ein Teilbild eines HDTV-Signales mit 20 MHz Bandbreite in 4 mal 1/25 s über den gleichen 5-MHz-Kanal. Sowohl auf der Sendeseite als auch auf der Empfangsseite erfordert dieses Verfahren allerdings eine Speicheranordnung, die ähnlich ja schon vom MAC-Verfahren bekannt ist. Am Beispiel einer einfachen Bildvorlage mit 24 Bildpunkten im Halbbild sei dieses Prinzip der „Unterabtastung" (Sub-Nyquist-Sampling) demonstriert (Bild 6.5).

Die Bildauflösung wird bei jedem Abtastvorgang auf ein Viertel reduziert. Insgesamt jedoch erhält man auf der Empfangsseite nach entsprechend schnellem Auslesen des Speichers jedes Teilbild mit der vollen Auflösung zurück, allerdings ein neues Teilbild erst nach $4 \times 1/25$ s = 160 ms. Das Verfahren funktioniert prinzipiell deshalb nur für ruhende oder nur sehr langsam bewegte Bildvorlagen.

Beim MUSE-Verfahren wird nun nach einer Reihe von komplizierten Prozessen über einen Bewegungsdetektor zunächst festgestellt, ob im Bild eine Bewegung vorhanden ist. Bewegte Bildteile werden dann mit verminderter Auflösung wiedergegeben, was vom Auge nicht als störend empfunden wird. Bei einer langsamen Bewegung des gesamten Bildes wird eine Zusatzinformation übertragen, die im Empfänger dafür sorgt, daß quasi ein stehendes Bild wiedergegeben wird.

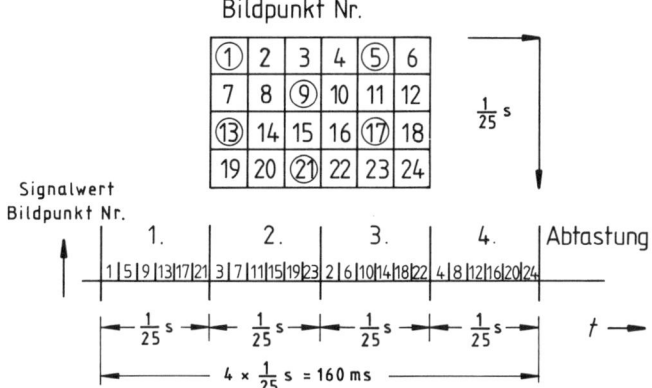

Bild 6.5 Prinzip der Unterabtastung beim MUSE-Verfahren

Für die von der HDTV-Quelle kommenden Signale wird eine Bandbreite von

20   MHz beim Leuchtdichtesignal Y,
7   MHz beim Chrominanzsignal C_W und
5,5 MHz beim Chrominanzsignal C_N

festgelegt.

Die Bildwechselfrequenz beträgt 30 Hz. Bei 1125 Zeilen ergibt das eine Zeilenwechselfrequenz von 33 750 Hz bzw. eine Zeilendauer von etwa 29,63 µs. Während des aktiven Teils der Zeile (Hinlauf) erscheint das Leuchtdichtesignal Y im Zeitmaßstab 1:1. Innerhalb der Zeilenrücklaufzeit werden zeilenweise alternierend die Chrominanzsignale C_W und C_N zeitlich im Verhältnis 4:1 komprimiert übertragen (Bild 6.6). Dieses Verfahren wird als „Time Compressed Integration of Line Colour Signals" (TCI) bezeichnet. Durch die Zeitkompression wird die Bandbreite des C_W-Signales auf 28 MHz erhöht. Mit der Bandbreitenreduktion durch die Unterabtastung um den Faktor 4 gelangt man jedoch wieder unterhalb die Bandgrenze des 8-MHz-Übertragungskanales. Ein Begleitton wird in der Vertikal-Austastlücke übertragen.

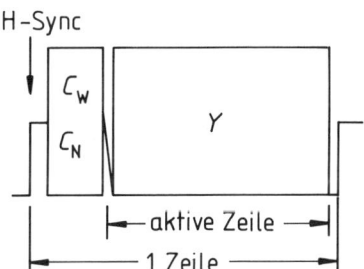

Bild 6.6 Zeitlicher Ablauf des MUSE-Signales während einer Zeile

Der MUSE-HDTV-Empfänger benötigt eigentlich zwei Vollbildspeicher mit je 10 Mbit Speicherkapazität. Den Speicheraufwand kann man reduzieren, wenn gewisse Störungen in Kauf genommen werden [9].

Das Verfahren wurde bereits 1984 vorgestellt. Es zeigt bei ruhenden Bildvorlagen bemerkenswert gute Ergebnisse. Eine ausführliche Beschreibung findet sich in [98]. Durch die Entwicklung moderner Datenkompressionsverfahren und, damit verbunden, die bevorstehende Einführung der digitalen Fernsehsignalübertragung denkt man jedoch in Japan nun daran, das HDTV-System „Hi-Vision", das mit dem MUSE-Verfahren arbeitet, aufzugeben. Nicht zuletzt liegt der Grund auch in den sehr teuren MUSE-Decodern [99].

6.3 Übertragung eines HDTV-Signales nach dem HD-MAC-Verfahren

Mit dem MAC-Zeitmultiplex-Verfahren wurde bereits eine merkliche Qualitätsverbesserung gegenüber den eingeführten Übertragungs-Standards erreicht. Deren Grenzen sind jedoch aufgrund der Bildaufnahmetechnik mit 625 Zeilen gegeben. Im Rahmen des Eureka-95-Projektes war auch ein HDTV-Übertragungsverfahren vorgesehen, das auf dem MAC-Verfahren basiert und zu diesem abwärtskompatibel ist.

Anläßlich der Olympischen Winterspiele 1992 in Albertville und insbesondere bei den Olympischen Sommerspielen 1992 in Barcelona wurde das „High-Definition-MAC-Verfahren" HD-MAC im praktischen Einsatz demonstriert, mit Wiedergabe der übertragenen HDTV-Bilder auf HD-MAC-Empfängern mit 1250-Zeilen-Raster oder kompatibel auf D2-MAC-Empfängern mit 625-Zeilen-Raster. Die Ergebnisse wurden unterschiedlich beurteilt, waren aber im wesentlichen sehr gut.

Bei HD-MAC liegt eine gewisse Ähnlichkeit mit MUSE vor, weil auch hier ein Austausch von Bandbreite gegen Übertragungsdauer vorgenommen wird. Es werden analoge Signalabtastwerte der zeitkomprimierten Leuchtdichte- und Farbdifferenzsignale sowie ein digitales Synchron- und Ton-Daten-Signal wie bei D-/D2-MAC übertragen. Das HD-MAC-Signal weist eine Video-Bandbreite von etwa 10 MHz auf und kann damit, wie ein D2-MAC-Signal, durch Frequenzmodulation im Satellitenkanal oder durch Restseitenband-Amplitudenmodulation in einem 12-MHz-Kanal im Breitband-Kabelnetz übertragen werden.

Beim HD-MAC-Verfahren wird von einer HDTV-Signalquelle mit HDI-Standard, d. h. genau genommen von der „Referenzqualität" mit 1440 Bildpunkten pro Zeile ausgegangen. Die Bandbreite des Quellensignales beträgt damit etwa 20 MHz. Im HD-MAC-Coder wird daraus ein D2-MAC-kompatibles Signal mit 625 Zeilen, 50 Hz und Zeilensprung aufbereitet.

Das HD-MAC-Videosignal wird durch eine Folge von Abtastwerten mit der Frequenz von 20,25 MHz übertragen. Die Bandbreite des Basisband-Übertragungskanales muß dazu mindestens die 1. NYQUIST-Bedingung mit $B = 10,125$ MHz erfüllen, bezogen auf den 50%-Wert einer Übertragungsfunktion mit $\cos^2$-Roll-Off-Verlauf. Mit einem Roll-Off-Faktor von $r = 0,1$ beträgt dann die praktisch notwendige Bandbreite etwa 11 MHz.

Der Ton-/Daten-Burst ist identisch bei D-/D2-MAC und HD-MAC. Bei HD-MAC wird zusätzlich innerhalb der Vertikal-Austastlücke in zwei mal 20 Zeilen ein DATV-Signal (Digital Assisted TV) mit 20,25 Mbit/s, duobinär codiert, für den HD-MAC-Decoder übertragen.

Die Aufbereitung des Videosignales geschieht beim HD-MAC-Verfahren über eine bewegungsadaptive *3-Wege-Signalverarbeitung*. Die Bildvorlage wird dazu in eine größere Anzahl von Einzelfeldern (Blöcke) aufgeteilt und die jeweilige Bildinformation in Abhängigkeit von der Bewegung im Einzelfeld mit unterschiedlicher Teilbilddauer übertragen. Die Videobandbreite kann so auf etwa 10 MHz begrenzt werden [97].

Über die 3-Wege-Signalverarbeitung (Bild 6.7) findet eine Aufbereitung des Videosignales in den Bildbereichen statt:

- mit wenig Bewegung über 4 Teilbilder hinweg (in 80 ms) mit voller Ortsauflösung, gemäß den 1250 Zeilen
- mit mehr Bewegung über 2 Teilbilder hinweg (in 40 ms) mit verminderter Auflösung
- mit viel Bewegung in 50 Halbbildern/s (20 ms pro Halbbild) und einer Ortsauflösung gemäß 625 Zeilen.

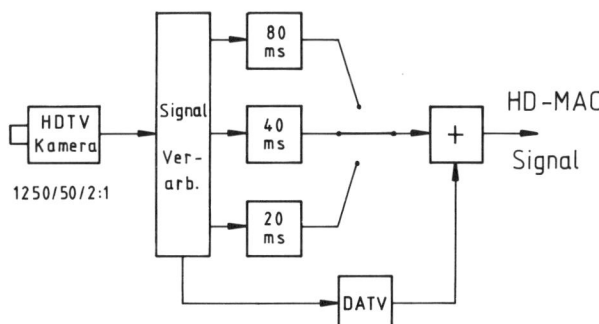

Bild 6.7   3-Wege-Signalverarbeitung
beim HD-MAC-Coder

6.3.1 Bildsignalaufbereitung über 3-Wege-Signalverarbeitung

Das Prinzip des HD-MAC-Coders ist in Bild 6.8 dargestellt. Die ankommenden *RGB*-Quellensignale werden im Analog-Digital-Wandler in Verbindung mit einer digitalen Matrix in die HDTV-Komponentensignale $HD-Y$ und $HD-C_BC_R$ umgewandelt. Nach entsprechender Vorverarbeitung, d.h. im wesentlichen digitale Filterung, werden die Komponenten des Leuchtdichtesignales, Y_{80}, Y_{40} und Y_{20} der Entscheidungseinheit zugeführt und dort mit dem Referenzsignal verglichen. Die Entscheidung, welcher Signalweg aus „80 ms", „40 ms" oder „20 ms" gewählt wird, geht direkt und im DATV-Signal codiert an den HD-MAC-Multiplexer. Auch wird die Chrominanzsignal-Verarbeitung, d.h. digitale Filterung, von der Entscheidungseinheit her gesteuert. Das digitale Tonsignal muß der Verzögerung im Bildsignal durch die umfangreiche digitale Signalverarbeitung angepaßt werden [100].

Zur digitalen Verarbeitung des HDTV-Quellensignales erfolgt in einem ersten Schritt die Abtastung des

Leuchtdichtesignales mit einer Abtastfrequenz von $f_A = 54$ MHz, entsprechend der Abtastperiodendauer $T_A = 18{,}5$ ns

und der

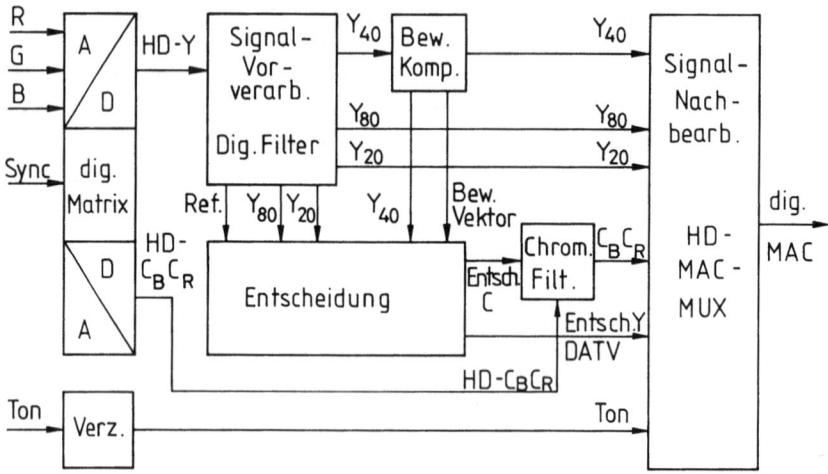

Bild 6.8   Prinzipschaltbild eines HD-MAC-Coders

Chrominanzsignale mit einer Abtastfrequenz von $f_A = 27$ MHz, entsprechend der Abtastperiodendauer $T_A = 37$ ns.

Mit nun 1440 Abtastwerten des Leuchtdichtesignales beträgt die maximal mögliche Auflösung in horizontaler Richtung 720 c/pw und liegt damit zwischen der Auflösung nach CCIR 601 (360 c/pw) und der HDTV-Studionorm mit 960 c/pw.

Die Abtastung des 1250-Zeilen-HDTV-Signales erfolgt in einem orthogonalen Raster mit 54-MHz-Impulsen. Die von zwei zusammengehörigen Halbbildern gewonnenen Abtastwerte werden als Vollbild in einem Speicher abgelegt. Im weiteren erfolgt dann in parallelen Zweigen nach digitaler Tiefpaß-Filterung eine Unterabtastung (Sub Sampling, SS) im Quincunx-Raster mit einer Abtastfrequenz von

27 MHz im 80-ms- und im 40-ms-Modus bzw.
13,5 MHz im 20-ms-Modus (B i l d 6.9).

Damit wird vom ursprünglichen Leuchtdichtesignal nur jeder zweite bzw. sogar nur jeder vierte Bildpunkt in einer Zeile weiter verarbeitet.

Es folgt im 80-ms- und im 20-ms-Modus ein zeilenweise alternierendes Zusammenfassen von Abtastwerten im sogenannten „Line Shuffling" (LS). In B i l d 6.10 ist dieser Vorgang, ausgehend von einem HD-Vollbild bis zur Übertragung durch vier Standard-Auflösung-Halbbildern (SD-HB), für den 80-ms-Modus darstellt sowie die Wiedergabe der übertragenen Bildpunkte beim HD-MAC-Empfänger mit 1250 Zeilen bzw. beim D2-MAC-Empfänger mit 625 Zeilen.

Im 40-ms-Modus wird nur jeweils das erste HD-Halbbild im Quincunx-Raster abgetastet. Das sich daraus ergebende Signal wird – wegen der Kompatibilitätsforderung – mittels synthetischem Zeilensprung (SI) übertragen. Bei der Wiedergabe ist eine Wiederholung eines HD-Halbbildes nur bei sehr geringer Änderung zwischen den Halbbildern tolerierbar. Es wird deshalb ergänzend eine bewegungsadaptive Interpolation der Bild-

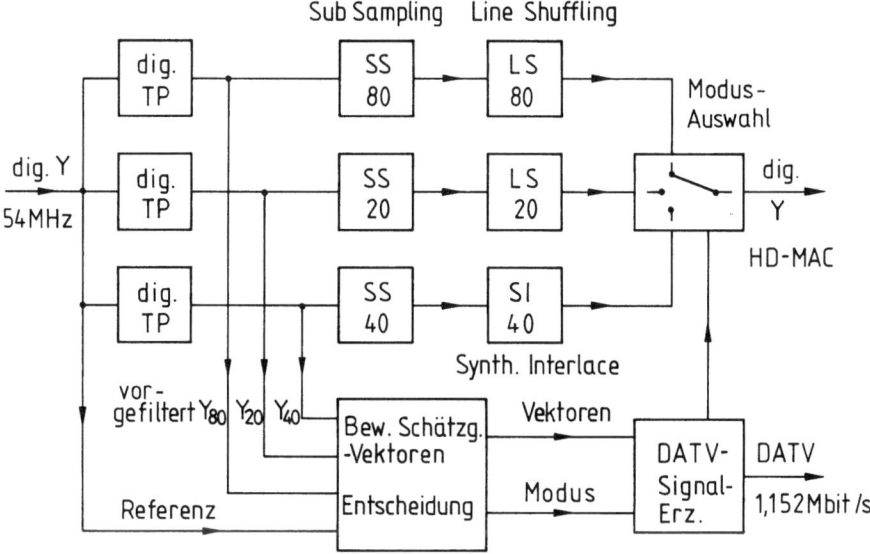

Bild 6.9   Signalverarbeitung beim HD-MAC-Coder

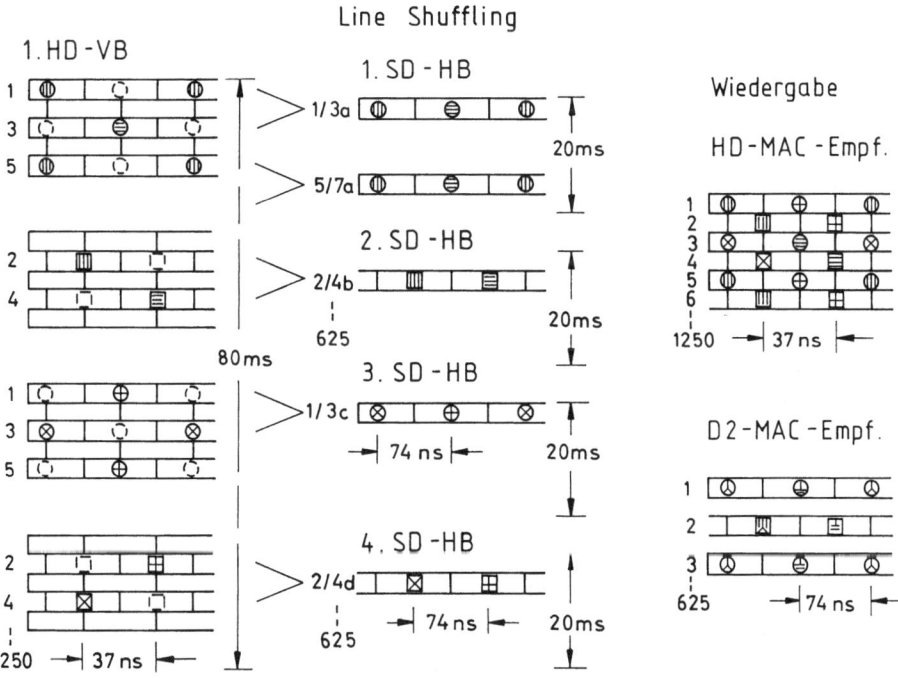

Bild 6.10   Line Shuffling mit den Luminanz-Abtastwerten beim 80-ms-Modus und Wiedergabe beim HD-MAC- bzw. D2-MAC-Empfänger

punkte im zweiten Halbbild vorgenommen, um ein Zittern in der Bewegungsphase zu vermeiden. Man überträgt dazu im DATV-Signal alle 40 ms einen Bewegungsvektor, der für einen Block mit 16×8 Bildpunkten gilt, und über den im jeweils zweiten HD-Halbbild ein Mittelwert für den bewegten Bildbereich berechnet wird [101, 102].

Im 20-ms-Modus erfolgt aus dem 54-MHz-Abtastraster heraus eine Unterabtastung mit 13,5 MHz, so daß nur jeder vierte Bildpunkt übernommen wird. Die Bildauflösung in horizontaler und vertikaler Richtung ist nun auf die bei Standard-TV üblichen Werte von 360 c/pw und 288 c/ph reduziert. Es ist jedoch volle Bewegungsauflösung gewährleistet.

Beim HD-MAC-Verfahren findet in jedem Signalverarbeitungszweig eine Datenreduktion um den Faktor vier statt: Im 80-ms-Modus werden von den 1.658.880 Abtastwerten des aktiven Vollbildes (40 ms) aus dem 54-MHz-Abtastraster durch Unterabtastung mit 27 MHz, wiederum bezogen auf 40 ms, nur 414.720 Abtastwerte übertragen.

Im 40-ms-Modus werden nach Unterabtastung eines HD-Halbbildes mit 27 MHz in zwei SD-Halbbildern (2 mal 20 ms) auch 414.720 Abtastwerte übertragen.

Im 20-ms-Modus schließlich werden nach Unterabtastung eines HD-Vollbildes mit 13,5 MHz in zwei SD-Halbbildern ebenfalls 414.720 Abtastwerte übertragen.

Die Wiedergabe des HD-MAC-Vollbildes erfolgt in jedem Fall durch 829.440 Bildpunkte. Diese erhält man im 80-ms-Modus nach vier übertragenen SD-Halbbildern, im 40-ms-Modus durch Wiederholung der übertragenen Bildpunkte mit Bewegungsinterpolation und im 20-ms-Modus durch zweifache Wiedergabe der übertragenen Bildpunkte.

6.3.2 D-/D2-MAC-kompatible Übertragung des Bildsignales

Neben der Forderung nach Übertragung eines 625-Zeilen-Signales mit Zeilensprung, die wie oben beschrieben erfüllt wird, gilt es noch, das zeitkomprimierte Videosignal über einen 10-MHz-Tiefpaßkanal zu bringen.

Wie eingangs schon angeführt, wird das zeitkomprimierte HD-MAC-Videosignal durch eine Folge von Abtastwerten mit 20,25 MHz Abtastfrequenz übertragen. Am Beispiel des Leuchtdichtesignales sei dies näher erläutert.

Das von der Signalaufbereitung kommende digitale Signal, das eine entsprechende Analogsignal-Bandbreite von 10 MHz aufweist, wird durch Offset-Unterabtastung im 13,5-MHz-Takt in einen Zwischenspeicher eingelesen und zeitkomprimiert mit der Auslesefrequenz von 20,25 MHz nach Digital-Analog-Wandlung in Form schmaler Impulse wieder entnommen.

Die Unterabtastung des 10-MHz-Videosignales mit 13,5 MHz hätte eigentlich ein Aliasing zur Folge. Dies aber ist nicht der Fall, wenn die Abtastung im Quincunx-Raster erfolgt. Unter der vereinfachten Annahme, daß das Bildsignal in zwei aufeinanderfolgenden Zeilen gleich ist, ergibt sich durch diese Offset-Abtastung eine Phasenumkehr des um die Abtastfrequenz gefalteten Signalspektrums von Zeile zu Zeile und damit insgesamt eine Kompensation. Das Basisband-Spektrum ist in beiden Fällen gleichphasig. Dasselbe gilt auch für die Abtastung des zeitkomprimierten Videosignales mit einem 20,25-MHz-Abtastpuls. Siehe dazu Bild 6.11.

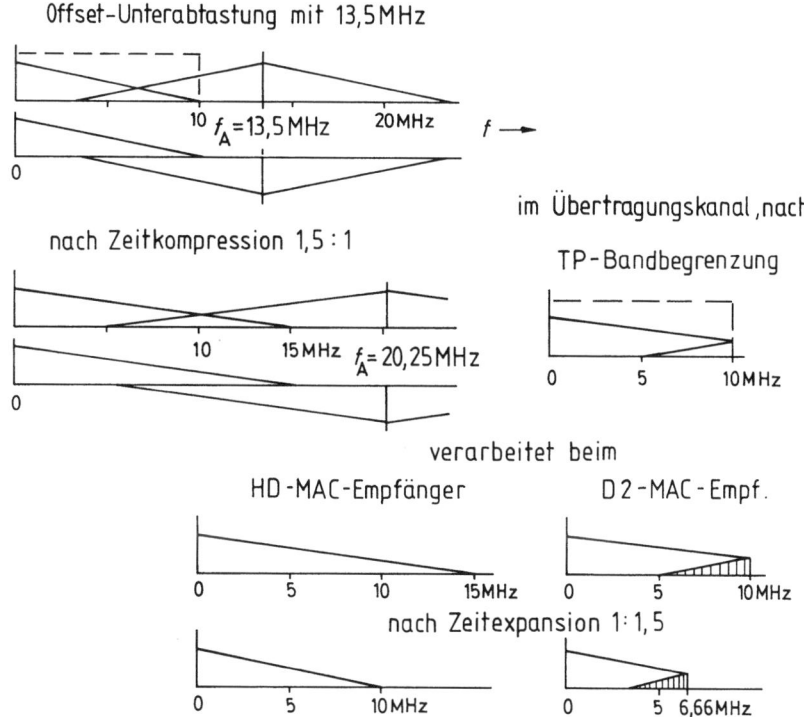

Bild 6.11 Offset-Unterabtastung beim HD-MAC-Verfahren und Verarbeitung des Signalspektrums beim HD-MAC- bzw. D2-MAC-Empfänger

Die Übertragung des HD-MAC-Signales muß nun in einem MAC-kompatiblen Kanal mit etwa 10 MHz Bandbreite möglich sein. Dazu bezieht man sich auf das erste NYQUIST-Theorem, wonach von einem periodischen Impulssignal mindestens die 1. Harmonische des schnellstmöglichen Signalwechsels zu übertragen ist. Dies kann geschehen über einen idealen Tiefpaß mit der Bandbreite B gleich dieser maximalen Signalfrequenz, was allerdings mit starken Vor- und Nachschwingern gemäß der Systemreaktion des idealen Tiefpasses (si-Funktion) verbunden ist. Das in der Impulsfolge enthaltene Signal kann aber auch dann eindeutig zurückgewonnen werden, wenn der Tiefpaß eine zur Bandbreite B symmetrische Übertragungsfunktion mit Roll-Off-Verhalten aufweist. Je nach dem Roll-Off-Faktor erhält man ein mehr oder weniger starkes Überschwingen. Das Überschwingen würde nahezu verschwinden bei einem Roll-Off-Faktor von $r = 1$, aber damit wäre die insgesamt notwendige Übertragungsbandbreite gleich dem zweifachen Wert von B.

Als Kompromiß wählte man nun für die Übertragung des HD-MAC-Signales einen $\cos^2$-Roll-Off Tiefpaß mit einer 50% Bandbreite $B - 10{,}125$ MHz und einem Roll-Off-Faktor von $r = 0{,}1$. Die Systemreaktion dieses Tiefpasses auf eine Impulsfolge ergibt Nulldurchgänge im Abstand von $1/2B = 49{,}38$ ns, so daß bei Abtastung des resultierenden Signales am Ausgang des Tiefpasses im phasenrichtigen Takt mit der Abtastfrequenz $f_A = 20{,}25$ MHz die ursprünglichen Signalabtastwerte wieder eindeutig zurückgewonnen werden können. Durch zeilenweise Offset-Abtastung kompensiert sich wieder das Faltungsspektrum um die Abtastfrequenz wie oben beschrieben (Bild 6.12).

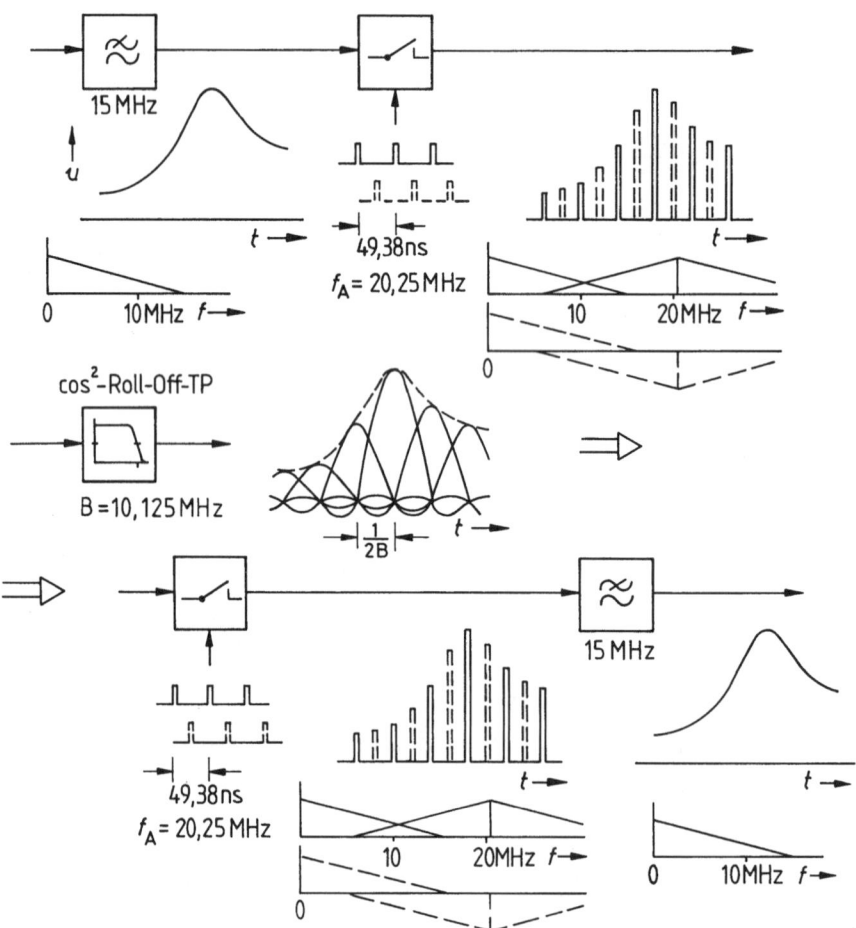

Bild 6.12   Zeitlicher Signalverlauf und Spektrum des Luminanzsignales auf der Sende- und Empfangsseite beim HD-MAC-Verfahren

Während im HD-MAC-Empfänger das übertragene Signalband bis 15 MHz und nach Zeitexpansion bis 10 MHz frei von Aliasprodukten rekonstruiert wird, tritt beim D2-MAC-Empfänger allerdings ein Teil des Faltungsspektrums nach Zeitexpansion im Frequenzbereich von 3,5 bis 6,66 MHz als hochfrequente Störung auf (siehe dazu nochmals Bild 6.11). Man kann jedoch davon ausgehen, daß diese Störkomponenten aus einem ursprünglichen Signalfrequenzbereich von 6,84 bis 10 MHz nur mit geringer Amplitude auftreten.

Bild 6.13 zeigt das Restseitenband-AM-Spektrum des HD-MAC-Videosignales im 12-MHz-Kabelkanal. Wie schon beim D2-MAC-Signal, liegt auch hier die NYQUIST-Flanke im Trägerbereich auf der Sendeseite. Im Hinblick auf eine Optimierung der Systemeigenschaften wird die an der oberen Bandgrenze notwendige Spektrumsformung mit dem Roll-Off-Faktor $r = 0,1$ zu gleichen Teilen auf die Sende- und Empfangsseite verlagert. Diese sogenannte „Halb-NYQUIST-Filterung" wird erreicht, indem bei der Bandbreite B der Abfall der Übertragungsfunktion nicht auf 50% sondern auf 70,7%

festgelegt wird. Die Filterung erfolgt im Basisband mittels eines digitalen Tiefpaßfilters. Die um den Träger symmetrische NYQUIST-Flanke ist mit ± 500 kHz steiler als bei D2-MAC (± 750 kHZ) [97].

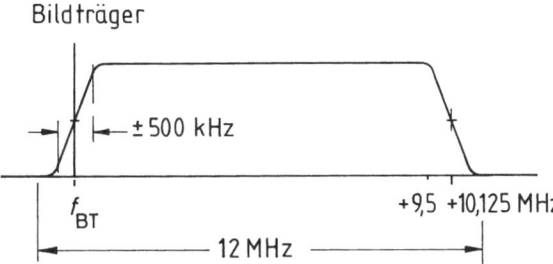

Bild 6.13 Übertragung des HD-MAC-Signales durch Restseitenband-Amplitudenmodulation in einem 12-MHz-Kanal

Bei der Übertragung des HD-MAC-Signales im Satelliten-Kanal durch Frequenzmodulation ist zu berücksichtigen, daß nun aufgrund der höheren Signalbandbreite auch das videofrequente Rauschen wegen des dreieckförmigen Rauschspannungsanstiegs eine wesentliche Anhebung erfährt. Dazu kommen noch die höhere Auflösung am Bildschirm und der geringere Betrachtungsabstand, was die Wahrnehmbarkeit der Rauschstörung fördert. Als wirkungsvolle Gegenmaßnahme hat sich die Einführung einer nichtlinearen Pre- und Deemphase erwiesen, die allerdings kompatibel mit der D2-MAC-Signalübertragung sein muß.

Die Verringerung des subjektiven Störeindrucks beruht auf einer Abschwächung der höherfrequenten Signalanteile mit geringer Amplitude und damit aber auch der mit zunehmender Frequenz in der Amplitude ansteigender Rauschanteile nach dem FM-Demodulator im Empfänger. Das Absenken der Signalkomponenten wird durch eine entgegengesetzt wirkende Preemphase beim FM-Modulator kompensiert.

Ergänzend dazu wird im Signalübertragungsweg auch noch die Standard-MAC-Pre- und -Deemphase verwendet [97].

Im Jahr 1993 schon kam zutage, daß das HD-MAC-Verfahren wohl der hohen Innovationsgeschwindigkeit mit Einführung der „volldigitalen" Fernsehsysteme zum Opfer fallen und kaum mehr Chancen auf eine breite Einführung haben wird [103].

6.4 Übertragung eines HDTV-Signales nach dem BB-MAC-Verfahren

Bei der HDTV-Signalübertragung ist prinzipiell eine sehr hohe Bandbreite notwendig. Es muß dabei jedoch unterschieden werden, ob es sich um einen hochrangigen Übertragungskanal für Verbindungen zwischen HDTV-Studios („Contribution"), um eine Verbindung zwischen Studio und Kabel-Kopfstation („Primary Distribution") oder um den Übertragungskanal zum Heimempfänger („Secundary Contribution") handelt. Die einzelnen Abschnitte der Signalverteilung können mit unterschiedlicher Bandbreite betrieben werden.

Für Contribution-Verbindungen wird man vielfach auf Satelliten-Kanäle zurückgreifen, die für den Programmaustausch dienen. Diese weisen zum Teil eine Bandbreite von 90 MHz auf. Innerhalb dieser Bandbreite kann sowohl durch analoge Frequenzmodulation als auch durch digitale Trägermodulation ein HDTV-Signal ohne wesentliche Datenreduktion übertragen werden, um damit Nachbearbeitungen ohne Einbuße an Bildqualität vornehmen zu können.

Ein analoges, zum 625-Zeilen-MAC-Format kompatibles HDTV-Übertragungsverfahren ist mit dem *Breitband-MAC-Verfahren* (BB-MAC) entwickelt worden. Es erlaubt das HDTV-Signal mit 20,25 MHz Bandbreite, also doppelt so hoch wie bei HD-MAC, zu übertragen. Die Rahmenstruktur des D2-MAC-Signales bleibt vollkommen erhalten. Das BB-MAC-Signal ist von einem D2-MAC-Empfänger decodierbar und kann damit als 625-Zeilen-Bild wiedergegeben werden.

Eine genaue Beschreibung des BB-MAC-Verfahrens findet sich in [104].

7 Datenreduktion beim digitalen Quellensignal

Das im Studio aufbereitete digitale Quellensignal weist eine Standard-Bitrate von 216 Mbit/s bzw. 270 Mbit/s für das 625-Zeilen-Videosignal oder, im Falle eines HDTV-Signales, mindestens eine aktive Bitrate von etwa 664 Mbit/s auf. Zu der aktiven Video-signal-Bitrate kommen noch digitale Tonsignale und Synchronisation sowie Fehler-schutzdaten hinzu.

Die Übertragung solcher digitaler Quellensignale über herkömmliche terrestrische Rundfunk-TV-Kanäle mit 7 bzw. 8 MHz Bandbreite oder Satellitenkanäle mit Kanal-bandbreiten von 26 bis 36 MHz ist mit den bisher angewandten Modulationsverfahren nicht möglich. Es wird somit notwendig, eine Reduktion der Datenraten beim digitalen Videosignal vorzunehmen.

7.1 Prinzipien der Datenreduktion

Eine Reduktion der Bitrate kann vorgenommen werden unter Ausnutzung der Redun-danz und Irrelevanz im Bildsignal. Dazu ist es erforderlich, die redundante und irrele-vante Information in dem Videosignal zu definieren und dem Datenstrom zu entneh-men.

Redundante Information verbirgt sich

- in den Austastlücken mit dem sich wiederholenden Synchronsignal und insbesondere darin, daß
- aufeinanderfolgende Bildpunkte und vor allem
- aufeinanderfolgende Teilbilder oft sehr ähnlich sind.

Darüber hinaus liegt Redundanz auch in der Tatsche, daß

- nicht alle Grau- und Farbabstufungen gleich häufig vorkommen.

Redundanzreduktion hat keinen Informationsverlust zur Folge. Man spricht in diesem Fall von *verlustloser Codierung*.

Irrelevanz im Bildsignal kann dadurch entfernt werden, daß

- das menschliche Auge gewisse Fehler im Bild, die z. B. durch Quantisierung hervorge-rufen werden, nicht als störend wahrnimmt.

Eine *Irrelevanzreduktion* bedeutet einen Informationsverlust, entsprechend einer *ver-lustbehafteten Codierung* [105].

Als wesentliche „Werkzeuge" zur Redundanzreduktion dienen die *Differenz-Pulscode-modulation* (DPCM) und die *Transformations-Codierung* (TC), insbesondere die für Bildsignale optimale *Discrete Cosine Transformation* (DCT). Meistens kommt eine Kombination von DPCM und DCT im sogenannten *Hybrid-DCT-Coder*, in Verbindung mit einer Bewegungskompensation zur Anwendung.

Bei der *Differenz-Pulscodemodulation* liegt der Gedanke zugrunde, daß wegen der stati-stischen Abhängigkeit zwischen benachbarten Bildpunkten und einer verringerten Wahrnehmbarkeit von Fehlern an Helligkeits- oder Farbkanten eine hinreichende Vorhersage (Prädiktion) des Signalwertes eines Bildpunktes aus der vorangehend übertragenen Information von benachbarten Bildpunkten möglich ist. In einem Bildausschnitt mit konstanter Helligkeit stellt beispielsweise der dem zu codierenden Bildpunkt in der Zeile vorangehende Bildpunkt eine gute Vorhersage dar (eindimensionale Prädiktion). Berücksichtigt man auch noch einen oder mehrere benachbarte Bildpunkte in der vorangehenden Zeile desselben Halbbildes, so erhält man eine zweidimensionale Prädiktion (Innerbild- oder Intrafield-Prädiktion). In Bildbereichen ohne Bewegung erhält man die beste Vorhersage durch den Bildpunkt an der gleichen Stelle im vorangehenden Vollbild (Bild-zu-Bild- oder Interframe-Prädiktion).

Bild 7.1 zeigt das Blockdiagramm eines DPCM-Systems. Der Prädiktionswert $u_{V,s}(t)$ wird vom tatsächlichen momentanen Signalwert $u_S(t)$ subtrahiert. Der Prädiktionsfehler $\Delta u(t)$ wird in wenigen Stufen quantisiert und durch Codewörter mit fester oder variabler Länge übertragen. Auf der Empfangsseite wird der Signalwert $u_S^*(t)$ durch Addition des Prädiktionsfehlers $\Delta u(t)$ zu einem empfangsseitigen Prädiktionswert $u_{V,e}(t)$ rekonstruiert. Der empfangsseitige Prädiktionswert soll möglichst genau dem sendeseitigen Prädiktionswert entsprechen, um einen größeren Fehler zu vermeiden. Man gewinnt deshalb sendeseitig den Vorhersagewert auf die gleiche Weise wie empfangsseitig, nämlich unter Einbeziehung der quantisierten Prädiktionswerte.

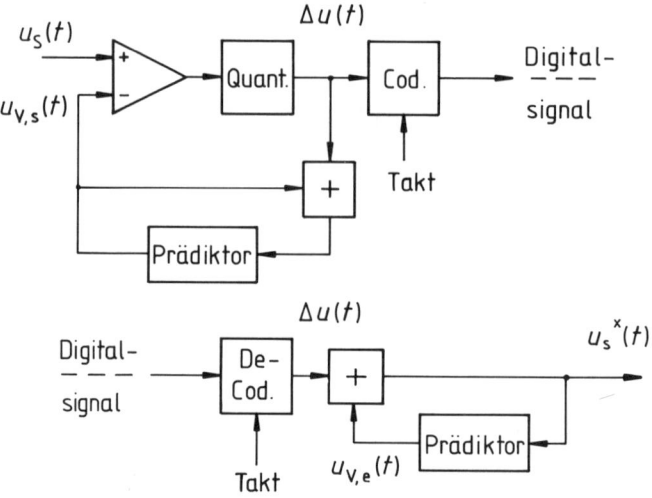

Bild 7.1   Vereinfachtes Blockschaltbild eines DPCM-Systems

An Kanten auftretende größere Abweichungen des Prädiktionssignales können mit einer gröberen Abstufung quantisiert werden. Eine selbständige Anpassung der Quantisierungsstufenhöhe erfolgt bei der *Adaptiven Differenz-Pulscodemodulation* [77].

Weitergehende Vorschläge von BOSTELMANN und VAN BUUL bezüglich der Quantisierungskennlinie führen zu einer reduzierten Fehlerfortpflanzung. Diese wirkt sich bei der Differenz-Pulscodemodulation um so weiter aus, je feiner die Quantisierung des Prädiktionswertes ist. Andererseits bewirkt eine grobe Quantisierung mit raschem Fehlerabbau ein im Bild bemerkbares Quantisierungsrauschen [94, 106, 107, 108].

Allen Varianten der DPCM gemeinsam ist, daß nur noch die Differenz zwischen dem aktuellen Bildpunkt und einer möglichst guten Prädiktion übertragen wird. Die Prädiktion kann jedoch zu größeren Fehlern führen, wenn sich der Bildinhalt bei bewegten Vorlagen von Teilbild zu Teilbild ändert. Man führt deshalb eine *Bewegungskompensation* ein. Erforderlich ist dazu zunächst eine Bewegungsmessung oder Bewegungsschätzung durch Vergleich des rekonstruierten Bildes mit dem Originalbild. Selbstverständlich wird dieser Vergleich nur über kleine Bildpartien blockweise vorgenommen. Es werden dann Vektoren abgeleitet, die einerseits schon beim DPCM-Coder zur Bewegungskompensation dienen und andererseits zusammen mit dem Prädiktionswert zu dem DPCM-Decoder übertragen werden. Das Prinzip der bewegungskompensierten Interframe DPCM gibt Bild 7.2 wieder [105].

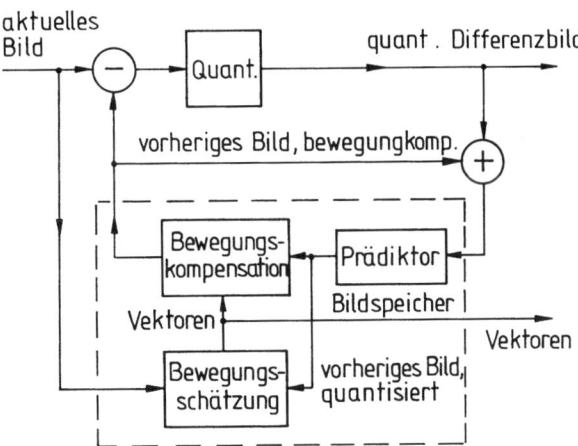

Bild 7.2 Prinzipschaltung für die bewegungskompensierte Interframe-DPCM

Bei der *Transformationscodierung* wird das digitale Videosignal einer linearen, umkehrbaren Transformation mit nachfolgender Quantisierung und Codierung unterzogen. Die Bildvorlage unterteilt man dazu in eine Anzahl von Blöcken mit $M \times N$ Bildpunkten (Pixel). Jeder Block wird dann durch eine gewichtete Summe von Basisbildern interpretiert, die codiert übertragen werden.

Die bei Videosignalen am häufigsten angewandte Transformationscodierung ist die Diskrete Kosinus-Transformation, *Discrete Cosine Transformation* (DCT). Diese wird im folgenden an einem Beispiel der zweidimensionalen DCT eines Blockes von Bildpunkten mit Quantisierung der Tansformations-Koeffizienten zur Irrelevanzreduktion erläutert.

Ausgegangen wird von einem Block mit 8×8 Pixel, deren Helligkeitsverteilung $Y(x, y)$ mit 8 bit/Pixel codiert vorliegt (Bild 7.3). Die Helligkeitsverteilung $Y(x, y)$ wird durch eine gewichtete Überlagerung der DCT-Basisfunktionen angegeben, die wiederum die Spektralkoeffizienten $f(x, y)$ repräsentieren, die in einer Koeffizientenmatrix angeordnet werden. Die Spektralkoeffizienten wiederum werden mit 12 bit/Koeffizient codiert. Der Vorgang ist reversibel und läuft auf der Decoderseite als Inverse Diskrete Kosinus-Transformation, *Inverse Discrete Cosine Transformation* (IDCT) ab [109, 112, 121].

Es werden 8×8 DCT-Basisfunktionen zur Transformation der Helligkeitsverteilung eines Blockes verwendet. Diese sind ausschnittsweise als „Muster" in Bild 7.4 abgebildet, wobei jedes „Muster" auf den 8×8-Pixel-Block zu beziehen ist.

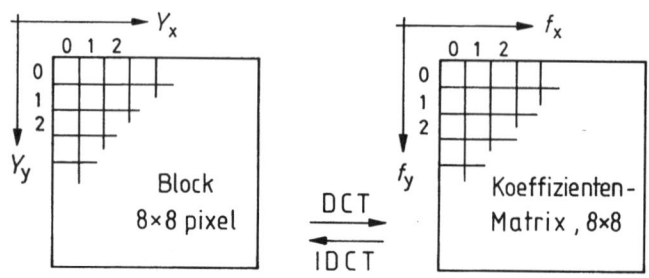

Bild 7.3   Diskrete Kosinus-Transformation (DCT) eines 8 × 8-Pixel-Blockes in eine 8 × 8-Koeffizienten-Matrix und umgekehrt durch die Inverse Diskrete Kosinus-Transformation (IDCT)

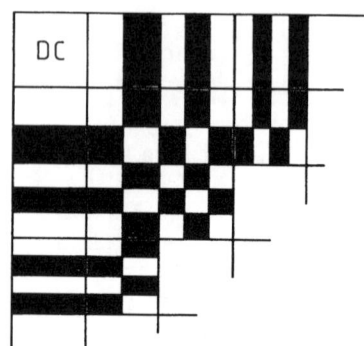

Bild 7.4   DCT-Basisfunktionen (Basis-Muster) einer 8 × 8-Koeffizienten-Matrix, ausschnittsweise dargestellt

Diese Grundmuster werden nach Abtastung in x- und y-Richtung als Helligkeitsverlauf, entsprechend einem Spannungsverlauf $u(t)$, bzw. als „Spektralkomponenten" mit Angabe der „Frequenz" $f_{x,y}$ und der zunächst vollen „Intensität" dargestellt (Bild 7.5). Beim Abtastvorgang ergibt sich ein kosinusförmiger Funktionsverlauf, worauf der Begriff „Kosinus-Transformation" zurückzuführen ist.

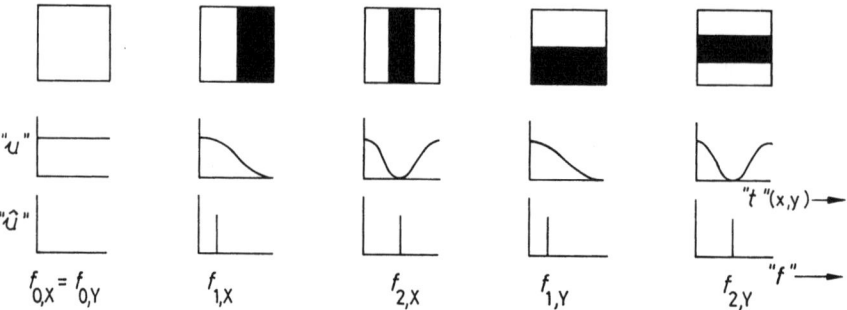

Bild 7.5   Helligkeitsverteilung, äquivalente Zeitfunktion und Spektralkoeffizient einiger Basis-Muster bei der DCT

Die Koeffizientenmatrix setzt sich aus 8 × 8 = 64 Basisfunktionen zusammen, deren Ort in der Matrix mit 6 bit codiert wird. Jede Basisfunktion kann mit 64 Intensitätsstufen gewichtet werden, was zur Codierung nochmals 6 bit erfordert. Das ergibt zusammen 12 bit/Koeffizient. Für den gesamten Block ergibt sich eine Datenmenge von

64 Koeffizienten/Block × 12 bit/Koeffizient = 768 bit/Block.

Die DCT-Koeffizienten können als Spektralkomponenten der Blöcke interpretiert werden. In strukturlosen Bildbereichen liegt praktisch nur ein Gleichanteil (DC) vor, während bei feinen Bilddetails auch die hochfrequenten Spektralkomponenten zu berücksichtigen sind.

Im nächsten Schritt wird eine Quantisierung der DCT-Koeffizienten $F(x, y)$ mit einer spektralen Gewichtung vorgenommen. Man benutzt dazu eine Quantisierungstabelle $Q(x, y)$, die bei der Rücktransformation auch wieder berücksichtigt werden muß. Die qnaitsierten DCT-Koeffizienten werden noch einer Rundung unterzogen. Die Helligkeitswerte $Y(x, y)$ aus dem 8×8-Pixel-Block, im Wertebereich von 0 bis 255 (8-bit-Codierung), werden vor der Transformations-Codierung durch Subtraktion noch auf den Mittelwert (128) bezogen. Der eigentliche Helligkeitsmittelwert im Block wird als DC-Koeffizient $F(x=y=0)$ ausgegeben.

Am folgenden Zahlenbeispiel sei der Ablauf der Transformations-Codierung erläutert [121].

Helligkeitsverteilung $Y(x, y)$ nach Subtraktion des Mittelwertes

$$Y(x, y) = \begin{vmatrix} 44 & 53 & 62 & \ldots \\ 53 & 63 & 74 & \ldots \\ 62 & 74 & 87 & \ldots \\ & \ldots & & \end{vmatrix} \qquad Y'(x, y) = \begin{vmatrix} -84 & -75 & -66 & .. \\ -75 & -65 & -54 & .. \\ -66 & -54 & -41 & .. \\ & \ldots & & \end{vmatrix}$$

DCT-Koeffizientenmatrix $F(x, y)$ Quantisierungstabelle $Q(x, y)$

$$F(x, y) = \begin{vmatrix} -2{,}25 & -273{,}99 & .. \\ -274{,}85 & 74{,}02 & .. \\ 1{,}08 & -1{,}21 & .. \\ & \ldots & \end{vmatrix} \qquad Q(x, y) = \begin{vmatrix} 16 & 11 & 10 & .. \\ 12 & 12 & 14 & .. \\ 14 & 13 & 16 & .. \\ & .. & & \end{vmatrix}$$

Quantisierte DCT-Koeffizienten   nach Rundung

$$\frac{F(x, y)}{Q(x, y)} = \begin{vmatrix} -0{,}14 & -24{,}90 & .. \\ -22{,}90 & 6{,}16 & .. \\ 0{,}07 & 0{,}09 & .. \\ & \ldots & \end{vmatrix} \qquad F'(x, y) = \begin{vmatrix} 0 & -25 & 0 & .. \\ -23 & 6 & 0 & .. \\ 0 & 0 & 0 & .. \\ & \ldots & & \end{vmatrix}$$

Die quantisierten und gerundeten DCT-Koeffizienten werden dann nacheinander abgetastet und stehen somit als eine Folge von 64 Zahlenwerten an.

Es wird eine *Zick-Zack-Abtastung* (angepaßt auf Vollbild- oder Halbbildabtastung) (Bild 7.6) vorgenommen, die der spektralen Verteilung und der subjektiven Bedeutung der Koeffizienten angepaßt ist. Damit bewirkt man eine weitere Datenreduktion, weil die abgetasteten Koeffizienten schon sehr bald zu Null werden. Der Gleichspannungswert (Helligkeitsmittelwert) wird davon unabhängig selbständig übertragen.

In der Folge von Zahlenwerten, am Beispiel von Bild 7.6, treten immer wieder längere Nullfolgen auf, die abgekürzt durch ihren Faktor angegeben werden, man spricht in diesem Fall von einer *Entropie-Codierung* [105]:

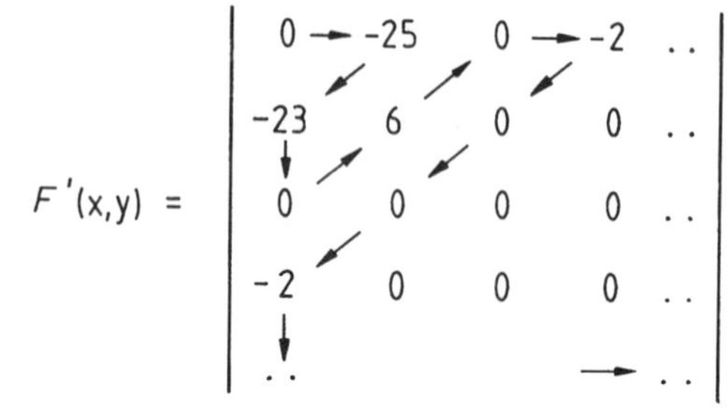

$$F'(x,y) = \begin{vmatrix} 0 & -25 & 0 & -2 & \cdot\cdot \\ -23 & 6 & 0 & 0 & \cdot\cdot \\ 0 & 0 & 0 & 0 & \cdot\cdot \\ -2 & 0 & 0 & 0 & \cdot\cdot \\ \cdot\cdot & & \longrightarrow & \cdot\cdot \end{vmatrix}$$

Bild 7.6 Zick-Zack-Abtastung der quantisierten DCT-Koeffizienten

ZZ-Abtastfolge:	0	−25	−23	0	6	0	−2	0	0	−2	0
	0	0	0	0	0	0	0	0	0	0	0 ...

übertragen als:	0	−25	−23	1×0	6	1×0	−2	2×0	−2	12×0 ...

Aus einer Code-Tabelle, die z. B. mit dem Algorithmus von HUFFMANN entworfen wird [105], entnimmt man verkürzte Codeworte für die Kombination aus bestimmten Nullfolgen („Run") mit nachfolgendem Zahlenwert („Level") und für die entsprechend der Statistik verteilten Amplitudenwerte.

Es zeigt sich nämlich, daß hohe Amplituden seltener auftreten als niedrige Amplituden. Den selten auftretenden hohen Amplitudenwerten werden dann längere Codeworte und den häufig auftretenden niedrigen Amplitudenwerten kürzere Codeworte zugeordnet. Das Ergebnis ist eine *Lauflängencodierung* oder *Variable Length Coding* (VLC), die im Mittel zu einer niedrigeren Datenrate führt. Eine dadurch bedingte variable Datenrate muß im System in einem nachfolgenden Pufferspeicher ausgeglichen werden.

Das Ergebnis der *spatialen Codierung* eines Blockes mit DCT, VLC und Run-Level-VLC ergibt dann insgesamt, daß für einen Block mit ursprünglich

8 bit/Pixel × 64 Pixel/Block = 512 bit/Block

nun nur noch etwa 40 bit/Block benötigt werden, was einer Datenkompression mit etwa dem Faktor 12 entspricht.

7.2 Videosignalcodierung nach dem MPEG-2-Standard

Eine internationale Standardisierung der Codier-Algorithmen wurde in den letzten Jahren ausgearbeitet durch die

Moving Pictures Expert Group (MPEG)

als einer Arbeitsgruppe (*Working Group*, WG) des *Joint Technical Committees (JTC)* der *International Standards Organization* (ISO) sowie der *International Electrotechnical Commission* (IEC) und als Ergebnis festgehalten in dem

MPEG-1-Standard bzw. **MPEG-2-Standard.**

Die Standardisierung bezieht sich auf die „Werkzeuge" zur Codierung eines Videosignales und auch des begleitenden Audiosignales und vor allem auf die Multiplex-Struktur des Datenstromes [109, 110, 111, 112, 113, 114, 115, 116, 117, 118].

Der *MPEG-1-Standard* wurde im wesentlichen definiert für die Datenreduktion zur Speicherung von digitalen Bild- und Tondaten aus Datenbanken und Multimedia-Systemen. Die Datenrate ist auf etwa 1,5 Mbit/s beschränkt. Der MPEG-1-Standard basiert auf einer Vollbild-Verarbeitung und läßt drei Tonqualitätsstufen für Mono- und Stereo-Ton zu.

Der *MPEG-2-Standard* baut auf dem MPEG-1-Standard auf, ist aber für ein wesentlich breiteres Anwendungsgebiet vorgesehen. So fallen darunter Standard-TV-Signale mit reduzierten Datenraten von etwa 3 bis 15 Mbit/s und HDTV-Signale mit Datenraten von etwa 16 bis 40 Mbit/s. Der MPEG-2-Standard verarbeitet Signale sowohl im Vollbild- als auch im Halbbild-Format. Die Audio-Codierung wurde auf Mehrkanal-Ton bis zu 5 Kanälen erweitert.

Der *MPEG-Datenstrom* ist durch zwei Schichten gekennzeichnet:

Die *Systemschicht* enthält den Zeitablauf und andere Informationen, die notwendig sind, um den Audio- und Video-Datenstrom zu demultiplexen und Ton und Bild während der Wiedergabe zu synchronisieren.

Die *Kompressionsschicht* enthält den komprimierten Audio- und Video-Datenstrom.

Die Systemschicht kann hier nicht ausführlich beschrieben werden. Neben den zusammenfassenden Veröffentlichungen, auf die oben bereits hingewiesen wurde, finden sich Details zur Multiplex-Spezifikation besonders in [117].

Der MPEG-Standard definiert eine Hierarchie des Video-Datenstromes nach

- Video-Reihenfolge (video sequence)
- Gruppe von Bildern (group of pictures)
- Bild (picture)
- Scheibe (slice)
- Makroblock (macroblock)
- Block (block) mit 8 mal 8 Bildpunkten (pixels).

Die Zuordnung ist aus Bild 7.7 zu ersehen.

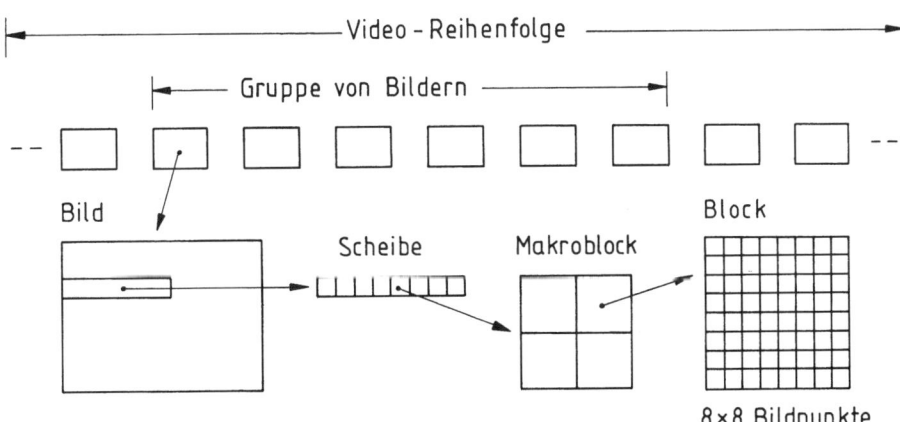

Bild 7.7 Hierarchische Zuordnung des Video-Datenstromes beim MPEG-Standard

Bei der Videosignal-Codierung kommt die *Hybride Diskrete Kosinus-Transformation* zur Anwendung. Das Verfahren besteht hauptsächlich aus einer bewegungskompensierten DPCM. Die bewegungskompensierte Differenz wird dann einer DCT unterzogen [105]. Bei der Prädiktion muß unterschieden werden, ob diese für Vollbilder oder für Halbbilder gilt. Dazu werden

— intra-codierte Bilder *(I-Pictures)*, die ganz ohne Prädiktion im Vollbild oder im Halbbild codiert werden,
— einseitig vorhergesagte Bilder *(P-Pictures)*, die über Bezug auf ein vorangehendes intra-codiertes Bild, mit Bewegungskompensation, codiert werden, und
— zweiseitig (bidirektional) vorhergesagte Bilder *(B-Pictures)*, die über Bezug auf ein vorangehendes und ein folgendes Bild als Referenz gewonnen werden,

definiert.

Für die zweiseitige Prädiktion ist eine größere Anzahl von Bildspeichern notwendig, weil das nachfolgende Bild ja für die Codierung vorgezogen werden muß.

In gewissen Zeitabständen, etwa alle 0,5 s, muß ein I-Bild übertragen werden, damit ein „Neustart" des Decodiervorganges bei Einschalten des Decoders bzw. bei Übertragungsstörungen möglich ist. Zwischen den I-Bildern befinden sich nach einer definierten Reihenfolge abwechselnd P- und B-Bilder. Siehe dazu B i l d 7.8.

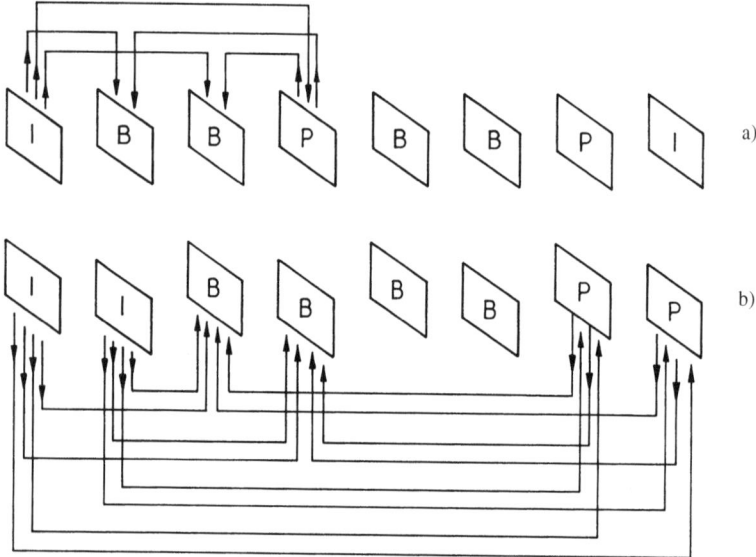

Bild 7.8   Codierung der Teilbildfolge innerhalb einer Gruppe von Bildern mit intra-codierten Bildern (I), einseitig vorhergesagten Bildern (P) und zweiseitig vorhergesagten Bildern (B) bei einer a) Vollbild-Sequenz, b) Teilbild-Sequenz

Um die Korrelationen im Bild zur Datenreduktion auszunutzen, wird das Bild unterteilt in *Scheiben, Makroblöcke* und *Blöcke*. Dies geschieht im „vorverarbeiteten" Bild, wo man, z. B. im MPEG-1-Standard beim 625-Zeilen-Bild aus dem digitalen Studiostandard nach ITU-R (CCIR) 601 in einem ersten Schritt auf das CIF-(SIF)-Format (Common Interchange bzw. Standard Interchange) als Codierungsformat geht. Beim Decoder wird durch Interpolation der Vorgang rückgängig gemacht (B i l d 7.9).

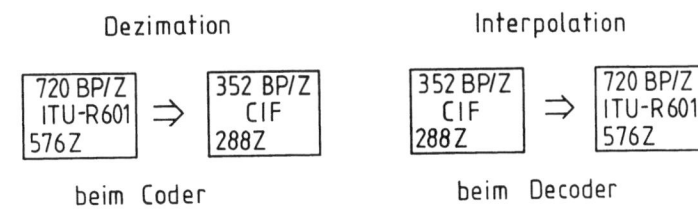

Bild 7.9   Dezimation eines 625-Zeilen-Bildes auf das CIF-Format und dazu inverse Interpolation

Schon die MPEG-1-Videocodierung deckt einen weiten Bereich der Codierungsparameter ab, wie z. B. Bildgröße und -auflösung, Bildfrequenz und Datenrate. Dazu wurde ein sogenannter *Constrained Systems Parameter Stream (CSPS)* definiert mit u. a. den in Tabelle 7.1 angegebenen Parametern [113].

Tabelle 7.1

Parameter	zulässiger Wertebereich
horizontale Bildgröße	$\leq$ 768 Pixel
vertikale Bildgröße	$\leq$ 576 Pixel
Makroblockrate	$\leq$ 9900 (396 $\times$ 25) Makroblöcke/s
Bildrate	$\leq$ 30 Hz
Bitrate	$\leq$ 1,856 Mbit/s

Die Begrenzung der Anzahl von Makroblöcken auf 396 bei 25 Vollbildern pro Sekunde läßt allerdings nicht die Ausnutzung der vollen Bildauflösung von 768 $\times$ 576 Pixel zu. Ausgehend von 704 Bildpunkten pro aktive Zeile (beim D1-MAZ-Format) wird um den Faktor 2 reduziert auf das CIF-Format mit 352 Pixel horizontal und 288 Pixel vertikal, womit, bei 16 $\times$ 16 Bildpunkten pro Makroblock, die maximale Anzahl von 352/16 $\times$ 288/16 = 396 Makroblöcke im Codier-Format (CIF) eingehalten wird.

Der MPEG-2-Standard läßt eine höhere Auflösung, bis HDTV mit 1920 Pixel horizontal und 1152 Pixel vertikal, bei verschiedenen Qualitätsstufen („Levels") zu, näheres dazu im Abschnitt 7.3.

Die Entscheidung, ob eine Prädiktion und, ob diese im Vollbild oder im Halbbild erfolgen soll, wird makroblockweise getroffen. Dabei darf in I-Bildern keine Prädiktion stattfinden, in P-Bildern darf eine Prädiktion aus vorangehenden Bildern erfolgen oder der Makroblock wird ohne Prädiktion codiert. In B-Bildern kann die Prädiktion aus vorangehenden oder nachfolgenden Bildern oder durch Mittelwertbildung aus beiden vorgenommen werden oder es erfolgt keine Prädiktion im Makroblock. Die Auswahl bleibt dem Coder überlassen [110].

Die *Bilder* (Pictures) werden in *Scheiben* (Slices) unterteilt, die beliebige Länge zwischen einem Makroblock und maximale Bildbreite aufweisen können. *Makroblöcke* wiederum setzen sich bei der Codierung von Bildsignalen in dem z. B. für MP@ML (s. Tabelle 7.2) geforderten 4:2:0-Format jeweils aus vier Blöcken mit dem Leuchtdichtesignal Y (Blöcke 0 bis 3) und je einem Block für jedes Farbdifferenzsignal C_B und C_R (Blöcke 4 und 5) zusammen (Bild 7.10). Beim 4:2:0-Abtastformat werden gegenüber den Fest-

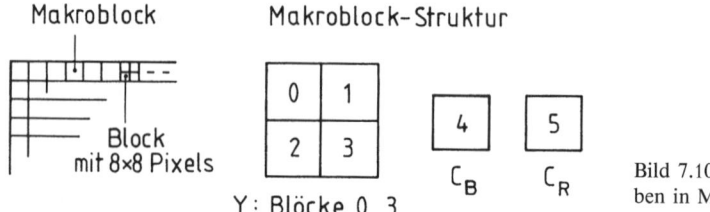

Bild 7.10 Unterteilung der Scheiben in Makroblöcke und Blöcke

legungen für den 4:2:2-Standard bei CCIR 601 (s. Abschn. 5.2) Chrominanzsignale C_B und C_R nur aus jeweils zwei aufeinanderfolgend zusammengefaßten Zeilen gewonnen. Die Makroblöcke sind für die Ausnutzung der zeitlichen Korrelation (DPCM mit Bewegungskompensation) geeignet. In den *Blöcken* mit je 8×8 Bildpunkten wird die räumliche Korrelation zur Datenreduktion mit der DCT ausgenutzt.

Die zeitliche Verarbeitung der Blöcke und Makroblöcke erfolgt über die Prädiktion von Teilbildern. Es werden nur in gewissen Abständen die Originalbilder (I-Bilder) übertragen und dann im wesentlichen nur Differenzbilder als P-Bilder oder B-Bilder. Zur Codierung der Differenzbilder wird wesentlich weniger Datenrate benötigt als für die Originalbilder.

Bild 7.11 gibt nur das Prinzipschaltbild eines MPEG-2-Video-Coders wieder. In einer Eingangsstufe erfolgt zunächst eine Filterung und Dezimation auf das Codierformat. Die Verarbeitung von Leuchtdichtesignal und den beiden Farbdifferenzsignalen wird parallel vorgenommen, wobei die Bewegungskompensation im wesentlichen nur im Leuchtdichtekanal abläuft. Die Farbdifferenzsignale werden in der Auflösung stärker dezimiert als das Leuchtdichtesignal. Die nachfolgende Blocksortierung ist notwendig, weil z. B. erst acht Zeilen ablaufen müssen, um einen Block bilden zu können. In die zeitliche Vorhersageschleife wird als Referenz das Eingangsbild zur Ableitung der Bewegungsvektoren eingebracht. Das Differenzbild wird einer diskreten Kosinus-Transformation mit nachfolgender Quantisierung der DCT-Koeffizienten unterzogen. Nach Zick-

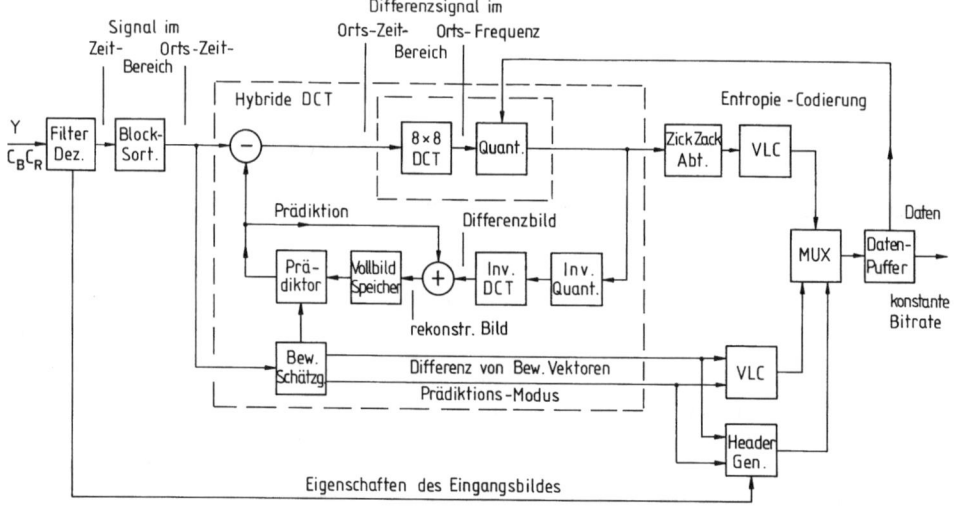

Bild 7.11 Prinzipschaltbild eines MPEG-2-Video-Coders

Zack-Abtastung der Koeffizienten und deren Entropie-Codierung werden die Daten über einen Multiplexer in einen Daten-Puffer eingelesen. Abhängig von dessen Inhalt wird die Quantisierung der DCT-Koeffzienten beeinflußt. So wird gewährleistet, daß nach dem Daten-Puffer eine konstante Bitrate eingehalten wird. Aus der Bewegungs-kompensation werden die Bewegungsvektoren bzw. deren Differenz nach Lauflängen-Codierung über den Multiplexer in den Ausgangsdatenstrom eingespeist, genauso wie die Information über die Eigenschaften des Eingangsbildes und den jeweiligen Prädiktionsmodus. Das Ausgangsdatensignal ist paketweise zusammengefaßt und enthält jeweils im Paket-Kopf (Header) die Betriebsinformation.

Im MPEG-2-Video-Decoder (Bild 7.12) erfolgt eine Abarbeitung der übertragenen Daten. Nach Auswertung des Paket-Kopfes werden die Daten in einem Daten-Puffer aufgefangen und von dort über den Demultiplexer verteilt. Die Vorgänge aus dem Coder laufen nun invers ab. Das rekonstruierte Differenzbild wird dann mit dem Prädiktionsbild zusammengefaßt und nach entsprechender Signal-Nachverarbeitung in Form der Komponentensignale ausgegeben.

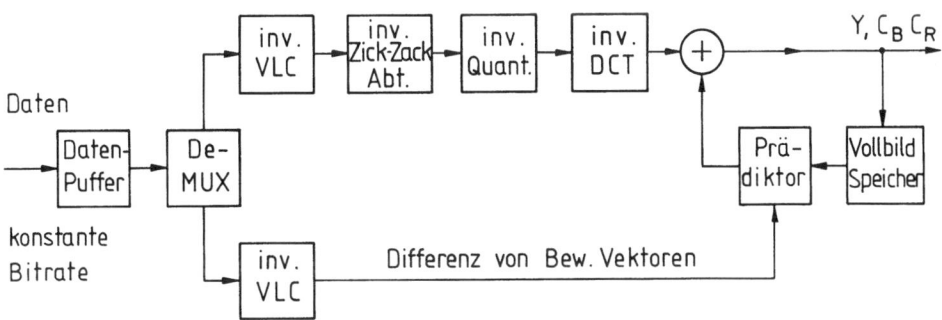

Bild 7.12   Prinzip des MPEG-2-Video-Decoders

7.3 Qualitätsstufen für digitale Fernsehsignale

Der MPEG-2-Standard bietet die Möglichkeit der hierarchischen Codierung. Sie basiert auf räumlicher und zeitlicher Filterung *(Spatial* bzw. *Temporal Scalability)* und auf Techniken der Koeffizientenaufspaltung *(SNR Scalability)*. Es lassen sich daraus verschiedene Qualitätsstufen ableiten, die vom Studio dem Fernsehteilnehmer angeboten werden oder die eine den Übertragungsbedingungen angepaßte Bildwiedergabe ermöglichen. So kann z.B. bei Absinken des Signal/Rauschabstandes im Übertragungskanal beim Empfänger auf eine niedrigere Qualitätsstufe übergegangen werden, wo sich die Störungen nicht mehr so stark bemerkbar machen. Man spricht dann von *Graceful Degradation.*

Der MPEG-2-Standard ist im Prinzip ein „generisches" Verfahren, das nur die Codiersynthax und damit hauptsächlich den Decodierprozeß beschreibt. Es werden aber *Anwendungsprofile* (Profiles) und *Auflösungsstufen* (Levels) definiert, deren Funktionieren auch nachgewiesen ist, siehe dazu Tabelle 7.2.

Tabelle 7.2   Anwendungsprofile (Profiles) und Auflösungsstufen (Levels)

Levels		Parametergrenzen	
		max. Anzahl von Pixel/s	max. Bitrate
High	(HL)	1920 × 1152 × 25	80 (100) Mbit/s
High 1440	(H14L)	1440 × 1152 × 25	60 (80) Mbit/s
Main	(ML)	720 × 576 × 25	15 (20) Mbit/s
Low	(LL)	352 × 288 × 25	4 Mbit/s

Profiles	Codierungswerkzeuge, Funktionalität
High (HP)	gesamte Funktionalität, einschl. 4:2:2 (obige Bitrate in Klammern ist gültig)
Spatial Scalable (SSP)	Main Profile und Auflösungsskalierbarkeit
SNR Scalable (SNRP)	Main Profile und SNR-Skalierbarkeit
Main (MP)	4:2:0-Abtastung, keine Skalierbarkeit
Simple (SP)	4:2:0-Abtastung, keine bidirektionale Prädiktion

Bisher definiert wurden folgende Kombinationen von „*Levels*" und „*Profiles*":

HP @ HL, MP @ HL	für HDTV-Studio-Anwendungen
HP @ H14L, SSP @ H14L, MP @ H14L	für HDTV-Übertragung
HP @ ML, SNRP @ ML, MP @ ML, SP @ ML	für CCIR-601-Signale
SNRP @ LL, MP @ LL	für SIF-Auflösung

Die „*Profile-*" und „*Level-*"Zuordnung wird durch Identifikationsbits im Datenstrom übertragen. Der Decoder kann damit erkennen, ob er den Videodatenstrom decodieren kann. Dabei gilt, daß ein Decoder immer auch die unter seinem „Profile" oder „Level" liegenden Qualitätsstufen decodieren kann, z.B. ein (MP & ML)-Decoder die (MP & LL)- bzw. (SP & ML)-Kombination [113, 114].

Über die hierarchische Codierung ist es z.B. möglich, aus einem von einer HDTV-Quelle kommenden Datenstrom durch entsprechende Aufbereitung Teil-Datenströme zu übertragen, die je nach verwendetem Decoder zu einer Wiedergabequalität zwischen „high quality HDTV" und „low quality SDTV" führen. in Bild 7.13 erfolgt die Aufbereitung des Datensignales in dem skalierbaren Coder, wo einerseits durch

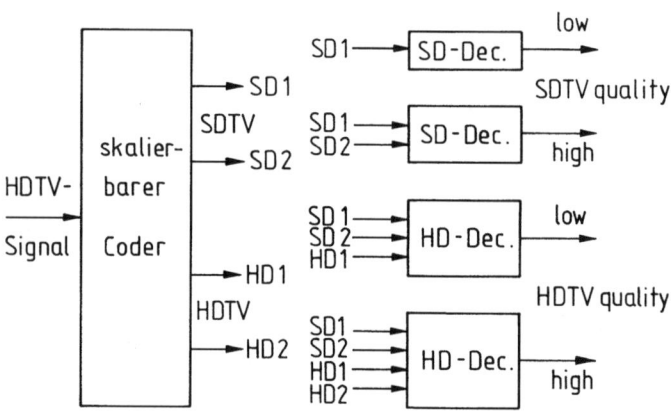

Bild 7.13   Aufteilung des Videodatenstromes über einen skalierbaren Coder und Verarbeitung der Teil-Datenströme beim Standard-TV- bzw. HDTV-Decoder

- spatiale Skalierung aus dem HDTV-Signal ein SDTV-(SD1+SD2)- und ein HDTV-(HD1+HD2)-Datenstrom und durch
- SNR-Skalierung aus dem Eingangssignal zwei Datenströme abgeleitet werden, die Bilder gleicher örtlicher Auflösung aber unterschiedlicher Qualität (Quantisierung) entsprechen.

Von der innerhalb der *European Launching Group für Digital Television Broadcasting (ELG)* eingesetzten *Working Group für Digital Television Broadcasting (WGDTVB)*, neuerdings *Technik-Modul des DVB-Projektes (TM-DBV)*, wurden verschiedene Qualitätsebenen für zukünftige Fernsehdienste definiert, mit:

- HDTV-Studioqualität
- CCIR-601-Qualität (dig. Komponentenstudio)
- PAL-Qualität (heutiger Maßstab)
- VHS-Qualität

mit entsprechender Anzahl und Qualität von Tonkanälen,

bzw. unter Verwendung von international eingeführten Begriffen

- HDTV (High Definition Television), entspr. HD-1440-Ref. Standard
- EDTV (Enhanced Definition Television), entspr. CCIR-601-Standard
- SDTV (Standard Definition Television), entspr. PAL-Standard
- LDTV (Limited Definition Television), entspr. MPEG-1-Standard

(MPEG-1-Standard mit einer Auflösung von etwa ein Viertel von CCIR 601).

Charakteristische Werte für diese Qualitätsstufen siehe Tabelle 7.3.

Tabelle 7.3

	Video	Ton	zus. Daten	Gesamtbitrate
HDTV	1440 BP/akt.Z. 1152 akt.Z.	5 Kanäle	mittl. 1 Mbit/s	30 Mbit/s
EDTV	720 BP/akt.Z. 576 akt.Z.	$\geq$ 1 Stereo + Kom.	mittl. 1 Mbit/s	12 Mbit/s
SDTV	420 BP/akt.Z. 576 akt.Z.	1 Stereo (2×128 kbit/s)	0,5 Mbit/s	6 Mbit/s
LDTV	320 BP/akt.Z. 288 akt.Z.	1 Stereo (2×128 kbit/s)	128 kbit/s	1,5 Mbit/s

Bei der HDTV-Qualitätsstufe liegt selbstverständlich ein 16:9-Bildformat vor, bei der EDTV-Qualitätsstufe ist ein 4:3- oder 16:9-Bildformat möglich.

Ergänzende Literatur zu dem Abschnitt 7.3 und zum Kapitel 8: [122, 123, 124, 125, 126, 127, 128, 129, 130, 131, 132 und 133].

8 Trägerfrequente Übertragung von digitalen Fernsehsignalen

Die Übertragung der datenkomprimierten digitalen Video- und Tonsignale beim Fernseh-Rundfunk kann nur über die vorgegebenen terrestrischen und Satelliten-Kanäle erfolgen. Zusätzliche, ggf. auch breitere Fernsehkanäle sind, außer in dem neuen 22-GHz-Band (21,4 ... 22 GHz) für HDTV-Übertragung, in absehbarer Zeit nicht vorgesehen. Als Übertragungsverfahren kommen die Phasenumtastung oder die Quadraturamplitudenmodulation des hochfrequenten Trägers in Betracht. Die bisher im Rundfunkbereich beim DSR-Verfahren (Digital Satellite Radio) angewandte 4-Phasenumtastung (4-PSK) erlaubt eine übertragbare Datenrate (in Mbit/s) von etwa 1,4 mal der Kanalbandbreite (in MHz). Das läßt zwar im Satellitenkanal mit einer Kanalbandbreite zwischen 26 und 36 MHz Datenraten bis zu 50 Mbit/s zu, in terrestrischen Rundfunk- und Kabel-Kanälen im VHF- und UHF-Bereich mit 7 bzw. 8 MHz sind dies jedoch bei Anwendung der 4-PSK nur maximal etwa 11 Mbit/s. Außerdem wird zukünftig auch die Belegung eines TV-Kanales mit mehreren Programmen von großem Interesse sein. Es ist also naheliegend, Modulationsverfahren mit größerer Bandbreitenausnutzung anzuwenden.

8.1 Digitale Trägermodulaltion

Von den im Vergleich zu den analogen Modulationsverfahren, möglichen digitalen Modulationsverfahren, die als „Tastung" bezeichnet werden, wie

- Amplitudentastung (Amplitude Shift Keying, ASK)
- Frequenzumtastung (Frequency Shift Keying, FSK)
- Phasenumtastung (Phase Shift Keying, PSK)

kommt für die Übertragung von höheren Datenraten praktisch nur die Phasenumtastung, als 4-PSK oder 8-PSK, in Frage. Hier aber liegt bereits eine „Quadratur-Phasenumtastung (QPSK)" bzw. eine „Quadratur-Amplituden-Phasenumtastung (QAPSK)" vor, d. h. eine Tastung auf zwei um 90° zueinander phasenverschobenen Komponenten der Trägerschwingung, die als „I-(In-Phase)-" und „Q-(Quadratur)-Komponente" bezeichnet werden. Allgemein spricht man von der *Quadraturamplitudenmodulation*, die 2^n-stufig realisiert wird.

8.1.1 2^n-Phasenumtastung und 2^n-Quadraturamplitudenmodulation

Ausgangspunkt der mehrstufigen Phasenumtastung und Quadraturamplitudenmodulation ist die *2-Phasenumtastung*. In einem Multiplizierer wird dabei die Phase der anliegenden Trägerschwingung vom binären NRZ-Datensignal zwischen 0° und 180° umgeschaltet. Das Spektrum des Modulationsproduktes ergibt sich durch Verschiebung des Basisbandspektrums (positiver und negativer Bereich) von der Frequenz null in den Frequenzbereich um die Trägerfrequenz f_T. Bild 8.1a zeigt dies für die 2-PSK.

In einem nächsten Schritt wird die Zweiphasenumtastung auf eine 0°- und eine 90°-Komponente der Trägerschwingung vorgenommen, indem das serielle Datensignal

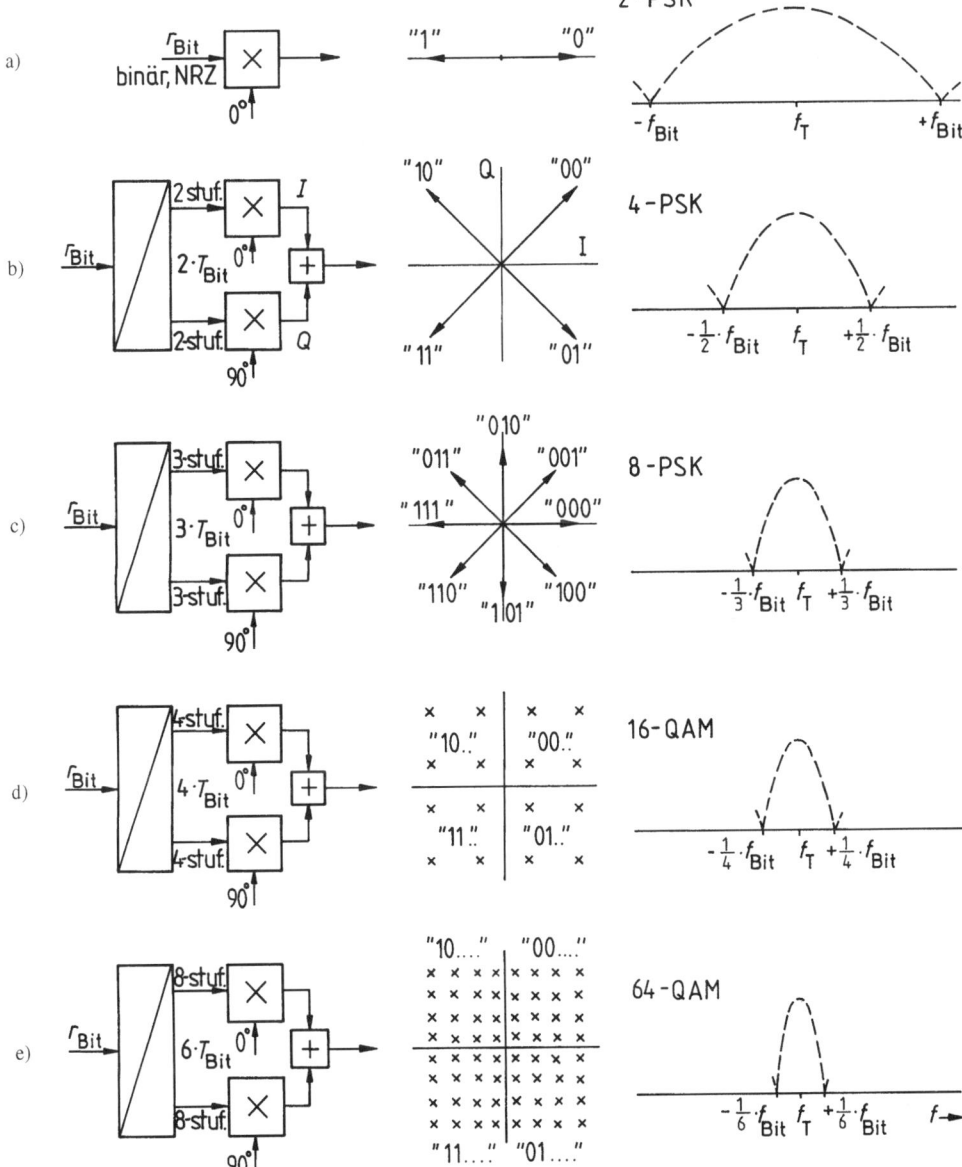

Bild 8.1 Erzeugung des Modulationsprodukts, Zeigerdiagramm und Spektrum bei der 2-, 4- bzw. 8-Phasenumtastung (2-PSK, 4-PSK, 8-PSK): a), b), c) und bei der 16- bzw. 64-stufigen Quadraturamplituden-modulation (16-QAM, 64-QAM): d), e)

nach Zusammenfassen von jeweils zwei Bits und Serien-Parallel-Wandlung dieser Dibit-Kombination in zwei parallele Datenströme mit halber Schrittgeschwindigkeit umgewan-delt wird. Die beiden 2-PSK-Signale werden vektoriell addiert und bilden so das Modu-lationsprodukt der *4-Phasenumtastung*, deren Zeigerdiagramm und Spektrum (Um-hüllende), bezogen auf die Bitrate r_{Bit} bzw. Bitfolgefrequenz f_{Bit} des seriellen Datensignales, in Bild 8.1b dargestellt sind. Die notwendige Übertragungsbandbreite ist nun gegenüber der 2-PSK auf die Hälfte reduziert.

Durch Zusammenfassen von drei aufeinanderfolgenden Bits und Serien-Parallel-Wandlung in zwei dreistufige Signale, die wiederum jeweils eine 0°- und eine 90°-Komponente der Trägerschwingung um- bzw. ausschalten, erhält man die *8-Phasenumtastung*, Bild 8.1c. Mit einer Kombination von vier aufeinanderfolgenden Bits, die nach Serien-Parallel-Wandlung und Digital-Analog-Wandlung in zwei vierstufige Signale umgesetzt werden, kommt man zu 16 möglichen Vektorzuständen und damit zur *16-stufigen-Quadraturamplitudenmodulation (16-QAM)*, siehe dazu Bild 8.1d. Die notwendige Übertragungsbandbreite ist, wie dem Spektrum zu entnehmen ist, im Vergleich zur 4-PSK nochmals auf die Hälfte reduziert. Auf ein Sechstel der Spektrumsbreite der 2-PSK reduziert sich das Spektrum bei der *64-stufigen Quadraturamplitudenmodulation (64-QAM)*, wo durch Zusammenfassen von sechs Bits zwei achtstufige Signale abgeleitet werden, Bild 8.1e.

Die praktisch notwendige Übertragungsbandbreite kann, bei einem Roll-Off-Faktor von $r = 0,4$ beim Spektrum, mit etwa dem 0,7-fachen Abstand der beiden ersten Nullstellen im Spektrum angenommen werden.

In einem 8-MHz-Übertragungskanal in terrestrischen Funk- oder Kabelnetzen könnten demnach etwa folgende Bitraten mit 2^n-PSK bzw. 2^n-QAM übertragen werden:

mit   4-PSK   11,4 Mbit/s
       8-PSK   17,1 Mbit/s
      16-QAM   22,8 Mbit/s
      32-QAM   28,5 Mbit/s
      64-QAM   34,2 Mbit/s.

Die mit zunehmender Stufenzahl der Phasenumtastung oder Quadraturamplitudenmodulation steigende Übertragungsrate ist allerdings verbunden mit einer zunehmenden Störanfälligkeit des Modulationsproduktes, weil der Entscheidungsbereich für eine Bit-Kombination bei gegebener maximaler Trägeramplitude immer geringer wird. Das heißt, daß mit zunehmender Komplexität des Modulationsverfahrens zum Einhalten einer maximal zulässigen Bitfehlerrate ein immer höherer Signal/Rauschabstand im Übertragungskanal notwendig wird. Eine ausführliche Beschreibung der digitalen Modulationsverfahren findet sich z. B. in [77].

8.1.2 OFDM-Verfahren

Die Bandbreitenausnutzung bei den beschriebenen digitalen Modulationsverfahren kann noch verbessert werden durch eine steilere Begrenzung des HF-Spektrums über eine Tiefpaß-Roll-Off-Filterung des Datensignales mit einem Roll-Off-Faktor kleiner als 0,4. Die scharfe Begrenzung des Datenspektrums hat allerdings zunehmend ein stärkeres Vor- und Nachschwingen der Systemreaktion zur Folge und erfordert somit ein genaues Einhalten des Abtastzeitpunktes beim empfangenen Datensignal und u. U. eine zusätzliche adaptive Entzerrung, die sich Schwankungen der Übertragungsfunktion im Kanal anpaßt.

Eine andere Möglichkeit zur besseren Bandbreitenausnutzung bei gleichzeitig verringer-
ter Empfindlichkeit gegenüber frequenzabhängigen Veränderungen der Übertragungsfunktion bietet sich mit dem *OFDM-Verfahren*, dem *Orthogonal Frequency Division
Multiplex*. Gegenüber dem herkömmlichen Frequenzmultiplex-Verfahren (FDM), wo
ein Übertragungskanal nur auf der Frequenzachse in Teilbänder unterteilt wird, die auf
der Empfangsseite durch Bandpaß-Filter mit mäßig steilen Flanken einzeln zurückgewonnen werden, wird nun beim OFDM-Verfahren der auf die Bandbreite B_{HF} begrenzte
Übertragungskanal auch noch auf der Zeitachse unterteilt. Man erhält so den bandbe-
grenzten Übertragungskanal in der *Frequenz-Zeit-Ebene*. In Bild 8.2 ist dies an einem
Beispiel mit $N = 5$ Frequenzintervallen der Breite $\triangle f$ innerhalb der Bandbreite B_{HF},
also mit

$$\Delta f = \frac{B_{HF}}{N} \tag{8.1}$$

und den auf der Zeitachse sich periodisch fortsetzenden Zeitintervallen $\triangle t$ dargestellt.
In jedem Frequenzintervall liegt ein Unterträger, der mit einem Teil des insgesamt zu
übertragenden Datensignales moduliert wird. Damit wird auf jedem Unterträger nur
eine geringe Datenrate übertragen, und das Spektrum wird an den Bandgrenzen steil
abfallend begrenzt. Die Mittenfrequenz der Frequenzintervalle $\triangle f$ und damit die Trägerfrequenz der Unterträger werden so festgelegt, daß Orthogonalität besteht durch die
Bedingung

$$\Delta f = \frac{1}{\Delta t} \, , \tag{8.2}$$

wobei nun $\triangle t$ gleich der Symboldauer eines Teil-Datenstromes ist.

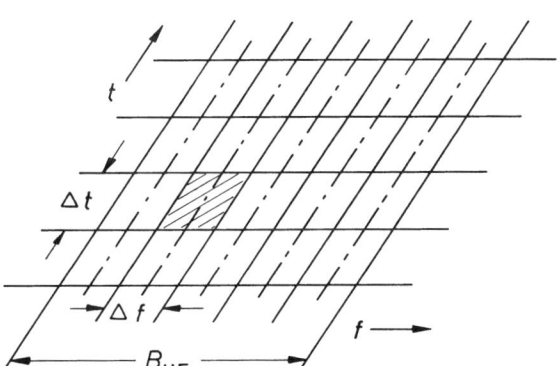

Bild 8.2 Aufteilung der Frequenz-
Zeit-Ebene beim OFDM-Verfahren

Die Teilbandspektren der Unterträger überlappen sich in diesem Fall ohne Interferenz,
weil Maxima und Nullstellen der Teilspektren aufeinanderfallen, wie in Bild 8.3 an
einem einfachen Beispiel gezeigt wird. Man erkennt nun gegenüber dem Spektrum eines
einzelnen Trägers, der mit dem Gesamtdatenstrom moduliert ist, daß im Fall der OFDM
sich eine bessere Bandbreitenausnutzung ergibt. Dies trifft um so mehr zu, je höher die
Anzahl N der Unterträger ist. Die Störanfälligkeit gegenüber frequenzselektivem
Schwund z. B. wird damit auch reduziert, wenn nur ein Teil des übertragenen Datenstromes betroffen ist.

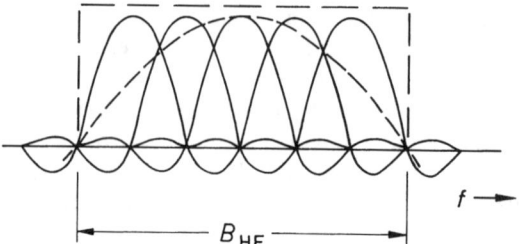

Bild 8.3   Spektrum der modulierten Unterträger im Vergleich zu nur einem Kanalträger

Die einzelnen Unterträger können durch die üblichen Verfahren der digitalen Trägertastung, z. B. durch 4-PSK oder 16-QAM moduliert werden, d. h. allgemein durch I-Q-Modulation der Quadraturkomponenten eines Trägers von einem Datensignal mit den Code-Elementen $c = c_I + jc_Q$.

Die praktische Realisierung der OFDM erfolgt durch *Inverse Discrete Fourier Transformation*, unter Anwendung des *Fast Fourier Transformations*-Prozesses (FFT), dann als IDFFT bezeichnet, des Datensignales in die Komponenten c_I und c_Q und nachfolgender D-A-Wandlung. Empfängerseitig erfolgt nach A-D-Wandlung der auf die *I*- und *Q*-Achse demodulierten Datensignale eine *Diskrete Fourier Transformation*, als *DFFT*, in den Zeitintervallen $\triangle t$ und Parallel-Serien-Wandlung des Datenstromes.

Während die *Fourier-Transformation* ein Signal $u(t)$ vom Zeitbereich in den Frequenzbereich transformiert, mit Angabe der Spektralkomponenten durch ihren Real- und Imaginäranteil, Bild 8.4a), erfolgt bei der *Inversen Fourier-Transformation* der umgekehrte Vorgang mit Transformation der Spektralkomponenten in eine dazu korrespondierende Zeitfunktion Bild 8.4b. Bei der „diskreten" Fourier-Transformation wird der Transformationsprozeß auf eine zeitlich begrenzte Folge von Signalwerten (Abtastwerten) vorgenommen, was ein periodisches Frequenzspektrum zur Folge hat. Andererseits transformiert die *„diskrete"* Inverse *Fourier*-Transformation ein periodisches Frequenzspektrum wieder in eine zeitlich begrenzte Folge von Signalwerten [130, 134].

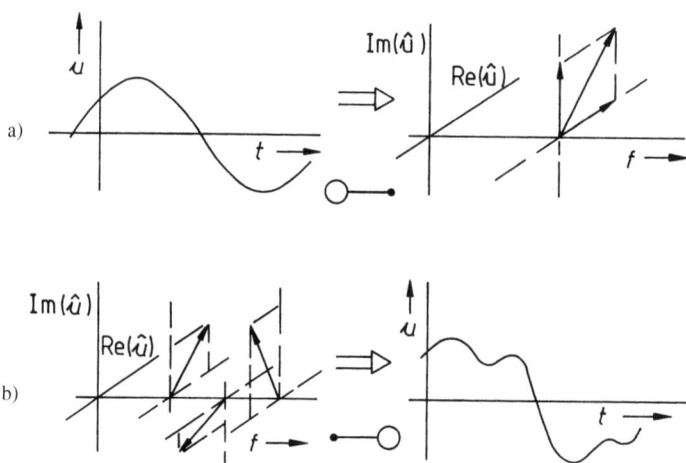

Bild 8.4   Fourier-Transformation (a) bzw. Inverse Fourier-Transformation (b) an einem einfachen Beispiel

Praktisch ausgeführte OFDM-Systeme arbeiten z. B. mit einer FFT-Länge von 8 K, entsprechend $8 \times 1024 = 8192$ Abtastwerten. Mit einer Abtast- bzw. Taktfrequenz von $f_A = 8$ MHz und der Abtastperiodendauer $T_A = 0,125$ μs ergibt das eine Symboldauer von

$$\Delta t = 8192 \times 0,125 \text{ μs} = 1024 \text{ μs}.$$

Damit verbunden ist ein Frequenzintervall von

$$\Delta f = 1/\Delta t = 976,56 \text{ Hz},$$

was innerhalb einer Bandbreite von $B_{HF} = 7,5$ MHz (in einem 8-MHz-TV-Kanal) insgesamt $N = 7680$ Unterträger bedeutet. Bei einer angenommenen Gesamtdatenrate von z. B. $r_{Bit} = 36$ Mbit/s entfallen damit auf einen Unterträger 4,6875 kbit/s [130].

Ein realer Übertragungskanal weist *Mehrwegeausbreitung* auf. Betrachtet man einen Unterträger, so wird am Empfangsort wegen der mehrfach einfallenden Signale erst nach einer gewissen Zeit aus der Überlagerung der Teilsignale das resultierende Empfangssignal den eingeschwungenen Zustand aufweisen. Dieses Problem kann durch Einfügen eines *Schutzintervalles* $\triangle T$ eliminiert werden. Dabei wird nun sendeseitig das Datensignal auf den einzelnen Träger mit der Dauer $\triangle T + T_s$ ausgestrahlt. Empfangsseitig startet der Decoder erst nach Ablauf des Schutzintervalles $\triangle T$ (B i l d 8.5). Die effektive Kanalkapazität wird durch das Schutzintervall allerdings mit dem Faktor

$$\eta = \frac{T_s}{\Delta T + T_s} \tag{8.3}$$

reduziert.

Mit Einbeziehung eines Schutzintervalles, dessen Dauer die Laufzeit von Signalen aus verschiedenen Senderstandorten berücksichtigt, kann ein *Gleichwellennetz* betrieben werden.

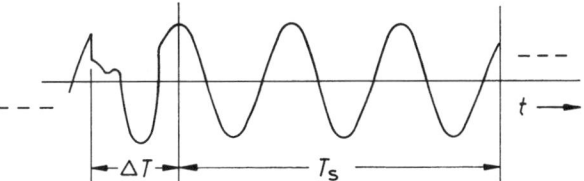

Bild 8.5 Unterdrückung von Mehrwegsignalen und Kanalstörungen durch Einfügen eines Schutzintervalles im Zeitablauf des Datensignales

Dem Einfluß von selektivem Schwund und damit der Auslöschung von einzelnen Unterträgern begegnet man durch eine geeignete *Kanalcodierung*, womit aus dem OFDM-Verfahren das *COFDM-Verfahren (Coded Orthogonal Frequency Division Multiplex)* wird.

Das COFDM-Verfahren wurde im Zusammenhang mit dem *DAB-System (Digital Audio Broadcasting)* entwickelt zur Übertragung von Rundfunk-Tonsignalen mit hoher Qualität und geringer Beeinflussung durch schwankende Eigenschaften des Übertragungskanales, insbesondere für den Empfang in bewegten Fahrzeugen [135, 136].

8.2 Hierarchisch strukturierte Modulation

Wie bereits im Abschnitt 7.3 beschrieben, läßt sich der MPEG-Datenstrom in verschieden gewichtete Teildatenströme unterteilen. Je nach verwendetem Decoder wird dann der entsprechende Anteil im Gesamtdatenstrom verwertet. Die hierarchische Unterteilung des Datenstromes ermöglicht aber auch eine Berücksichtigung von unterschiedlichen Übertragungsbedingungen z. B. bei einem Absinken der Empfangsfeldstärke mit zunehmender Entfernung vom Sender und damit verbundener Verringerung des hochfrequenten Signal/Rauschabstandes.

Im Gegensatz zur analogen Signalübertragung, wo mit sinkendem Eingangssignal am Empfänger die Wiedergabequalität des Fernsehbildes allmählich schlechter wird („gutmütiges Ausfallverhalten"), weist der digitale Übertragungskanal ein abruptes Abfallen der Qualität auf (Bild 8.6). Dem begegnet man nun dadurch, daß je nach Signal/Rauschabstand und damit bedinger Bitfehlerrate in Stufen von höchstmöglicher Bildqualität (z. B. HDTV) auf geringere Wiedergabequalität (EDTV, SDTV) zurückgegangen wird („graceful degradation"). Die technische Realisierung basiert auf einer nichtgleichmäßigen Verteilung der Vektorzustände im I-Q-Diagramm, wie am Beispiel einer *Non-Uniform-64-QAM* in Bild 8.7 gezeigt ist. Dabei werden die höchstwertig zu demodulierenden Bits in die Quadranten-Definition („xx ...."), die nächstwertigen Bits in die Unter-Quadranten-Defintion („..xx.") und die für die höchste Qualitätsstufe noch mit verantwortlichen Bits in die eigentlichen Vektorendpunkte („....xx") codiert. Darüberhinaus kann noch mit unterschiedlichem Fehlerschutz in den einzelnen Hierarchien gearbeitet werden [124, 126, 128, 130].

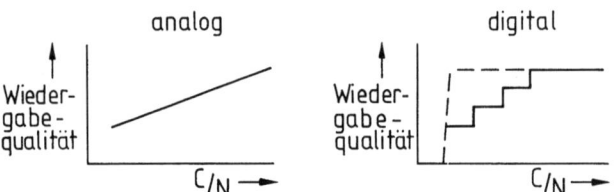

Bild 8.6   Abfall der Wiedergabequalität bei sinkendem Signal/Rauschabstand bei a) analoger Signalübertragung, b) digitaler Signalübertragung mit „graceful degradation"

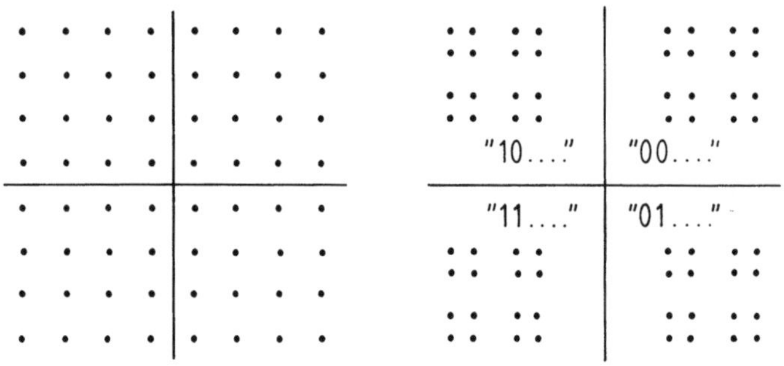

Bild 8.7   Vergleich von a) gleichmäßig und b) nichtgleichmäßig verteilten Vektorendpunkten bei der 64-QAM

8.3 Schema eines digitalen TV-Übertragungssystems

Die Übertragung von digitalen Fernsehsignalen einschließlich des Begleittones wird über die bereits bestehenden terrestrischen und Satelliten-Kanäle erfolgen. Dabei sind unterschiedliche Kanalbandbreiten genauso wie unterschiedliche Empfangsbedingungen zu berücksichtigen. Im Satelliten-Kanal kann nach derzeitigem Stand von einer Kanalbandbreite zwischen 26 und 36 MHz ausgegangen werden, der sich beim Empfänger ergebende Signal/Rauschabstand wird im Bereich zwischen 10 bis 20 dB liegen. Außerdem ist ein witterungsbedingter Abfall des HF-Signales zu berücksichtigen. Bei Kabel-Verteilsystemen andererseits wird man mit bestehenden VHF- oder UHF-Kanälen mit 7 bzw. 8 MHz Bandbreite arbeiten, am Empfängereingang ist aber doch ein HF-Signal/Rauschabstand von 40 dB oder mehr gewährleistet. Im terrestrischen Übertragungskanal wiederum liegt auch eine Bandbreite von 7 bzw. 8 MHz vor, die Empfangsbedingungen können unterschiedlich sein, sie schwanken, und es muß mit einem HF-Signal/Rauschabstand im Bereich von etwa 20 bis 40 dB gerechnet werden. Daraus ist zu ersehen, daß unterschiedliche Konzepte zur Anwendung kommen werden.

8.3.1 Übertragung im Satelliten-Kanal

In den USA werden seit April 1994 mit dem System *DirecTV* den Fernsehteilnehmern über Satellitenkanäle des DBS-1 im 11- bzw. 12-GHz-Bereich bereits etwa 80 Programme über digitale Signale angeboten. Über den zweiten Satelliten DBS-2 sollen nochmals 80 Kanäle, aufgeteilt auf 16 Transponder mit einer Bandbreite von 24 MHz, bereitgestellt werden. Die Bildsignalcodierung erfolgt über einen modifizierten MPEG-1-Standard.

Für Europa hat das *European Telecommunications Standards Institute (ETSI)* im Mai 1994 den Entwurf für ein „Digitales Rundfunk-Fernsehsystem für Bild-, Ton- und Datenübertragung" mit den Übertragungswegen „Satelliten-Kanal" und „Breitband-Kabel" den damit befaßten Gremien und Institutionen zukommen lassen, der die Grundlage für die Einführung des *Digitalen Fernsehens* in Europa bilden soll. Darin festgelegt wurden die Kanalcodierung und das Modulationsverfahren, wobei hier verschiedene Varianten zur Diskussion stehen [131, 133].

Ausgegangen wird von einem MPEG-2-Datenstrom, den der Multiplexer aus Video-, Audio- und Datensignalen von verschiedenen Quellen generiert und der, abhängig von der Transponder-Bandbreite und dem eingebrachten Fehlerschutz, eine Bitrate zwischen etwa 20 und 65 Mbit/s aufweisen kann (Bild 8.8). Das Datensignal wird zunächst einer Verwürfelung unterworfen, zur gleichmäßigen Energieverteilung im HF-Kanal und zur Sicherstellung genügend vieler „0−1"-Übergänge für die Taktrückgewinnung. Es folgt das Einbringen eines Fehlerschutzes gegen Bitfehler, die im Übertragungskanal auftre-

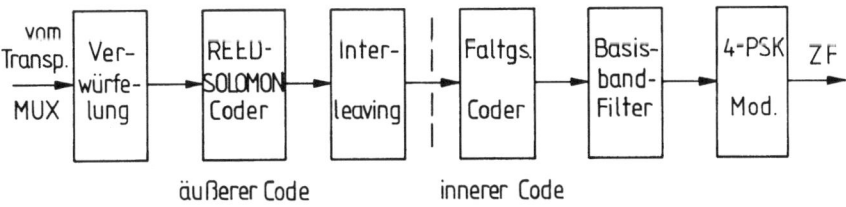

Bild 8.8 Signalaufbereitung bei Übertragung eines digitalen TV-Signales im Satelliten-Kanal

ten, nach einem REED-SOLOMON-Code (RS 204,188), und ein „Interleaving" der Bits, um Burst-Fehler zu vermeiden. Als weiterer Fehlerschutz wird dem Datensignal ein punktierter Faltungscode, der den Gegebenheiten im Übertragungskanal, wie Bandbreite und Sendeleistung relativ flexibel angepaßt werden kann, aufgebracht.

Anschließend erfolgt die Zuordnung des Datensignales auf den I- und Q-Kanal des 4-PSK-Modulators mit spektraler Filterung des Basisbandsignales zur Bandbegrenzung im HF-Übertragungskanal. Das Basisbandsignal wird dabei über eine Halb-NYQUIST-(Wurzel-cos^2-)-Filterung mit einem Roll-Off-Faktor $r = 0,35$ auf den Frequenzbereich bis 1,35 mal der NYQUIST-Frequenz begrenzt. Die Aufbereitung des HF-Signales geschieht in der ZF-Ebene z. B. bei 70 MHz.

Als Beispiel kann ein 33-MHz-Transponder angenommen werden, über den mit 4-PSK ein Datensignal mit etwa 26 MBd bzw. 52 Mbit/s übertragen wird, was bei einer Coderate im Faltungscoder von 2/3 bzw. 7/8 und dem angesprochenen RS-204,188-Code eine Netto-Bitrate vom Multiplexer von etwa 35 bzw. 45 Mbit/s zuläßt.

8.3.2 Übertragung im Breitband-Kabelnetz

Die Festlegungen werden auf einen 8-MHz-Kabelkanal bezogen. Das ankommende Datensignal, von direkter Einspeisung oder von einer Satelliten-Empfangsstation, wird in den ersten Stufen genauso verarbeitet wie bei der Satelliten-Übertragung. Es entfällt aber dann der innere Fehlerschutz über den Faltungscoder, weil bei Kabelübertragung ein genügend hoher Signalpegel am Empfänger anliegt. Aus diesem Grund kann im Kabelkanal auch mit einer höherstufigen Quadraturamplitudenmodulation gearbeitet werden, um eine Datenrate von etwa 40 Mbit/s in einem 8-MHz-Kanal zu übertragen. Es kann angenommen werden, daß 64-QAM zur Anwendung kommt [128, 133].

Der byteweise geordnete Datenstrom wird in einem Konverter auf 6-bit-Symbole umgeordnet, die nach einer Differenzcodierung der beiden höchstwertigen Bits in die I- und Q-Datensignale gewandelt und nach einer Impulsformung über ein Halb-NYQUIST-Filter mit dem Roll-Off-Faktor $r = 0,15$ auf den I-Q-Modulator gegeben werden. Der Frequenzbereich wird so auf den 1,15-fachen Wert der NYQUIST-Frequenz begrenzt (Bild 8.9).

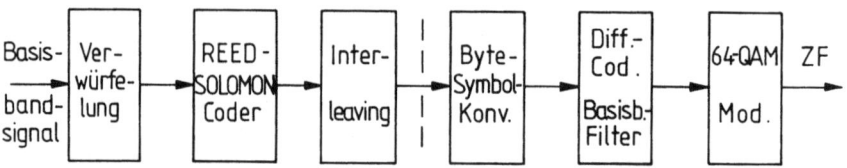

Bild 8.9 Signalaufbereitung bei Übertragung eines digitalen TV-Signales im Kabelkanal

Über einen 8-MHz-Kabelkanal könnten so durch 64-QAM maximal 41,76 Mbit/s übertragen werden. Die ETSI-Empfehlung sieht vor, ein digitales TV-Signal mit etwa 41 Mbit/s zu übertragen, was unter Berücksichtigung der RS-204,188-Codierung eine Netto-Bitrate von etwa 38 Mbit/s zuläßt. Untersuchungen laufen allerdings auch bereits mit 256-stufiger Quadraturamplitudenmodulation.

8.3.3 Terrestrisches Sendernetz

Definierte Empfehlungen oder Festlegungen zur Verbreitung des digitalen Fernsehsignales in terrestrischen Sendernetzen über 7-MHz- oder wahrscheinlich nur 8-MHz-Kanäle liegen noch nicht vor. Es kann allerdings davon ausgegangen werden, daß das COFDM-Verfahren wegen der im terrestrischen Funkkanal auftretenden Störeinflüsse wie Echos, Gleich- und Nachbarkanalstörungen sowie orts- und witterungsbedingten Dämpfungsänderungen zur Anwendung kommt. Als Modulationsverfahren stehen die 16-QAM oder ein höherstufiges Verfahren zur Diskussion. In jedem Fall wird eine „Non-Uniform-QAM" für eine „graceful degradation" (siehe Abschnitt 8.2) sorgen [126, 130, 133].

8.3.4 Integrated Receiver Decoder, IRD

Zur Wiedergabe der digital übertragenen Fernsehprogrammsignale ist eine entsprechende Empfangs- und Decodiereinrichtung notwendig. In der ersten Phase von DVB (Digital Video Broadcasting) wird nach derzeitigem Plan in Europa die Übertragung der digitalen Fernsehsignale über Satellitenkanäle erfolgen, z. B. schon im Jahr 1995 noch über einige Transponder des ASTRA-1D-Satelliten und über die Transponder des ASTRA-1E-Satelliten. Der nächste Schritt ist dann die Einspeisung und Verteilung über Breitband-Kabelnetze.

Es wird noch einige Zeit in Anspruch nehmen, bis der herkömmliche Fernsehempfänger für den Empfang von digitalen Fernsehsignalen ausgerüstet sein wird. In der Übergangszeit werden sogenannte „Set-Top-Boxen", Beistellgeräte als Zusatzeinrichtungen notwendig. In so einem „Integrierten Empfänger-Decoder" werden die Empfangssignale, von der Satelliten-Outdoor-Unit oder von der Kabelanschlußdose, zunächst hochfrequenzmäßig aufbereitet, in den ZF-Bereich umgesetzt und dort demoduliert. Die Demodulation des 4-PSK-Satellitensignales erfolgt unter Einbeziehung eines VITERBI-Decoders zur Auswertung der Faltungscodierung. Bei der 16-QAM-Kabelübertragung entfällt dieser Algorithmus. Nach dem „Rücksortieren" (Deinterleaving) der verschachtelt übertragenen Bits wird eine Fehlerkorrektur über die Auswertung des REED-SOLOMON-Fehlerschutzes vorgenommen. Der Demultiplexer, in dem auch die Auswahl des gewünschten Programms innerhalb des gewählten RF-Kanals erfolgt, teilt dann den Datenstrom in die Anteile für Video, Audio und Teletext auf. Nach ggf. notwendiger Entschlüsselung, über eine Zugriffsberechtigung, erfolgt die eigentliche Decodierung der Datenströme und Aufbereitung eines RGB-Videosignales oder eines PAL-codierten FBAS-Signales und des Stereo- oder Mehrkanal-Tonsignales.

9 Übertragung zusätzlicher Prüf- und Datensignale

Die Fernsehbildübertragung beansprucht einen breiten und aufwendigen Nachrichtenkanal, der aber nur unvollständig ausgenutzt wird. Etwa während eines Viertels der Übertragungszeit wird keine eigentliche Bildinformation gesendet. In den periodisch wiederkehrenden Austastintervallen wird zwar die Synchronisierinformation für die horizontale und vertikale Strahlablenkung übertragen, aber es verbleiben nach der CCIR-625-Zeilen-Norm je Halbbild noch volle 17 Zeilen, die mit zusätzlicher Information belegt werden könnten. Selbst unter Berücksichtigung gewisser Toleranzreserven ergibt sich damit die Möglichkeit je Halbbild etwa 12 Zeilen mit Prüf- und Datensignalen zu belegen. Diese treten für den Fernsehzuschauer nicht störend in Erscheinung, weil sie innerhalb der Vertikalaustastung liegen.

Schon Mitte der 70er Jahre wurden internationale Vereinbarungen über standardisierte Testsignale, die sogenannten *Prüfzeilensignale*, getroffen. In der CCIR-Recommendation 473-2 [137] und im Report 314-4 [138] sind die Parameter der Prüfzeilensignale und deren Einfügung in das Zeilenraster festgelegt.

Im Jahre 1977 wurde in der Bundesrepublik Deutschland erstmals das *Videotext-System* vorgestellt und versuchsweise mit zwei dafür verwendeten Zeilen je Halbbild eingeführt. Zwischenzeitlich werden in der Vertikal-Austastlücke je Halbbild bis zu 7 bzw. 8 Zeilen mit Videotext-Informationen belegt.

Darüber hinaus dient eine sogenannte *Datenzeile* zur Übertragung von Programm- und Steuerinformation zu den Sendern, aber auch für den Fernsehteilnehmer mit den Daten im VPS-System.

Bild 9.1 zeigt die heute übliche Belegung der Vertikal-Austastlücke mit den genannten Prüf- und Datensignalen. Darüber hinaus werden ggf. spezielle Meßsignale, z. B. in der Zeile 10 ein schmaler Impuls für Reflexionsmessungen, übertragen. Die Zeilen 22 bzw. 335 sind für Rauschmessungen vorgesehen.

1. Halbbild

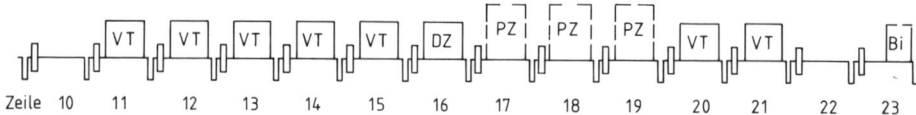

2. Halbbild

Bild 9.1 Belegung der Vertikal-Austastlücke mit Prüfzeilen (PZ)- und Videotext (VT)-Signalen

9.1 Prüfzeilensignale

Zur Kontrolle und Überwachung von Fernsehübertragungseinrichtungen dienen Testsignale, die es ermöglichen, ohne die eigentliche Bildinformation zu beeinflussen, die wichtigsten Kenngrößen des Systems, wie Amplitudenfrequenzgang, Phasengang, Übertragungsfaktor, Linearität und Einschwingverhalten, zu erfassen. Durch Vergleich der Signalamplitude und -form vor und nach dem Durchlaufen des zu prüfenden Systems bzw. unter Bezugnahme auf vorgegebene Signale kann eine Aussage über die Qualität des Übertragungssystems getroffen werden. Der Einsatz von rechnergesteuerten Auswertegeräten ermöglicht eine laufende Kontrolle und gegebenenfalls sogar eine automatische Korrektur von Systemparametern während des Programmbetriebs.

Die Prüfzeilensignale sind in ihrer Zusammensetzung aus einzelnen Impuls-, Sprung- und Sinussignalen, aufgebaut auf einem Zeitraster von $H/32$, entsprechend 2 µs, für die CCIR-525- und CCIR-625-Zeilen-Systeme mit NTSC-, PAL- oder SECAM-Farbsignalübertragung genau definiert [137]. Sie werden bezeichnet als Prüfzeilensignale der „Zeilen 17 und 18" und der „Zeilen 330 und 331". Die Einfügung in das Zeilenraster erfolgt derart, daß die „Prüfzeilensignale 17 und 330" einmal am Ausgangspunkt des Videosignals in die Zeilen 17 und 330 und zum anderen bei der Modulation des Fernsehsenders in die Zeilen 18 und 331 eingetastet werden. Man spricht dann von der „Quellen-Prüfzeile" bzw. von der „Abschnitts-Prüfzeile". Die „Prüfzeilensignale 18 und 331" erscheinen in den Zeilen 19 und 332 im ersten bzw. zweiten Halbbild.

Das CCIR-Prüfzeilensignal „Zeile 17" wie es in B i l d 9.2 dargestellt ist, beginnt mit einem breiten Weißimpuls, gleichbedeutend mit 100% BA-Signal. Bezogen auf den

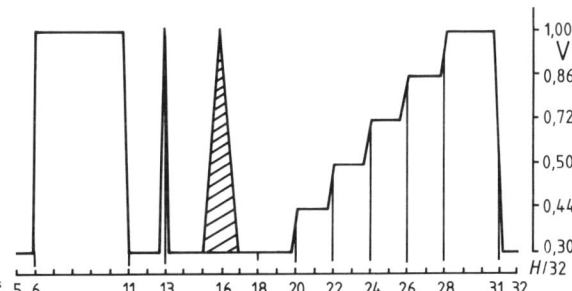

Bild 9.2   CCIR-Prüfzeilensignal „Zeile 17"

Normwert der Spannung des BAS-Signales von 1 V (Spitze-Spitze) entspricht dies dem Spannungssprung von 0,3 V (Schwarz- bzw. Austastwert) auf 1 V (Weißwert). Dieser Pegel dient als Amplitudenbezugswert für alle weiteren Prüfzeilensignale. Am Weißimpuls können eine Verstärkungsänderung, Dachschräge bei Verstärkungsabfall nach tiefen Frequenzen hin und Überschwingen an den Flanken festgestellt werden. Ihm folgt der sogenannte $2T$-Impuls. Dieser schmale Impuls weist einen $\cos^2$-förmigen Verlauf mit einer Halbwertsbreite von 200 ns auf. Die Bezeichnung $2T$-Impuls bezieht sich auf die Einschwingzeit T eines auf die Bandbreite B begrenzten Tiefpaßkanals, die nach Küpfmüller [139] mit

$$T = \frac{1}{2 \cdot B} \tag{9.1}$$

definiert wird. Bei einer Bandbreite von $B = 5$ MHz ergibt dies eine Einschwingzeit von $T = 100$ ns.

Der $\cos^2$-förmige Impuls weist keine Vor- und Nachschwinger auf. Er wird erzeugt aus dem Spektrum eines DIRAC-Impulses, praktisch angenähert durch einen sehr schmalen Impuls, über ein $\cos^2$-Roll-off-Tiefpaßfilter. Ein solches wurde für die Erzeugung dieses $2T$-Impulses von THOMSON [140] angegeben. Man spricht deshalb in der Fernsehtechnik auch vom *Thomson-Filter*. Das Spektrum des $2T$-Impulses ist mit $T = 100$ ns bei der Frequenz $f = 5$ MHz auf null abgeklungen [141].

Aus der Amplitude des empfangenen $2T$-Impulses können Rückschlüsse auf den Amplitudenfrequenzgang im Leuchtdichtekanal gezogen werden und damit auf den Kontrast in Bilddetails.

Für Aussagen über die Eigenschaften des Systems im Frequenzbereich des Farbträgers dient der $20T$-Impuls. Er setzt sich zusammen aus einem $\cos^2$-förmigen Impuls mit der Halbwertsbreite $20T = 2$ µs und einem durch Amplitudenmodulation mit Trägerunterdrückung erzeugten Farbträgerimpuls gleicher Form und Halbwertsbreite. Die Spektralanteile liegen einerseits im Frequenzbereich von null bis 0,5 MHz und andererseits mit ± 500 kHz Bandbreite symmetrisch zur Farbträgerfrequenz. Dämpfungsverzerrungen im Übertragungssystem ändern das Amplitudenverhältnis der beiden Signalanteile und Phasen- bzw. Laufzeitverzerrungen bewirken eine zeitliche Verschiebung zwischen den beiden Signalanteilen. Als Ergebnis ist dann eine kosinus- bzw. sinusförmige Verzerrung am Boden des geträgerten $20T$-Impulses feststellbar.

Eine fünfstufige Grautreppe schließlich dient zur Kontrolle der statischen Linearität des Systems. Ausgewertet wird der Unterschied in der Amplitude der einzelnen Stufen.

Im CCIR-Prüfzeilensignal der „Zeile 18" (B i l d 9.3) wird einem Grauwert von 50% des Weißwertes (0,65 V im BAS-Signal) eine Folge von Sinusschwingungen mit unterschiedlicher Frequenz und einer Amplitude von 30% des vollen BA-Wertes überlagert. Als Bezug dient ein Schwingungszug mit 5 µs Periodendauer (0,2 MHz). Ihm folgen Schwingungspakete von etwa 6 µs Dauer mit den Frequenzen 0,5 MHz, 1,0 MHz, 2,0 MHz, 4,0 MHz, 4,8 MHz und 5,8 MHz. Verschiedentlich werden auch von dem CCIR-Vorschlag abweichende Frequenzen übertragen. Mit diesem sogenannten *Multiburst-Signal* läßt sich ein Amplitudenfrequenzgang bei den genannten Frequenzen erkennen.

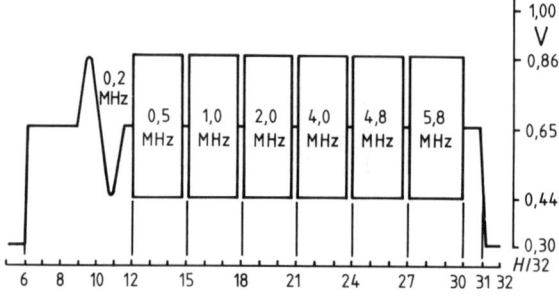

Bild 9.3   CCIR-Prüfzeilensignal „Zeile 18"

Das CCIR-Prüfzeilensignal der „Zeile 330" beginnt ebenfalls wie das der „Zeile 17" mit einem Weißimpuls und dem nachfolgenden 2T-Impuls (Bild 9.4). Man vermeidet damit ein 25-Hz-Flimmern im Weißbalken bei der oszilloskopischen Wiedergabe. Außerdem liegt auch im zweiten Halbbild der Bezugswert vor. Der fünfstufigen Grautreppe ist in diesem Prüfzeilensignal die Farbträgerschwingung mit definierter Amplitude (Spitze-Spitze-Wert 280 mV) und Phasenlage (60° bezogen auf die (B-Y)-Achse) überlagert. Dieses Signal eignet sich zur Bestimmung von differentiellen Amplituden- und Phasenfehlern bei der Frequenz des Farbträgers. Dabei wird zur Auswertung die Farbträgerschwingung über einen Hochpaß abgesiebt und abhängig vom Wert des Leuchtdichtesignales, d. h. vom momentanen Arbeitspunkt auf der Übertragungslinie, werden deren Amplituden und Phasenlage gemessen. Helligkeitsabhängige Farbsättigungsfehler (differentielle Amplitudenfehler) bzw. Farbtonfehler (differentielle Phasenfehler) können so festgestellt werden.

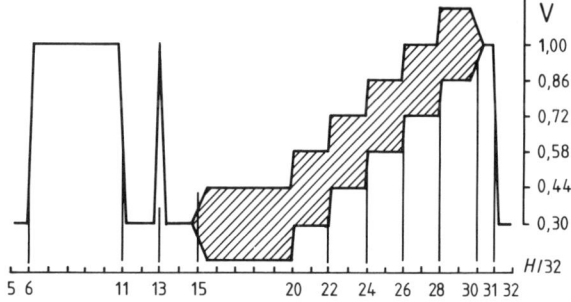

Bild 9.4   CCIR-Prüfzeilensignal „Zeile 330"

Mit dem CCIR-Prüfzeilensignal der „Zeile 331" läßt sich die statische Nichtlinearität des Systems bei der Fequenz des Farbträgers ermitteln. Dazu wird einem Grauwert des Leuchtdichtesignales die Farbträgerschwingung mit großer Amplitude überlagert. In dem Prüfzeilensignal nach Bild 9.5 sind zwei verschiedene Amplituden vorgesehen. Eine Nichtlinearität macht sich dabei durch eine Verschiebung des Gleichspannungswertes, abhängig von der Amplitude der überlagerten Schwingung, bemerkbar.

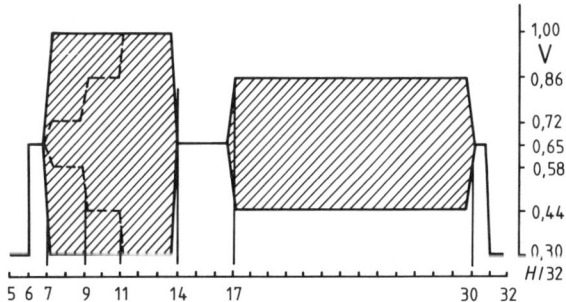

Bild 9.5   CCIR-Prüfzeilensignal „Zeile 331"

Die Auswertung der Prüfzeilen mittels Oszilloskop kann sehr differenziert erfolgen. Genaue Angaben über die mit einzelnen Signalen bestimmbaren Parameter des Übertragungssystems und die wertmäßige Erfassung von Fehlergrößen findet man in [137, 141] und u. a. auch in [142, 143 und 144].

Sehr viel schneller und präziser ist die Auswertung der Prüfzeilen-Parameter mit einem automatischen Meßplatz, z. B. mit dem Video-Analysator UVF von ROHDE & SCHWARZ. Die Auswertung von 16 Parametern dauert dabei nur etwa 2,5 s [145, 146].

Dem CCITT wurden auch schon Prüfzeilen-Testsignale für das MAC-Übertragungssystem vorgeschlagen. Diese beinhalten Impuls- und Sprungsignale, ansteigende und abfallende Rampensignale, eine gewobbelte Sinusschwingung mit definiertem Phasensprung, eine Grautreppe sowie geträgerte Impulssignale und einen Multiburst mit Sinusschwingungen zwischen 1 MHz und 8 MHz [147].

9.2 Fernsehtext

Die Ausnutzung von nicht mit Bildinhalt belegten Zeilen zur Übertragung von Zusatzinformation an den Fernsehteilnehmer geht zurück auf den Gedanken, für Hörgeschädigte lesbare Texte zum Bild mitzusenden, die aber die Bildwiedergabe nicht stören. Anfang der 70er Jahre wurden dazu in Großbritannien Versuche unternommen, die bei der BBC zu dem mit *Ceefax* und bei der IBA (Independent Broadcasting Authority) zu dem mit *Oracle* bezeichneten Verfahren führten. Man einigte sich schließlich in einem gemeinsamen Arbeitskreis mit der Geräteindustrie auf die Bezeichnung *Teletext* [148].

In der Bundesrepublik Deutschland wurde das Teletext-System 1977 erstmals öffentlich vorgestellt und seit dem 1. Juni 1980 als sogenannter „Feldversuch" zur Übertragung von Teletext-Information betrieben. Es wurde dafür zunächst der Begriff *Videotext* gewählt, der aber dann im Jahre 1983 nach der DIN-Norm 45060 in *Fernsehtext* umbenannt wurde. Vom angebotenen „Informationsdienst" her ist jedoch auch noch der Begriff *Videotext* üblich [149, 150].

Der Fernsehteilnehmer hat damit die Möglichkeit, zusätzlich zu dem angebotenen Fernsehprogramm Informationen aus bestimmten Gebieten durch Schriftzeichen und Grafiken auf dem Bildschirm wahrzunehmen. Die redaktionelle Aufbereitung erfolgt bei den Rundfunkanstalten und von ihnen betrauten Institutionen. Angeboten werden aktuelle Nachrichten, Verkehrshinweise, Wetterberichte, Sportinformationen und vieles andere. Ebenso können aber auch Einblendungen zum laufenden Programm, wie z. B. Untertitel bei fremdsprachigen Sendungen, vorgenommen weden.

Der im Jahre 1980 begonnene „Feldversuch" hat zu einer ausgereiften Technik auf der Sende- und Empfangsseite geführt. Auch ist die Akzeptanz des Systems beim Fernsehteilnehmer sehr hoch. Am 1. Januar 1990 ist das Fernsehtext-Programm offiziell in den Wirkbetrieb gegangen, nachdem man sich im medienpolitischen Bereich über die Zuordnung der Textübertragung in der Austastlücke des Fernsehsignales geeinigt hat.

9.2.1 Eigenschaften des Fernsehtext-Systems

Die ursprünglich für die Datenübermittlung vorgesehenen Zeilen 17 und 18 im ersten Halbbild und 330 und 331 im zweiten Halbbild waren schon durch die Prüfzeilensignale belegt, so daß die Fernsehtext-Signale zunächst in die Zeilen 20 und 21 sowie 333 und 334 eingeblendet wurden. Ab 1982 kamen dann noch die Zeilen 13 und 14 sowie 326 und 327 hinzu. Nach dem letzten Stand (Ende 1988) werden über die Sender der ARD (Arbeitsgemeinschaft der Rundfunkanstalten Deutschlands) und des ZDF (Zweites Deutsches Fernsehen) mit dem gemeinsamen Videotext-Angebot die Zeilen 11, 12, 13, 14, 15, 20, 21 im ersten Halbbild und die Zeilen 323, 324, 325, 326, 327, 328, 333, 334 im zweiten Halbbild zur Videotext-Übertragung verwendet. Siehe dazu auch Bild 9.1 [9].

Je mehr Fernsehtext-Datenzeilen bei gleichbleibendem Informationsangebot übertragen werden, um so kürzer ist die Wartezeit, bis eine gewünschte Fernsehtext-Seite auf dem Bildschirm erscheint. Es werden nämlich die Informationen von insgesamt etwa 250 Seiten (Textseiten, Tafeln) aus mehreren Magazinen übertragen. Jede Seite enthält 24 Reihen (Textzeilen) mit je 40 Zeichen oder Symbolen. Der Fernsehteilnehmer kann durch Befehl über eine Fernbedienung den Videotext-Decoder ansprechen und eine bestimmte Seite aus dem zugehörigen Magazin zur Darstellung am Bildschirm auswählen. Jede Seite enthält im allgemeinen eine in sich abgeschlossene Information.

Bei dem britischen Teletext-System, in der Bundesrepublik als Videotext-System eingeführt, werden die Reihen (Textzeilen) der Videotext-Tafeln synchron zu den Zeilen des Videosignals übertragen. Es wird eine Videotext-Schriftzeile in einer Videotext-Datenzeile innerhalb der Vertikal-Austastlücke gesendet (Bild 9.6). Eine Videotext-Seite besteht aus 24 Reihen. Somit beträgt die Zeitdauer für die Übertragung der Information einer Videotext-Seite bei 7 Videotext-Datenzeilen je Halbbild

$$\frac{20 \text{ ms}}{7 \text{ Reihen}} \cdot \frac{24 \text{ Reihen}}{1 \text{ Seite}} = 68{,}57 \frac{\text{ms}}{\text{Seite}} .$$

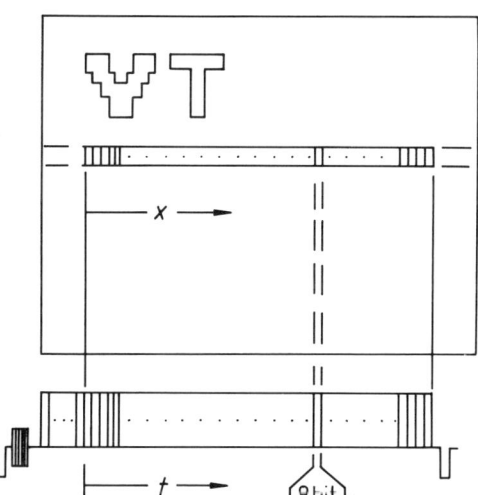

Bild 9.6   Zuordnung der Videotext-Zeichen einer Reihe auf die 8-bit-Codeworte innerhalb der Fernsehsignal-Zeile

Die theoretisch maximale Wartezeit für die Wiedergabe einer bestimmten, aus dem gesamten Angebot ausgewählten Seite beträgt damit

68,57 ms/Seite · 250 Seiten = 17,14 s.

Wichtige Seiten, z. B. mit Hinweistafeln, werden jedoch mehrmals in einem Zyklus übertragen, so daß die durchschnittliche Wartezeit unter 10 s liegt.

Neben dem britischen Teletext-Verfahren wurde in Frankreich das ANTIOPE-Verfahren entwickelt und eingeführt. Im Gegensatz zu der zeilengebundenen Übertragung der Textinformation beim Teletext-Verfahren erfolgt diese beim ANTIOPE-Verfahren asynchron und zeilenungebunden. Es ist lediglich eine Paketierung der seriellen Codeworte, entsprechend ihrer Einblendung in die vorgesehenen Datenzeilen des Fernsehsignals erforderlich [149], [151].

Die Datenübertragung beim Fernsehtext-System erfolgt mit binären NRZ-Signalen. Ein Buchstabe bzw. ein grafisches Zeichen an Stelle eines Buchstabens wird durch ein 7-bit-Codewort repräsentiert, das mit einem Paritätsbit zu einem 8-bit-Wort (1 byte) zusammengefaßt wird. Der Zeichenvorrat umfaßt nach dem derzeitigen Stand des Systems 96 alphanumerische Zeichen (Groß- und Kleinbuchstaben, Zahlen und sonstige Zeichen) sowie 64 grafische Symbole. In den 96 alphanumerischen Zeichen ist enthalten ein Block mit 13 Zeichen, die unterschiedlich nationalen Sonderzeichen zugeordnet werden können, z. B. der deutschen, englischen, französischen, italienischen, schwedisch/finnischen oder spanisch/portugiesischen Sprache [150].

Um mit 7-bit-Codewörtern mehr als $2^7 = 128$ verschiedene Zeichen darzustellen, werden aus den 128 möglichen Kombinationen 32 Codeworte herausgenommen und für sogenannte „Steuerzeichen" verwendet. Bei dem heutigen Stand des Fernsehtextsystems („Level 1") werden davon allerdings nur 27 Codeworte benutzt.

Durch Umschalten des Zeichensatzes ließen sich theoretisch auch 96 Grafikzeichen wiedergeben. Auch hier werden aber nur 64 Möglichkeiten ausgenutzt, allerdings bei Grafikzeichen in „voller" oder „gerasteter" Darstellung, was den Zeichenvorrat bei Grafiksymbolen verdoppelt. Bild 9.7 zeigt die Zuordnung der 7-bit-Codeworte auf die Steuerzeichen sowie die alphanumerischen und Grafikzeichen.

Das Setzen eines Steuerzeichens zur Umschaltung auf Grafikzeichen, genauso wie für die Änderung eines Zeichens in der Farbe oder in der Größe, belegt allerdings auf dem Bildschirm den Platz eines Zeichens.

Die alphanumerischen Zeichen werden über eine Punktmatrix aus 10 Punkten in der Höhe und 12 (früher 6) Punkten in der Breite geschrieben. Ein Zeichen belegt so 1 µs auf der Zeitachse. Die Darstellung eines Zeichens in zusammenhängender und gerasterter Form gibt Bild 9.8 wieder. In der Matrix ist bereits der Abstand zwischen den Zeichen und den Zeilen berücksichtigt sowie auch für notwendige Unterlängen, z. B. bei „g". Grafikzeichen basieren auf einer (2×3)-Matrix, mit 64 verschiedenen Kombinationsmöglichkeiten. Die Wiedergabe der Zeichen kann in Weiß oder in den Grund- bzw. Komplementärfarben erfolgen. Dies gilt ebenfalls für den Hintergrund. Es lassen sich die Zeichen in doppelter Größe darstellen oder zur besseren Markierung auch blinkend. Mittels der graphischen Symbole sind nicht nur einfache flächenhafte Darstellungen möglich, sondern auch vergrößerte Zeichen in verschiedenen Schriftformen.

Das Darstellungsformat der Videotext-Seite auf dem Bildschirm weist einen Sicherheitsrand von etwa 8% nach oben und unten sowie 10% nach links und rechts auf (Bild 9.9). Eine Textzeile („Reihe"), einschließlich des Zeilenzwischenraumes, belegt $2 \times 10 = 20$ Rasterzeilen in zwei aufeinanderfolgenden Halbbildern. Dies erlaubt die sogenannte

	Codewort			
	1. 2. 3. 4.	5. 6. 7.	Bit	
Steuerzeichen	0 0 0 0	0 0 0	16 × 2 =	
	0 0 0 1	1 0 0	32 Kombinationen	
	0 0 1 0			
	⋮			
	1 1 1 1			
Alpha – Zeichen	0 0 0 0	0 1 0	16 × 6 =	
	0 0 0 1	1 1 0	96 Kombinationen	
	0 0 1 0	0 0 1		
		1 0 1		
	⋮	0 1 1		
	1 1 1 1	1 1 1		
Grafik – Zeichen	0 0 0 0	0 1 0	16 × 4 =	
	0 0 0 1	1 1 0	64 Kombinationen	
	0 0 1 0	0 1 1		
		1 1 1		
	⋮			
	1 1 1 1			

Bild 9.7   Zuordnung der Codeworte auf die Steuerzeichen sowie Alpha- und Grafikzeichen

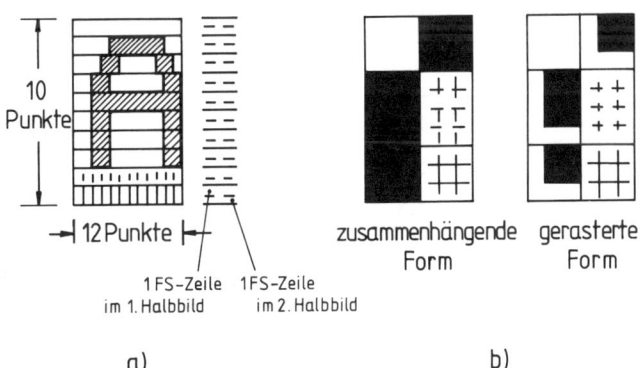

Bild 9.8   Darstellung von Zeichen auf dem Bildschirm: (a) Alpha-Zeichen über eine 10 × 12-Punkte-Matrix, (b) Grafikzeichen über eine 2 × 3-Block-Matrix

Zeichenrundung. In einer Textzeile können bis zu 40 Zeichen erscheinen, mit Ausnahme der jeweils ersten Zeile einer Seite, die nur maximal 32 Zeichen enthalten kann. Insgesamt lassen sich so bis zu 952 Zeichen auf einer Seite unterbringen.

Die erste Zeile einer Videotext-Seite, die sogenannte Kopfzeile, enthält normalerweise Angaben über die Programmkennung, Magazin- und Seitennummer, Wochentag, Datum und Uhrzeit.

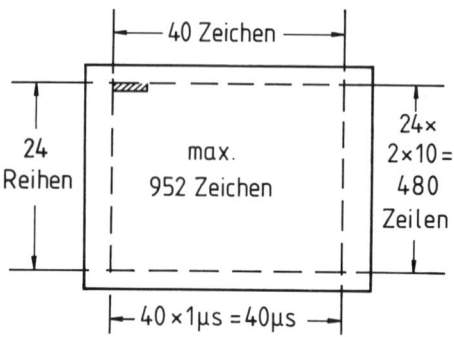

Bild 9.9   Videotext-Darstellungsformat auf dem Bildschirm

9.2.2 Fernsehtext-Datensignal

Im Prinzip handelt es sich bei dem Fernsehtext-System um ein elektronisches Fernschreibverfahren, bei dem die bestimmten Zeichen zugeordneten Signale in vorgegebener Reihenfolge übertragen werden. Auf der Empfangsseite werden die Signale der ausgewählten Seite gespeichert. Mittels eines Zeichengenerators erfolgt die Wiedergabe auf dem Bildschirm.

Jedes Zeichen wird dargestellt durch ein digitales, binär codiertes Datenwort, bestehend aus 8 bit oder 1 byte. Man benutzt den ASCII-Code (American Standard Code for Information Interchange) mit 7 bit und einem zusätzlichen Paritätsbit zur Fehlererkennung. Die Verfälschung eines übertragenen Alpha- oder Grafikzeichens wird bei nur einem Bitfehler innerhalb eines Bytes erkannt und das Zeichen dann durch eine Leerstelle markiert. Bei mehreren Bitfehlern innerhalb eines Bytes wird allerdings ein falsches Zeichen wiedergegeben.

Vor der eigentlichen Information der Fernsehtext-Zeile werden 2×8 bit (2 byte) zur Taktsynchronisation und 8 bit (1 byte) zur Rahmensynchronisation (Startcode) übertragen. Es folgen die Magazin- und Reihenadresse in den nächsten 2 byte. Die Magazinnummer wird mit 3 bit und die Reihennummer mit 5 bit codiert. Diese Information wird in einem HAMMING-Code übertragen, der jedem Informationsbit ein Prüfbit zuordnet. Der HAMMING-Code ermöglicht wegen seiner hohen Redundanz eine gute Fehlerkorrektur. So lassen sich durch vier voneinander unabhängige Paritätsprüfungen Einzelfehler im Codewort eindeutig erkennen und korrigieren. 2-, 4- und 6-bit-Fehler werden erkannt und die Codeworte erst beim nächsten fehlerfreien Durchlauf angenommen. In den normalen Fernsehtext-Reihen verbleiben nun 40 byte für die Zeichendarstellung (Bild 9.10a).

Die Textreihen sind von 0 bis 31 durchnumeriert. Davon werden allerdings nur die Reihen 0 ⋯ 23 am Bildschirm dargestellt. In die Reihen 24 ⋯ 31 können bei Bedarf, in einer weiteren Ausbaustufe des Systems, zusätzliche Steuerzeichen eingefügt werden.

Die Kopfzeile (Reihe 0) enthält neben den schon erwähnten 5 byte für Synchronisation und Adressen noch 2 byte (Einer und Zehner) für die Seitennummer (00 ⋯ 99), weiterhin eine 4stellige Seiten-Subcode-Nummer (4 byte), z. B. zur Unterscheidung der einzelnen Seiten eines Mehrfachsatzes, sowie zusätzliche Steuerbits (2 byte) für z. B. die Auswahl des nationalen Zeichensatzes. Es verbleiben so in der Kopfzeile noch 24 Zeichen-

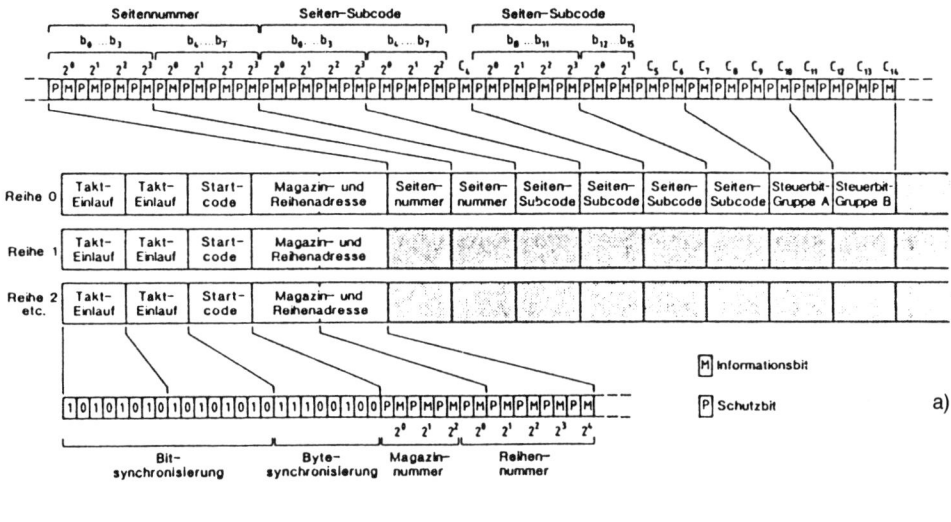

Bild 9.10 (a) Codierung der Magazin- und Reihenadresse sowie der Seitennummer [224], (b) Information in der Videotext-Kopfzeile

plätze (24 byte) für Schrift- und Steuerzeichen sowie 8 Zeichenplätze (8 byte) für die Angabe der Uhrzeit (Bild 9.10b).

Mit 45 byte je Reihe ergibt das 360 bit, die innerhalb der aktiven Zeit einer Fernsehzeile (52 μs) zu übertragen sind. Es ergäbe sich so eine Bitrate von 6,923 Mbit/s. Tatsächlich erfolgt aber eine Verkopplung mit der Zeilenfrequenz. Für die Übertragung des Fernsehtextsignales hat man deshalb eine Taktfrequenz von $f_{Bit} = 444 \cdot f_h = 6,9375$ MHz gewählt, die sendeseitig mit einer maximalen Toleranz von $\pm 25 \cdot 10^{-6}$ einzuhalten ist. Mit der Bitrate von 6,9375 Mbit/s beträgt die Zeitdauer für ein Bit nun $T_{Bit} = 144$ ns.

Das Datensignal wird im NRZ-Code (Non Return to Zero) übertragen zwischen dem BA-Wert 0, entsprechend binär „0", und dem BA-Wert 0,66 für binär „1" (Bild 9.11). Vor

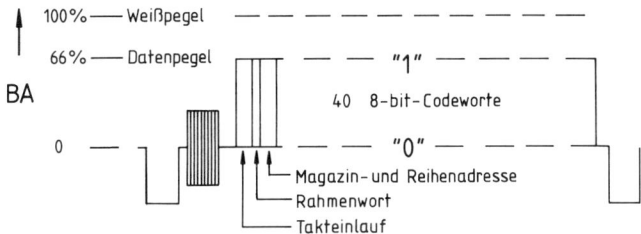

Bild 9.11 Aufbau der Videotext-Datenzeile

dem Eintasten in das FBAS-Signal wird das Datensignal einer Bandbegrenzung durch ein *Roll-off-Filter* unterworfen. Dieses besitzt einen relativ flach abfallenden Amplitudenfrequenzgang, der bei der halben Bitfolgefrequenz von etwa 3,5 MHz seinen 50%-Wert aufweist. Man erreicht damit ein sehr geringes Überschwingen und Nebensprechen der Impulse, was sich günstig auf die Bitfehlerrate auswirkt [152, 153].

Die Störanfälligkeit des Datensignales auf dem Übertragungsweg erstreckt sich nicht nur auf den Einfluß von überlagerten Störsignalen, z. B. Rauschen, sondern ist wesentlich auch durch Phasenverzerrungen im HF- und ZF-Bereich bedingt sowie durch Echo-Störungen infolge von Reflexionen auf dem Funkweg oder in den Antennenanlagen. Während bei der Wiedergabe eines Farbfernsehbildes eine allmähliche Verschlechterung der Bildqualität mit sinkendem Signal/Rauschabstand im Videosignal feststellbar ist, zeigt sich bei der Wiedergabe von Zeichen im Fernsehtext-System ein sehr abrupter Übergang von fehlerfreier zu stark gestörter Darstellung (Bild 9.12). Allerdings ist bei ausreichender Farbbildqualität auch eine einwandfreie Zeichenwiedergabe gewährleistet, falls nicht zu starke Reflexionen, z. B. durch Mehrwegeempfang vorliegen [9, 149, 150, 154].

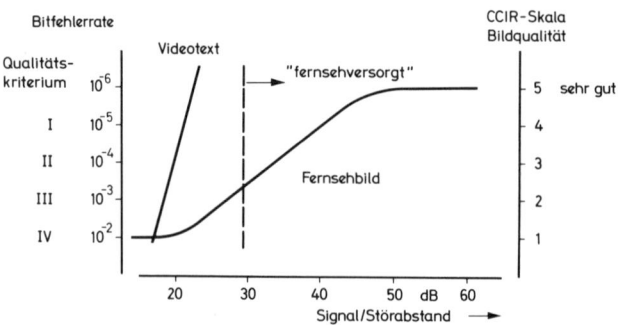

Bild 9.12   Einfluß des hochfrequenten Signal/Störabstandes auf die Fernseh-Bildqualität und die Videotext-Wiedergabe

9.2.3 Zeichenvorrat und Befehlssatz

Wie schon erwähnt, werden von den 128 möglichen 7-bit-Codewörtern 96 für den eigentlichen Zeichensatz und 32 für den Befehlssatz verwendet. Bei den Grafikzeichen werden nur 64 Möglichkeiten ausgenutzt. Die Bilder 9.13a) und b) geben die darstellbaren alphanumerischen und grafischen Zeichen wieder, mit ihrer Zuordnung auf die Bits b_1 bis b_7 im Codewort [150]. Die Zeichen bei den Koordinaten (Spalten/Zeilen)

2/3, 2/4, 4/0, 5/11, 5/12, 5/13, 5/14, 5/15, 6/0, 7/11, 7/12, 7/13 und 7/14

gehören zu den nationalen Alphabet-Varianten und können ggf. durch andere Zeichen ersetzt werden.

Den Befehlssatz der Steuerzeichen zeigt Bild 9.14 [150]. Jedes Steuerzeichen erfordert ein Byte in der Fernsehtext-Datenzeile und somit auch einen, nun leeren, Platz in der Fernsehtext-Reihe. Ohne besondere Steuerzeichen beginnt jede Reihe automatisch mit dem Grundzustand, d. h. mit

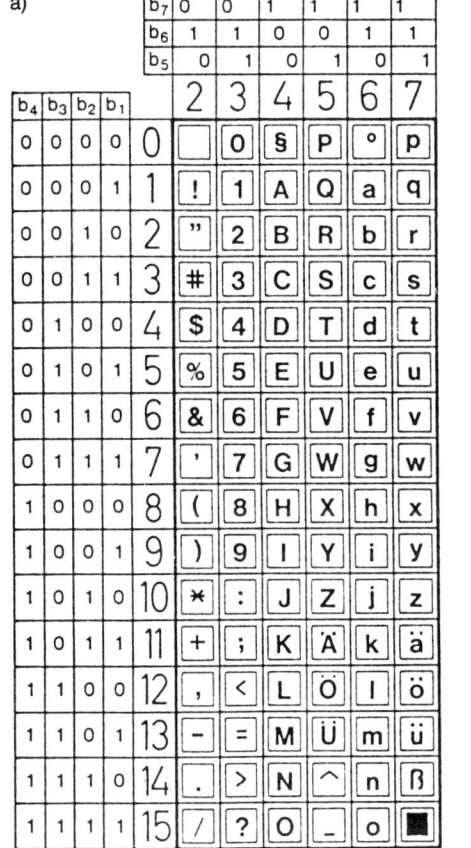

Bild 9.13 Zeichenvorrat beim Videotext-System [224]
(a) Alphanumerische Zeichen
(b) Grafikzeichen

> alphanumerische Zeichen in Weiß
> Hintergrund Schwarz
> Blinken „Aus"
> Wiedergabe ohne Einblendfeld
> normale Höhe
> Grafik zusammenhängend
> Grafik nicht überschreibend
> verdeckte Darstellung „Aus".

Weitere Ausbaustufen des Systems, so z. B. die Erweiterung des Zeichenvorrates auf 330 alphanumerische Zeichen („Level 2") und zusätzliche 100 frei definierbare Zeichen (DRCS, Dynamically Redefinable Character Sets) u.a. auch zur Darstellung von nicht lateinischen Buchstaben („Level 3") sind vorgesehen [9, 150, 155, 156, 157].

b₇	0	0
b₆	0	0
b₅	0	1

b₄	b₃	b₂	b₁		0	1
0	0	0	0	0	NUL (4)	DLE (4)
0	0	0	1	1	Alpha Rot	Mosaik Rot
0	0	1	0	2	Alpha Grün	Mosaik Grün
0	0	1	1	3	Alpha Gelb	Mosaik Gelb
0	1	0	0	4	Alpha Blau	Mosaik Blau
0	1	0	1	5	Alpha Magenta	Mosaik Magenta
0	1	1	0	6	Alpha Zyan	Mosaik Zyan
0	1	1	1	7	Alpha Weiss (1)	Mosaik Weiss
1	0	0	0	8	Blinkende Wiedergabe	Verdeckte Wiedergabe (2)
1	0	0	1	9	Ruhende Wiedergabe (1,2)	Zusammenhängen- de Graphik (1)
1	0	1	0	10	Ende Einblendfeld (1,3)	Gerasterte Graphik
1	0	1	1	11	Anfang Einblendfeld (3)	ESC (4)
1	1	0	0	12	Normale Höhe (1,2)	Schwarzer Hintergrund (1,2)
1	1	0	1	13	Doppelte Höhe	Neuer Hintergrund (2)
1	1	1	0	14	SO (4)	Überschreibende Graphik (2)
1	1	1	1	15	SI (4)	Nichtüberschrei- bende Graphik (1)

(1) Grundzustand zu Beginn jeder Reihe

(2) Wirkung setzt bereits im Zeichenfeld des Steuerzeichens ein ; für die übrigen Steuerzeichen dagegen erst im nach- folgenden Zeichenfeld

(3) Zwei gleiche Steuerzeichen werden jeweils aufeinander- folgend übertragen, wobei ihre Wirkung zwischen den beiden Steuerzeichen einsetzt

(4) Keine Wirkung im Basissystem (Ausbaustufe 1)

Bild 9.14   Zeichenvorrat der Steuerzeichen [150]

9.2.4 Fernsehtext-Decoder

Zur Auswertung der übertragenen Fernsehtext- oder, wie noch im allgemeinen Sprachge- brauch üblich, Videotext-Information ist im Fernsehempfänger ein Decoder notwendig. Diesem wird vom Videodemodulator das FBAS-Signal zugeführt. Über Steuersignale von der Fernbedienung wird auf Videotext-Betrieb umgeschaltet und die Seitenauswahl getroffen. Der Fernsehtext- oder Videotext-Decoder gibt an einer vorbereiteten Schnitt- stelle dann die Zeicheninformation an die Farbendstufen weiter (Bild 9.15).

Im Videotext-Decoder muß zunächst das Datensignal vom FBAS-Signal abgetrennt wer- den. Dies erfolgt in einem Videoprozessor (z. B. SAA 5030 bzw. SAA 5230 von Valvo). Unter Verwendung eines Schwingkreises, der auf die Bittaktfrequenz 6,9375 MHz abge-

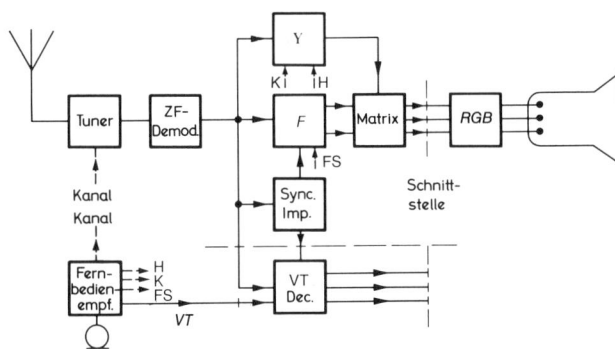

Bild 9.15 Einfügung des Videotext-Decoders im Farbfernsehempfänger

stimmt ist, und mittels eines einstellbaren Verzögerungsgliedes bzw. mit einem in der Phase nachsteuerbaren 13,875-MHz-Quarzoszillator beim neueren SAA 5230, wird das Datentaktsignal zurückgewonnen und in seiner Phasenlage automatisch so abgeglichen, daß die positive Flanke des Taktsignales stets genau in der Mitte der Datenimpulse liegt.

Der Videoprozessor enthält außerdem einen nachsteuerbaren 6-MHz-Taktoszillator zur Erzeugung des Bildwiedergabtaktes (für die Zeichendauer von 1 µs). Dieser wird in der Taktsteuerung (SAA 5020 bzw. als Teil von SAA 5240) auf die Zeilenfrequenz heruntergeteilt und im Videoprozessor wieder mit den abgetrennten Synchronimpulsen verglichen zur Gewinnung der Steuerspannung für den 6-MHz-Oszillator.

Die Synchronisierung der Ablenkstufen des Fernsehempfängers kann auf verschiedene Weise erfolgen:

- bei Wiedergabe des normalen Fernsehprogrammes wird das Synchronsignal über den Videoprozessor durchgeschaltet und normal verarbeitet
- bei Videotext-Betrieb gibt die Taktsteuerung ein dort erzeugtes komplettes Synchronsignal aus, das
  bei ungestörtem FBAS-Signal mit diesem synchronisiert ist oder
  bei fehlendem FBAS-Signal („after hours display") freilaufend für die Wiedergabe der Information aus dem Seitenspeicher dient.

Vom Videoprozessor gelangen das Videotext-Datensignal und der Datentakt in die Datenverarbeitungs- und Steuerschaltung SAA 5041 (bzw. EURO CCT-Schaltung SAA 5240 beim VALVO-Videotext-Decoder der 2. Generation). Die Videotext-Daten werden so aufbereitet, daß sie in einen Seitenspeicher (1 k × 8 bzw. bis zu 8k × 8) eingelesen werden können. Damit der Datenverarbeitungsteil nur Impulse auswertet, die innerhalb der Vertikal-Austastlücke einlaufen, wird er durch ein Signal von der Taktsteuerung nur während des sogenannten „Datenfensters" (Zeilen 6 bis 22 im 1. Halbbild und Zeilen 319 bis 335 im 2. Halbbild) aktiviert. In dieser Schaltung erfolgt dann auch die Datenprüfung.

Beim Erkennen der „Reihe 00" (Kopfzeile) tritt ein Seitenkomparator in Aktion, der die Nummer einer vom Fernsehteilnehmer über die Fernbedienung vorgewählten Seite mit der jeweils einlaufenden Seitennummer vergleicht. Stimmen die Seitennummern überein, so wird die nachfolgende Information in den Seitenspeicher übernommen. Dieser muß eine Speicherkapazität von etwa 1 Kbyte (mindestens 24 × 40 × 7 bit = 6720 bit) aufweisen. Die „2. Generation" des VALVO-Videotext-Decoders erlaubt mit dem 8-Kbyte-Speicher das Verarbeiten von bis zu vier gleichzeitigen Seitenanforderungen und das Abspeichern von bis zu acht Videotextseiten.

Die im Seitenspeicher festgehaltene Information wird im Takt des Fernsehbildes an den Zeichengenerator (SAA 5051 bzw. als Teil von SAA 5240) weitergegeben, der die Farbwertsignale *R, G, B* und ein Austastsignal *(Blanking)* an die Video-Endstufen abgibt.

Das Blockschaltbild eines Videotext-Decoders mit den Funktionsbausteinen der „1. Generation" des VALVO-Videotext-Decoders zeigt B i l d 9.16 [158].

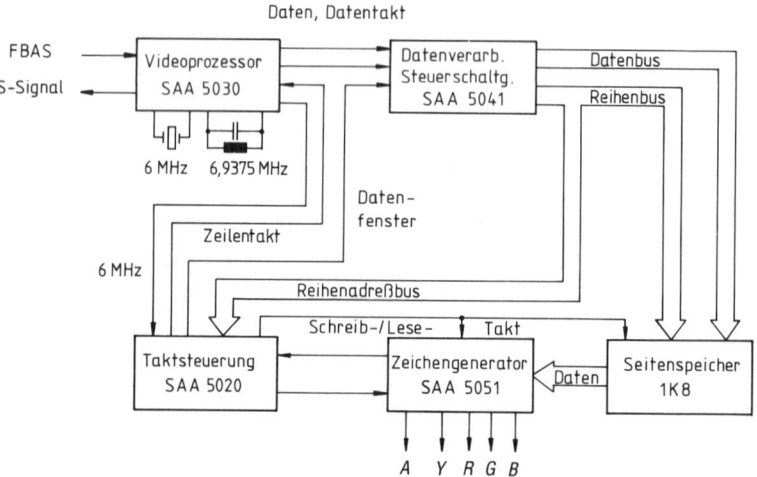

Bild 9.16   Vereinfachtes Blockschaltbild eines Videotext-Decoders

Die „2. Generation" kommt mit nur zwei integrierten Schaltkreisen (SAA 5230 und SAA 5240) und einem 8K × 8-RAM aus, weist aber gegenüber der 1. Generation wesentlich verbesserte Leistungsmerkmale auf. So wird z. B. die Zeichendarstellung durch Übergang von der 5 × 9-Punkte-Matrix auf eine 12 × 10-Punkte-Matrix verfeinert. Bei der Videotext-Wiedergabe arbeitet man ohne Zeilensprung, wodurch das Flimmern reduziert wird. Der Decoder nimmt die automatische Umschaltung des Zeichensatzes auf eine andere Sprache vor und ist außerdem für die Verarbeitung von zukünftigen Videotext-Erweiterungen vorbereitet. Darüber hinaus kann der Decoder auch zum Datenempfang im „Voll-Kanal-Modus" eingesetzt werden, bei dem zukünftig vielleicht in einem eigenen Kanal in allen Fernsehzeilen Videotext-Daten übertragen werden. Dieses System erlaubt die Übertragung von etwa 600 Seiten je Sekunde [159].

Eine Weiterentwicklung des letztgenannten Konzeptes schlägt sich in dem „Videotext-Decoder für Europa" mit dem Videoprozessor SAA 5231 und der ECCT-Schaltung SAA 5243 nieder. „ECCT" bedeutet hier *Enhanced Computer Controlled Teletext* [160].

9.3 Datenzeile

Die Zeile 16 in der Vertikal-Austastlücke des 1. Halbbildes wird als „Datenzeile" bezeichnet. Sie dient zur Übertragung von Quellen- und Steuerdaten zwischen den Rundfunkanstalten sowie der VPS-Zusatzinformation (Video Programm System) zur Aufnahmesteuerung von Heim-Videorecordern.

Die Übertragungssicherheit für die Daten muß hier wesentlich größer sein als beim Fernsehtext-System. Man wendet deshalb in der Datenzeile den mehr störsicheren *Biphase-Code* an. Bei diesem wird jedes zu übertragende Bit durch zwei komplementäre Elemente repräsentiert. B i l d 9.17 zeigt dies an einem Datensignal. Dabei wird ein „1"-Bit durch einen Signalsprung in der Bitmitte von „1" auf „0" und ein „0"-Bit durch einen Sprung von „0" auf „1" übertragen. Der Bittakt ist im Zustandswechsel in der eigentlichen Bitmitte enthalten. Bitfehler können nur dann auftreten, wenn gleichzeitig die zwei Elemente eines Bits definiert ihren inversen Zustand annehmen. Dies ist aber sehr unwahrscheinlich.

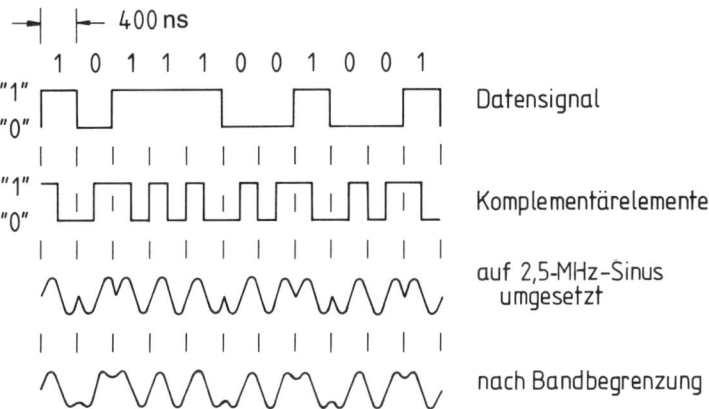

Bild 9.17 Biphase-Codierung beim Datensignal in der sog. „Datenzeile"

Die Information der Datenzeile umfaßt 15 Wörter, wobei jedes Datenwort aus einer 8-bit-Information mit einer Bitdauer von 400 ns besteht. Die Datenrate beträgt so 2,5 Mbit/s und die Taktfrequenz 5 MHz, da jedes Bit durch zwei Elemente im Bi-Phase-Code dargestellt wird. Die Bi-Phase-Modulation wird technisch erzeugt durch eine 2-Phasenumtastung eines 2,5-MHz-Sinusträgers. Durch eine Tiefpaßfilterung wird eine Begrenzung des Spektrums vorgenommen.

Die gesamte Dauer der Dateninformation ergibt sich zu

$$15 \text{ Worte} \cdot 8 \text{ bit/Wort} \cdot \frac{400 \text{ ns}}{\text{bit}} = 48 \text{ μs}.$$

Die Einfügung des Datensignals in eine Zeile des FBAS-Signales gibt B i l d 9.18 wieder.

Eine Dateninformation wird auch in Zeile 329 im 2. Halbbild übertragen. Die Unterscheidung zur Zeile 16 im 1. Halbbild liegt darin, daß die

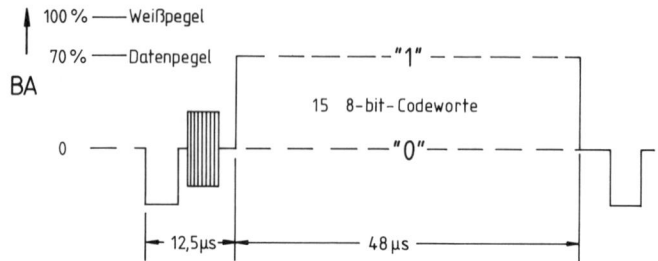

Bild 9.18   Einfügung des Datenzeilen-Signales in die Fernsehzeile

Datenzeile 16 als „Quellendatenzeile" und die
Datenzeile 329 als „Abschnittsdatenzeile"

bezeichnet wird [9, 161, 162, 163].

Die 15 Datenwörter haben in den beiden Datenzeilen teilweise gleiche, teilweise aber verschiedene Bedeutung. Siehe dazu Tabelle 9.1.

Tabelle 9.1

Wort	in	Zeile 16	Zeile 329
1		Run in, $1-0-$Elementfolge, zur Taktsynchronisation 10 10 10 10 10 10 10 10	
2		Startcode, zur Identifizierung der Datenzeile und zur Rahmensynchronisierung der Worte 3 ⋯ 15 10 00 10 10 10 01 10 01	
3		Quellenkennung (Rundfunkanstalt, Post, UER, usw.), Codierung mit 4 bit, Bit 5 bis 8 noch als Reserve	
4		Quellenkennung in Klarschrift, mit ASCII-Zeichen	Abschnittskennung
5		Tondaten, z. B. 2-Kanal, Mono, Stereo, Sprache, Musik	
6		Signalinhaltskennung programmbezogen	betriebsbezogen
7		Beitragsangaben in Klarschrift, mit ASCII-Zeichen	Schaltanweisungen
8 und 9		Leitwegsteuerung	
10		Meldungen, Befehle	
11 bis 14		VPS-Zusatzinformation	–
15		Reserve für Datensicherung	

Die Datenworte 11 bis 14 enthalten in 32 bit die VPS-Zusatzinformation. Als „Beitragskennzeichnung" (Istwert-Label) wird das Datum und die Uhrzeit des angekündigten Beitragsbeginns sowie der Nationalitäten- und Programmquellencode übertragen [161].

Die Auswertung des Datensignales erfolgt zunächst ähnlich wie bei dem Videotext-Decoder mit einem Datenzeilen-Prozessor (z. B. SAA 5235 von Valvo). Der VPS-Decoder benötigt dann noch eine spezielle Decoderschaltung (z. B. Valvo SAF 1135), die in Verbindung mit den vom Fernsehteilnehmer am Videorecorder eingegebenen Aufzeichnungsdaten bei einer Übereinstimmung mit dem übertragenen „Label" (Datenworte 11 bis 14) die Videorecorderaufnahme startet [163].

10 Literaturverzeichnis

[1] Mäusl, R.: Fernsehtechnik. Neues von ROHDE & SCHWARZ (1977) Nr. 79, S. 30−32, (1978) Nr. 80, S. 28−31, (1978) Nr. 81, S. 22−24, (1978) Nr. 82, S. 27−28, (1978) Nr. 83, S. 28−31, (1979) Nr. 84, S. 28−31, (1979) Nr. 85, S. 22−24, mit Nachdrucken in Der elektromeister + deutsches elektrohandwerk (Hüthig & Plaum Verlag, München), REVISTA TELEGRAFICA electronica (Argentinien), ALDEAD Eletronico und Revista Monitor (Brasilien), Populaer radio og TV-teknik (Dänemark), Asia-Pacific Broadcasting Union (Malaysia), das elektron (Österreich).

[2] CCIR Doc. 11/1005-E, 19 January 1978, Report (624−1) Characteristics of television systems.

[3] Theile, R.: Fernehtechnik, Band 1: Grundlagen. Springer-Verlag, Berlin − Heidelberg − New York, 1973.

[4] Schönfelder, H.: Fernsehtechnik, Teil 1 und 2. Justus von Liebig Verlag, Darmstadt, 1973.

[5] Theile, R.: Fernsehen − technisch gesehen. ZDF-Schriftenreihe (1975), H. 15, S. 4−24.

[6] Schönfelder, H.: Bildkommunikation. Springer-Verlag, Berlin − Heidelberg − New York, 1983.

[7] Bernath, K. W.: Grundlagen der Fernseh-System- und -Schaltungstechnik. Springer Verlag, Berlin − Heidelberg − New York, 1982.

[8] Bücken, R.: Auf vielen Wegen zu besseren Fernsehbildern. ntz 40 (1987), H. 4, S. 286−288, H. 5, S. 366−368, H. 6, S. 456−458.

[9] Mayer, N.: Die neue Fernsehtechnik. Franzis-Verlag, München, 1987.

[10] Ziemer, A.: Hochzeilen-Fernsehen (HDTV). Fernseh- und Kino-Technik, 41 (1987), H. 11, S. 506−508.

[11] Felsenberg, A.: HDTV − Die Einführung des hochauflösenden Fernsehens. Verlag Gerhard Spiehs, Kottgeisering, 1990.

[12] Stenger, L.: Die europäische Alternative. Funkschau, 60 (1988), H.16, S. 26−28.

[13] Bücken, R.: NAG '94 − Digitaltechnik auf dem Durchmarsch. Fernseh- und Kino-Technik 48 (1994), H.6, S. 320−325.

[14] CCIR-Document 11/66-E, Corr. 1, November 1987: Proposed format of studio synchronizing signal for high definition television (Japan).

[15] Schneeberger, G.: Störungen des Differenzträger-Tonempfangs durch Phasenmodulation des Bildträgers. Rundfunktechnische Mitteilungen 26 (1982), H. 6, S. 258−266.

[16] Rehak, M., Kriedt, H.: Quasi-Paralleltonkanal für störungsfreien Fernsehton. Funkschau 51 (1979), H. 7, S. 349−352.

[17] Buhse, U.: Stereo/Zweikanal-Tonstandards und die Verarbeitung von Mehrkanal-Tonsignalen in Multistandard-Fernsehgeräten. Fernseh- und Kino-Technik 40 (1986, H. 6, S. 242−248.

[18] Dinsel, S.: Das Zwei-Tonträger-Verfahren. Funkschau 43 (1971), H. 4, S. 105−108.

[19] Aigner, M., Gorol, R.: Eine neue Stereomatrizierung für den Fernsehton. Rundfunktechnische Mitteilungen 23 (1979), H. 1, S. 10−13.

[20] Bäsig, J.: Zweikanal-Tonübertragung im Fernsehen. Fernseh- und Kino-Technik 38 (1984), H. 2, S. 61−64.

[21] IBA, BREMA, BBC: NICAM-728-Specification for two additional digital sound channels with System I television. 1988.

[22] Maisel, K.: Mit NICAM zum Digitalton. Funkschau 62 (1990), H. 6, S. 78−81.

[23] Mäusl, R.: Analoge Modulationsverfahren. 2. Auflage. Hüthig Buch Verlag, Heidelberg, 1992.

[24] Broschüre „Satellitenrundfunk". Bayerischer Rundfunk, Technische Direktion/Technische Information, 1985.

[25] Kriebel, H.: Satelliten-TV-Handbuch. 2. Auflage. Franzis-Verlag, München, 1988.

[26] DODEL, H., BAUMGART, M.: Satellitensysteme für Kommunikation, Fernsehen und Rund-
      funk. Hüthig Buch Verlag, Heidelberg, 1986.

[27] LIESENKÖTTER, B.: 12-GHz-Satellitenempfang. 5. Auflage. Hüthig Buch Verlag, Heidelberg
      1994.

[28] KRIEBEL, H.: Neue Chance für die Kraftpakete. Funkschau 64 (1992), H. 6, S. 76–79.

[29] RB: ASTRA vor dem Start. TELE-Satellit 4–5/88, S. 31–32.

[30] LANGE, W.: ASTRA – gut ins Bild gesetzt. Funkschau 60 (1988), H. 24, S. 54–56.

[31] OTTO, H.-J.: ASTRA-Empfang – Den Footprints auf der Spur. Funkschau 64 (1992), Spe-
      zial, S. 12–27.

[32] N.N.: Viele Wege führen zu ASTRA-1D. Drunten im Unterband. Satellit 1994, H. 2,
      S. 68–69.

[33] FREYER, U.: Radio- und Fernsehempfang über Satellit und Kabel. Franzis Verlag, München,
      1994.

[34] ERASMI, STEIN: Der Entwurf der MAC-Direktive. Funkschau 63 (1991), H. 18, S. 50.

[35] TA.: Fernseh-Normen der Welt. Funkschau 55 (1983), H. 13, S. 77–80.

[36] LANG, H.: Farbmetrik und Farbfernsehen, R. Oldenbourg Verlag, München, Wien,
      1978.

[37] WELLAND, K.: Farbfernsehen. Franzis Verlag, München, 1966.

[38] MAYER, N.: Technik des Farbfernsehens. Verlag für Radio-Foto-Kinotechnik, Berlin-Borsig-
      walde, 1967.

[39] KLEINSPEHN, H.-J.: Farbfernsehen, Teil 1: Grundlagen der Farbmetrik. Grundig Technische
      Informationen, 13 (1966), H. 1.

[40] KLEINSPEHN, H.-J.: Farbfernsehen, Teil 2: Übertragungsverfahren NTSC – PAL. Grundig
      Technische Informationen, 13, (1966), H. 4.

[41] WILHELMY, H. J.: NTSC jetzt farbstabil durch VIR. Funkschau 50 (1978), H. 26,
      S. 1312–1314.

[42] BRUCH, W.: Das PAL-Farbfernsehen – Prinzipielle Grundlagen der Modulation und Demo-
      dulation. Nachrichtentechnische Zeitschrift 17 (1964), H. 1, S. 70–88.

[43] ZHANG, CHUN-TIAN: Ein verbesserter Laufzeitabgleich der PAL-Verzögerungsleitung.
      Fernseh- und Kinotechnik, 36 (1982), H. 7, S. 261–268.

[44] Funktechnische Arbeitsblätter, Fs 14: Sende- und Empfangstechnik beim PAL-Farbfernseh-
      verfahren. Funkschau 39 (1967), H. 4.

[45] BRUCH, W.: Das PAL-Spektrum experimentell gedeutet. Technische Mitteilungen AEG-
      TELEFUNKEN 60 (1970), H. 5, S. 284–294.

[46] KLUTH, H.-J.: PAL-Reserven ausgenutzt, Funkschau 62 (1990), H. 4, S. 50–53.

[47] TEICHNER, D.: Fernsehen mit erhöhter Bildqualität – Bildinhaltsabhängige Filterung von
      PAL-Signalen. Drei-R-Verlag, Berlin, 1990.

[48] SCHWEER, R., PLANTHOLT, M.: Adaptive Luminanz-Chrominanz-Trennung mit unterschied-
      lichen farbträgerverkoppelten Samplingphasen. Fernseh- und Kino-Technik 44 (1990),
      H. 13, S. 673–681.

[49] SCHMIDT, U., KÖHNE, H.: Adaptive Kammfilter verbessern Bildqualität. Funkschau 63
      (1991), H. 19, S. 68–73.

[50] MICHEL, C.: Der PAL-SECAM-Decoder für Farbfernsehgeräte mit dem CUC-Chassis.
      Grundig Technische Informationen, 29 (1982), H. 4, S. 192–194.

[51] SUHRMANN, R.: Neue Fernsehempfänger-Konzeptionen. Fernseh- und Kino-Technik 37
      (1983), II. 8, S. 329 334.

[52] HOLOCH, G., JANKER, P., MAYER, N.: I-PAL – Eine übersprechfreie kompatible System-
      variante mit verbesserter Horizontalauflösung für das Leuchtdichtesignal. Rundfunktechni-
      sche Mitteilungen 29 (1985), H. 1, S. 9–14.

[53] HOLOCH, G.: Verbesserungsmöglichkeiten und Entwicklungstendenzen bei PAL. Manu-
      skript eines Vortrags auf einer regionalen FKTG-Veranstaltung beim SFB, 17. Jan.
      1989.

[54] EBNER, A.: Die Entwicklung des I-PAL-M-Verfahrens und dessen Einbindung in das PAL-plus-System. Rundfunktechnische Mitteilungen 34 (1990), H. 3, S. 110–125.

[55] SILVERBERG, M.: Das bessere PAL. Funkschau 61 (1989), H. 1, S. 46–50.

[56] TEICHNER, D.: PAL-Coder und -Decoder mit dreidimensionalen Filtertechniken. Fernseh- und Kino-Technik 42 (1988), H. 9, S. 403–422.

[57] WENDLAND, B., SCHRÖDER, H.: Fernsehtechnik. Band II: Systeme und Komponenten zur Farbbildübertragung. Hüthig Buch Verlag, Heidelberg, 1991.

[58] SILVERBERG, M. HERFET, TH., HÜPPE, W.: Q-PAL-Feldversuche in Dortmund – Ergebnisse und Erfahrungen. Fernseh- und Kino-Technik 45 (1991), H. 4, S. 188–194.

[59] HERFET, TH., HOLLMANN, TH.: Q-PAL-Plus – Ein Konzept zur kompatiblen 16:9-Übertragung mit erhöhter Auflösung. Fernseh- und Kino-Technik 45 (1991), H. 2, S. 77–82.

[60] KAYS, R.: Ein Verfahren zur verbesserten PAL-Codierung und -Decodierung. Fernseh- und Kino-Technik 44 (1990), H. 11, S. 595–602.

[61] WESTERKAMP, D., RIEMANN, U.: PALplus – Eine Möglichkeit zur Verbesserung von PAL. Broschüre „25 Jahre PAL-Farbfernsehen in Deutschland '92". BTS Broadcast Television Systems, 1992, S. 29–35.

[62] REIMERS, U., SANDBANK, CH. P., ZIEMER, A.: PALplus – eine vollkompatible Weiterentwicklung des PAL-Farbfernsehens. Fernseh- und Kino-Technik 45 (1991), H. 8, S. 391–397.

[63] ZIEMER, A.: 16:9 – Ein langer Weg. Fernseh- und Kino-Technik 46 (1992), H. 5, S. 315–319.

[64] HERFET, TH.: Bandaufspaltung zur kompatiblen 16:9-Übertragung. Rundfunktechnische Mitteilungen 35 (1991), H. 1, S. 29–35.

[65] HERFET, TH.: Breitbild-PAL mit vertikaler Bandaufspaltung. Fernseh- und Kino-Technik 46 (1992), H. 10, S. 673–679.

[66] HENTSCHEL, CH.: Bandaufspaltung zur Rasterkonversion für eine PALplus-Übertragung. Fernseh und Kino-Technik 46 (1992), H. 11, S. 742–754.

[67] EBNER, A. MATZEL, E., MORCOM, R., OCHS, R., RIEMANN, U., SILVERBERG, M. STOREY, R. VREESWIJK, F., WESTERKAMP, D.: PALplus – Übertragung von 16:9-Bildern im terrestrischen PAL-Kanal. Fernseh- und Kino-Technik 46 (1992), H. 11, S. 733–739.

[68] ENGELKAMP, H., MK: PALplus – Mit Format in die Zukunft. Funkschau 66 (1994), H. 10, S. 24–28.

[69] EASTERBROOK, J., EBNER, A., GARDINER, P., MORCOM, R., MATZEL, E., OCHS, R., RIEMANN, U., ROZENDAAL, L., SILVERBERG, M., VREESWIJK, F., WESTERKAMP, D.: PALplus – Vor der Einführung. Tagungsband der 16. Jahrestagung der FKTG, 1994, S. 369–396.

[70] SILVERBERG, M.: Hardwarearchitekturen für PALplus-Empfänger. Tagungsband der 16. Jahrestagung der FKTG, 1994, S. 397–409.

[71] EBNER, A., SCHUSTER, K.: Statusbits-Signalisierung. Tagungsband der 16. Jahrestagung der FKTG, 1994, S. 410–436.

[72] STOLL, G., WIESE, D., LINK, M.: MUSICAM – Ein Quellencodierverfahren zur Datenreduktion hochqualitativer Audiosignale für universelle Anwendung im Bereich der digitalen Tonübertragung und -speicherung. Taschenbuch der Telekom-Praxis 28 (1991), S. 96–127.

[73] STAUDIGL, A.: Kompatible Übertragung von digitalen Tonsignalen auf dem Fernsehtonträger. Diplomarbeit an der Fachhochschule München, Fachbereich Elektrotechnik, WS 1992/93.

[74] WENDLER, K.-P.: Timeplex: Zeitmultiplex-System für terrestrische Übertragung und Aufzeichnung. ntz 36 (1983), H. 6, S. 382–387.

[75] SCHÖNFELDER, H.: Komponententechnik im Fernsehen. Fernseh- und Kino-Technik 40 (1986), H. 8, S. 371–378.

[76] CCIR Recommendation 601-2: Encoding parameters of digital television for studios. 1982, 1986, 1992.

[77]   Mäusl, R.: Digitale Modulationsverfahren. 3. Auflage. Hüthig Buch Verlag, Heidelberg, 1991.

[78]   CCIR Rep. AA 10–11, Conclusions of the Interim Meetings of Study Groups 10 and 11, Genf, September 1983: Television standards for the broadcasting satellite service.

[79]   EBU Doc. SPB 352, Revised version, February 1985: Methods of conveying C-MAC/ packet signals in small and large community antenna and cable network installations. Chapter A: Specification of the C-MAC/packet system. Chapter B: Specification of the D2-MAC/packet system.

[80]   Dosch, C.: C-MAC/Paket – Normvorschlag der Europäischen Rundfunkunion für den Satellitenrundfunk. Rundfunktechnische Mitteilungen 29 (1985), H. 1, S. 23–35.

[81]   Dosch, C.: D- und D2-MAC/Paket – Die Mitglieder der MAC-Fernsehstandardfamilie mit geschlossener Basisbanddarstellung. Rundfunktechnische Mitteilungen 29 (1985), H. 5, S. 229–246.

[82]   Graf, P. H.: Die wichtigsten Eigenschaften der Satelliten-Fernsehnorm D2-MAC/Paket. ntz 39 (1986), H. 1, S. 18–23.

[83]   Vollmer, R.: Satellitenfernsehen mit D2-MAC/Paket. Blaupunkt, Bosch Gruppe, 1987.

[84]   Holoch, G.: Spezielle Betrachtungen zur Farbübertragung von zeitkomprimierten Komponentensignalen. Fernseh- und Kino-Technik 39 (1985), H. 5, S. 247–254.

[85]   Noll, H.: Direktempfang mit wenn und aber. D2-MAC via TV-Sat 1? Funkschau 58 (1986), H. 9, S. 105–108.

[86]   Satellitenfernsehen: Briten entscheiden sich für D-MAC-Standard. Funkschau 59 (1987), H. 17, S. 12.

[87]   Noll, H.: Alles auf einem Chip. Funkschau 59 (1987), H. 6, S. 24–26.

[88]   ITT Datenblatt: DMA 2270, D2-MAC Decoder.

[89]   Speidel, J.: Bildcodierung bei PKI – eine Übersicht. PKI Technische Mitteilungen 1987, H. 1, S. 55–63.

[90]   CCIR Recommendation 656: Interfaces for digital component video signals in 525-line and 625-line television systems (1986).

[91]   Schachlbauer, H.: Das parallele und das serielle Interface für den digitalen Studiestandard. Fernseh- und Kino-Technik 40 (1986), H. 11, S. 517–521.

[92]   Hartz, A.: Das serielle 10-bit-Interface. Fernseh- und Kino-Technik 45 (1991), H. 12, S. 666–670.

[93]   Tichit, B.: Mehrjährige Erfahrungen mit seriell-digitaler Fernsehtechnik. Fernseh- und Kino-Technik 47 (1993), H. 4, S. 248–253.

[94]   Grallert, H.-J., Möhrmann, K. H.: Quellencodierung für die Übertragung von TV-Signalen in 140-Mbit/s-Kanälen. Frequenz 38 (1984), H. 6, S. 131–135.

[95]   Möhrmann, K. H.: Codierung von Videosignalen für die digitale Übertragung. telcom report 19 (1987), H. 6, S. 340–345.

[96]   Diekmeier, M.: Synchrone Digitale Hierarchie. Taschenbuch der Telekom-Praxis 29 (1992), S. 13–33.

[97]   Teichmann, W.: Hochauflösendes Fernsehen (HDTV). Taschenbuch der Telekom-Praxis 29 (1992), S. 312–353.

[98]   Boie, W.: TV-Systeme mit erhöhter Bildqualität (I): Vergleich zwischen MUSE und HD-MAC. Fernseh- und Kino-Technik 45 (1991), H. 12, S. 671–680.

[99]   K. T.: Japan will das analoge Hi-Vision-Fernsehen aufgeben. AV-INVEST, 1994, H. 4, S. 23.

[100] Bathe, P.: HD-MAC-Coder der 1. Generation: Erfahrungen und Anwendungen. Fernseh- und Kino-Technik 46 (1992), H. 4, S. 231–235.

[101] Boie, W.: TV-Systeme mit erhöhter Bildqualität (II): Vergleich zwischen MUSE und HD-MAC. Fernseh- und Kino-Technik 46 (1992), H. 1, S. 41–52.

[102] Bathe, P.: HD-MAC auf dem Siegerpodest. Funkschau 64 (1992), H. 6, S. 80–85.

[103] N. N.: HD-MAC vor dem Scheitern? ntz 46 (1993), H. 3, S. 215.

[104] BREIDE, S.: HDTV-Satellitenübertragung im 20/30-GHz-Bereich. Fernseh- und Kino-Technik 47 (1993), H. 1, S. 11 – 24.

[105] HARTWIG, S., ENDEMANN, W.: Digitale Bildcodierung. Teil 1 bis Teil 12. Fernseh- und Kino-Technik 46 (1992), 47 (1993), H. 1, S. 23 – 30; H 2, S. 112 – 118; H. 3, S. 187 – 192; H. 4, S. 249 – 255; H. 5, S. 334 – 342; H. 6, S. 416 – 424; H. 7 – 8, S. 505 – 511; H. 9, S. 597 – 607; H. 10, S. 687 – 696; H. 11, S. 763 – 775; H. 12, S. 846 – 856; H. 1, S. 33 – 42.

[106] BOSTELMANN, G., PIRSCH, P.: Codierung von Videosignalen. Elektrisches Nachrichtenwesen 59 (1985), H. 3, S. 286 – 294.

[107] KUMMEROW, T., NEUHOLD, P.: DPCM-Codierung mit hoher Qualität und geringem Aufwand für die TV-Verteilung in Glasfaser-Netzen. ntz 39 (1986), H. 8, S. 542 – 551.

[108] NEUHOLD, P.: Aufwandsarmer DPCM-Codec für die TV-Verteilung mit 72 Mbit/s. ntz 41 (1988), H. 9, S. 506 – 511.

[109] HEPPER, D.: ISO-MPEG – Der Beginn der Standardisierung digitaler Bildcodierung im Konsumbereich? Fernseh- und Kino-Technik 46 (1992), H. 4, S. 238 – 244.

[110] KNOLL, A.: Der MPEG-2-Standard zur digitalen Codierung von Fernsehsignalen. Der Fernmelde-Ingenieur 47 (1993), Heft 7.

[111] LIST, P.: Bildcodierungsstandards. Der Fernmelde-Ingenieur 48 (1994), Heft 3/4.

[112] DE LAMEILLIEURE, J., SCHÄFER, R.: MPEG-2-Bildcodierung für das digitale Fernsehen. Fernseh- und Kino-Technik 49 (1994) H. 3, S. 99 – 107.

[113] TEICHNER, D.: Der MPEG-2-Standard – MPEG-1 und MPEG-2: Universelle Werkzeuge für Digitale Video- und Audio-Applikationen (Teil 1). Fernseh- und Kino-Technik 48 (1994) H. 4, S. 155 – 163.

[114] TEICHNER, D.: Der MPEG-2-Standard – MPEG-1 und MPEG-2: Main Profile: Kern des MPEG-2-Video-Standards (Teil 2). Fernseh- und Kino-Technik 48 (1994), H. 5, S. 227 – 237.

[115] HERPEL, C.: Der MPEG-2-Standard – Hierarchische Video-Codierung: Ansätze zur Service-Interoperabilität (Teil 3). Fernseh- und Kino-Technik 48 (1994), H. 6, S. 311 – 319.

[116] SCHRÖDER, E. F., SPILLE, J.: Der MPEG-2-Standard – Audio-Codierung (Teil 4). Fernseh- und Kino-Technik 48 (1991), H. 7 – 8, S. 364 – 373.

[117] RIEMANN, U.: Der MPEG-2-Standard – Multiplex-Spezifikation für die flexible Übertragung digitaler Datenströme (Teil 5). Fernseh- und Kino-Technik 48 (1991), H. 9, S. 460 – 468 und H. 10, S. 545 – 553.

[118] GS.: TI entwickelt ein neues Verfahren zur Videokompression MPEG-2 schätzt genauer. Markt & Technik, 1994, H. 48, S. 8.

[119] ZANDER, H.: Desktop Video (2) – Multimediale Anwendungen im Videobereich. Fernseh- und Kino-Technik 48 (1994), H. 7 – 8, S. 376 – 384.

[120] LIST, P.: Über die Funktionsweise standardisierter digitaler Bildübertragungssysteme niediger Datenraten. Taschenbuch der Telekom-Praxis 1992, S. 274 – 331.

[121] PREISS, E.: Kompressionsalgorithmen für Multimediaanwendungen. Elektronik Industrie 1993, H. 2, S. 54 – 56.

[122] SCHÄFER, R.: Das HDTV-Projekt im Rahmen der europäischen Entwicklungen zu digitalem TV/HDTV. Fernseh- und Kino-Technik 48 (1994), H. 3, S. 88 – 94.

[123] KAHL, P./WM: Der Weg zur Multimediagesellschaft. Funkschau 66 (1994), H. 13, S. 42 – 45.

[124] HEPPER, D.: Digitale terrestrische HDTV-Übertragung, Probleme und Lösungswege. Fernseh- und Kino-Technik 47 (1993), H. 2, S. 89 – 93.

[125] WILKENS, H.: Anforderungen und Entwicklungslinien für zukünftige digitale Fernsehsysteme. Fernseh- und Kino-Technik 47 (1993), H. 4, S. 243 – 247.

[126] WESTERKAMP, D.: Digitale terrestrische Fernseh-Übertragung. Fernseh- und Kino-Technik 47 (1993), H. 5, S. 327 – 330.

[127] MÜLLER-RÖMER, F.: Entwicklungslinien digitaler Fernsehsysteme. Fernseh- und Kino-Technik 47 (1993), H. 6, S. 373–380.

[128] REIMERS, U.: Systemkonzepte für das Digitale Fernsehen in Europa. Fernseh- und Kino-Technik 47 (1993), H. 7–8, S. 451–461.

[129] WESTERKAMP, D.: Systemaspekte einer digitalen hierarchischen Übertragung von TV und HDTV. Fernseh- und Kino-Technik 48 (1994), H. 3, S. 95–98.

[130] KAYS, R.: Kanalcodierung und Modulation für die digitale Fernsehübertragung. Fernseh-und Kino-Technik 48 (1994), H. 3, S. 109–114.

[131] REIMERS, U.: Das europäische Systemkonzept für die Übertragung digitalisierter Fernseh-signale per Satellit. Fernseh- und Kino-Technik 48 (1994), H. 3, S. 115–123.

[132] BOGENFELD, E.: Trelliscodiertes OFDM zur terrestrischen Übertragung digitaler HDTV-Signale. Fernseh- und Kino-Technik 48 (1994), H. 5, S. 238–245.

[133] ZIEMER, A. (Hrsg.): Digitales Fernsehen. R. v. Deckers's Verlag, G. Schenk GmbH, Heidelberg, 1994.

[134] GÖTZ, H.: Einführung in die digitale Signalverarbeitung. Teubner Studienskripten. B. G. Teubner, Stuttgart, 1990.

[135] SCHULZE, H.: Digital Audio Broadcasting (DAB) – Stand der Entwicklung. Bosch Techni-sche Berichte, 1991, H. 54, S. 17–25.

[136] SCHNEEBERGER, G.: DAB – Digitaler terrestrischer Hörfunk für den mobilen Empfang. Taschenbuch der Telekom Praxis 1992, S. 148–185.

[137] CCIR-Rec. 473-2: Insertion of test signals in the field-blanking interval of monochrome and colour television signals. 1978.

[138] CCIR-Rep. 314-4: Insertion of special signals in the field-blanking interval of a television signal. 1978.

[139] KÜPFMÜLLER, K.: Einführung in die theoretische Elektrotechnik. Springer Verlag, 1968.

[140] THOMSON, W. E.: The synthesis of a network to have a sine-squared impulse response. Manuskript zum Druck, Paper No. 1388, RADIO SECTION.

[141] MÄUSL, R., SCHLAGHECK, E.: Meßverfahren in der Nachrichten-Übertragungstechnik. 2. Auflage. Hüthig Buch Verlag, Heidelberg, 1991.

[142] DAMBACHER, P., HENSCHKE, W.: Fernsehmeßtechnik mit Prüfzeilensignalen. Funkschau 46 (1974), H. 8, S. 244–248.

[143] HAHN, H.: Moderne Videomeßtechnik. Funkschau 53 (1981), H. 25/26, S. 71–74 und 54 (1974), H. 1, S. 71–74.

[144] ARD/ZDF-Handbuch Fernseh-Betriebsabwicklung, Mai 1977: 4.7 Prüfzeilentechnik.

[145] HARM, H.: Automatische Videomeßtechnik mit dem Prüfzeilen-Meßwertgeber UPF. Neues von Rohde & Schwarz (1974), Nr. 66, S. 4–7.

[146] HARM, H.: Prüfzeilen-Analysator UPF für den Einsatz in Labor und Fertigung erweitert. Neues von Rohde & Schwarz (1979), Nr. 86, S. 8–11.

[147] CMTT/151-E, Annex: Test signals für MAC/packet systems.

[148] PILZ, F.: Übertragung zusätzlicher Informationen, insbesondere von Texten, in ungenutz-ten Zeilen der Vertikal-Austastlücke des Fernsehsignals. nzt 30 (1977), H. 3, S. 225–228.

[149] MÖLL, G.: Stand der Standardisierungs-Überlegungen bei Videotext. Fernseh- und Kino-Technik 35 (1981), H. 7, S. 237–248 und H. 9, S. 323–324.

[150] Technische Richtlinien der öffentlich-rechtlichen Rundfunkanstalten in der Bundesrepu-blik Deutschland Nr. 8 R 4, Juni 1986: Fernsehtext-Spezifikation. Techn. Kommission ARD/ZDF, Institut für Rundfunktechnik.

[151] GRAF, P. H.: Das Videotext-System Antiope. nzt 33 (1980), H. 8, S. 538–543.

[152] FASSHAUER, P.: Optimales Sendesignal zur Übertragung von Videotext. Rundfunktechni-sche Mitteilungen 22 (1978), H. 6, S. 302–307.

[153] SCHNEEBERGER, G.: Zur optimalen Spektrumsformung von Fernsehtextsignalen. Rund-funktechnische Mitteilungen 30 (1986), H. 2, S. 76–79.

[154] HOFMANN, H., LAU, A.: Ergebnisse der Ausbreitungsversuche mit Teletext-Signalen. Funk-schau 51 (1979), H. 9, S. 505 – 509 und H. 10, S. 557 – 560.

[155] MÖLL, G.: Neue Leistungsmerkmale für einen künftigen Videotextstandard. Rundfunk-technische Mitteilungen 27 (1983), H. 3, S. 116 – 134.

[156] MESSERSCHMID, U.: Videotext in der Bundesrepublik Deutschland – Stand und Ausblick. Fernseh- und Kino-Technik 38 (1984), H. 5, S. 179 – 185.

[157] GABEL, J. HEIDRICH, W., WORLITZER, M.: Der CEPT-Standard als Grundlage des Bild-schirmtext-Dienstes. ntz 37 (1984), H. 4, S. 214 – 220.

[158] WARNCKE, H. H.: Videotext und Bildschirmtext mit den LSI-Schaltungen SAA 5020, SAA 5030, SAA 5041 und SAA 5051. VALVO Technische Informationen für die Industrie 800407.

[159] WARNCKE, H. H.: Videotext-Decoder der 2. Generation – das VALVO-Konzept mit den Schaltungen SAA 5230 (VIP 2) und SAA 5240 (EURO CCT). VALVO Technische Infor-mation 840314.

[160] WARNCKE, H. H.: Videotext-Decoder für Europa mit den Schaltungen SAA 5231 und SAA 5243. VALVO Technische Information 880412.

[161] Technische Richtlinie der öffentlichen rechtlichen Rundfunkanstalten in der Bundesrepu-blik Deutschland Nr. 8 R 2, Dezember 1984: Video-Programm-System (VPS). Techn. Kommission ARD/ZDF, Techn. Kommission TK 1 des ZVEI-FV 14, Institut für Rund-funktechnik.

[162] HELLER, A.: VPS – Ein neues System zur beitragsgesteuerten Programmaufzeichnung. Rundfunktechnische Mitteilungen 29 (1985), H. 4, S. 161 – 169.

[163] WARNCKE, H. H.: VPS, Video-Programm-System mit SAA 5235 und SAF 1135. VALVO Technische Information 861107.

Sachwörterverzeichnis

Horst E. von Renouard, MA, MIL, BDÜ

Hüthig

Fachwörterbuch Neue Informations- und Kommunikationsdienste

englisch / deutsch – deutsch / englisch

2., überarbeitete und erweiterte
Auflage 1993. X, 342 S., über
17 500 Stichworte, 10 Tab. Gb.
DM / sFr. 128,—   öS 998,—
ISBN 3-7785-2177-2

Mit diesem Fachwörterbuch
liegt ein umfassendes Werk
über die Technologie der
neuen Telekom-Dienste vor.
Der Schwerpunkt der ersten
Auflage lag bei ISDN und der
modernen Fernsprechtechnik.
In der zweiten erweiterten Auflage wird den Neuentwicklun-
gen des digitalen Mobilfunks
und der (faseroptischen)
Breitbandübertragung, der
Bild-, Sprach- und Datenco-
dierung sowie dem Netzmana-
gement Rechnung getragen.

Ein besonderes Plus dieses
Fachwörterbuches ist die al-
phabetische Aufnahme der
Abkürzungen im Wörterver-
zeichnis, so entfällt das Nach-
schlagen in gesonderten Listen.

Sehr zweckdienlich sind
zudem die fachlichen Referen-
zen, z. B. zu CCITT-Empfeh-
lungen, die für die korrekte
Verwendung unentbehrlich
sind.

Im Anhang werden in Tabellen
die wichtigsten I-, V- und X-
Empfehlungen des CCITT, die
wesentlichen ISDN-
bezogenen NET-Normen und
die Schichten des ISO-Refrenz-
modells aufgeführt.

Dieses von einem Übersetzer
für Übersetzer verfaßte Werk
wendet sich an alle Berufs-
gruppen mit Informationsbe-
darf auf dem Gebiet der Telekom-Dienste: Techniker und
Ingenieure, Studenten, Journa-
listen, Manager, Fachleute in
Vertrieb und Beratung sowie
Diensteanbieter und ihre Kun-
den.

08132289

Hüthig GmbH
Im Weiher 10
69121 Heidelberg

Hüthig

Lutz Arnold

Moderne Bildkommunikation

Formen, Komponenten, Bildkodierung

1992. X, 257 S. Br.
DM/sFr 79,–; öS 616,–
ISBN 3-7785-2017-2

Bildinformation gewinnt in der Wirtschaft und Gesellschaft eine zunehmende Bedeutung. Das zeigt sich vor allem in der Einführung neuer Bildkommunikationsdienste bzw. in der Verbesserung der Leistungsmerkmale bestehender Dienste.

Das vorliegende Buch beschreibt die theoretischen Grundlagen der digitalen Bildkodierung als Kernproblem der Bildkommunikation, sowie die Entwicklungen und Leistungsmerkmale der unterschiedlichen Formen. Wegen der engen Verbindungen von digitaler Signalverarbeitung, Bildverarbeitung und Nachrichtentechnik spricht es neben dem Entwickler und Anwender auch den spezialisierten Studenten an.

Hüthig Buch Verlag
Im Weiher 10
69121 Heidelberg

081376